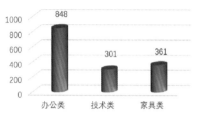

图9-1 柱状图

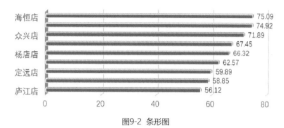

图9-2 条形图

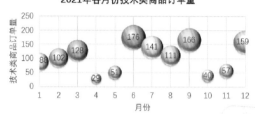

图9-3 气泡图

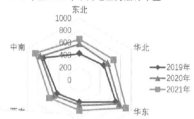

雷达图

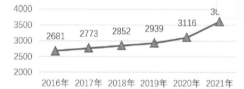

图9-5 折线图

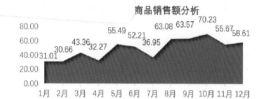

商品销售额分析

图9-6 面积图

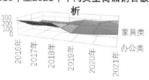

图9-7 曲面图

图9-8 饼图

图9-9 环形图

图9-10 旭日图

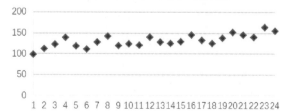

图9-11 散点图

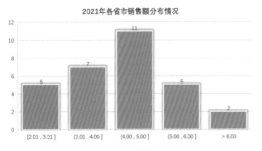

图9-12 直方图

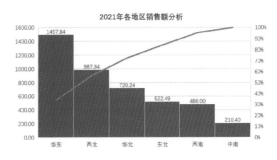

图9-13 排列图

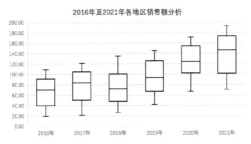

图9-14 箱型图

图9-15 树状图

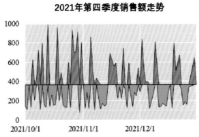

图9-16 瀑布图

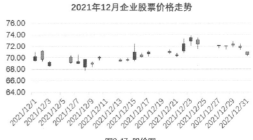

图9-17 股价图

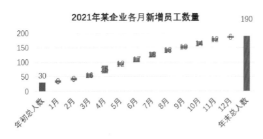

图9-73 分割面积图

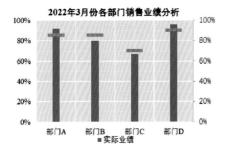

图9-74 子弹图

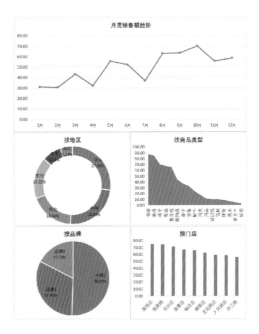

图10-6 销售额仪表板

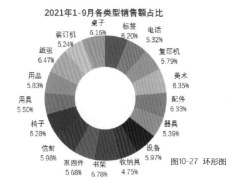

图10-27 环形图

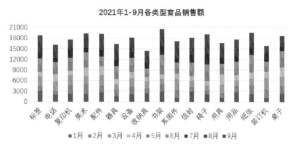

图10-28 堆积条形图

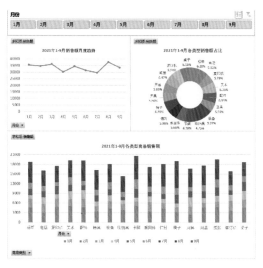

图10-29 制作的仪表板

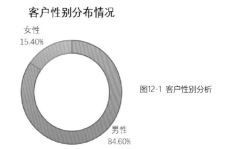

图12-1 客户性别分析

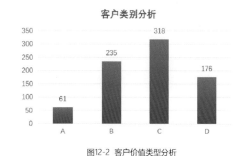

图12-2 客户价值类型分析

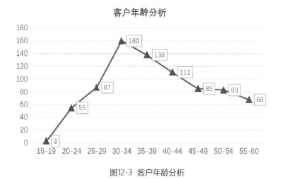

客户年龄分析

图12-3 客户年龄分析

图12-4 客户学历分析

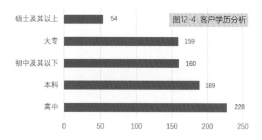

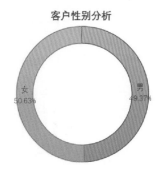

图13-3 客户性别分布

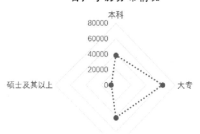

图13-4 客户学历分布

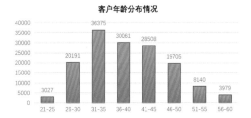

图13-5 客户年龄分布

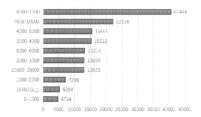

图13-6 客户月收入分布

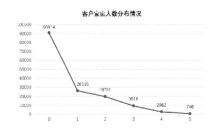

图13-7 客户家庭人数分布

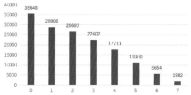

图13-8 客户房屋抵押栋数

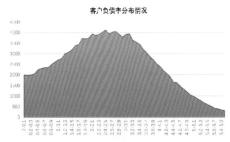

图13-9 客户负债率分布

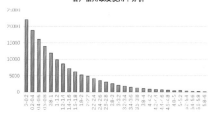

图13-10 客户信用额度使用率分析

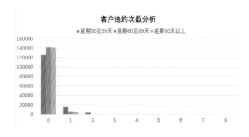

图13-11 客户违约次数分析

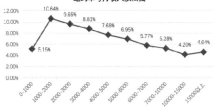

图13-12 违约率与月收入散点图

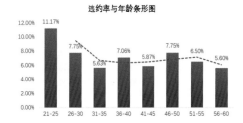

图13-13 违约率与年龄条形图

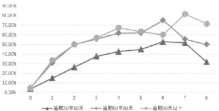

图13-14 违约率与逾期次数折线图

动手学
Excel
数据分析与可视化

王国平 / 著

清华大学出版社
北京

内 容 简 介

本书由资深数据分析师结合十余年从业经验精心打造，循序渐进地介绍使用 Excel 进行数据分析和可视化的专业技术。全书分为 13 章，第 1 章介绍数据分析的常用方法，第 2 章介绍如何用 Excel 获取分析数据，第 3 章介绍 Excel 常用的公式和函数，第 4 章介绍 Excel 日常数据分析，第 5 章介绍 Excel 数据透视表，第 6 章介绍使用 Excel 进行数据清洗的方法，第 7 章和第 8 章介绍 Excel 强大的统计分析工具，第 9 章和第 10 章介绍 Excel 的数据可视化图表和仪表板，第 11 章介绍如何从大数据集群中获取数据，第 12 章和第 13 章介绍数据分析的实际案例。

本书既适合使用 Excel 进行数据分析的初学者，也适合有一定经验的数据分析从业者，还可以作为大专院校数据分析课程的教学用书。

图书在版编目（CIP）数据

动手学 Excel 数据分析与可视化/王国平著. —北京：清华大学出版社，2022.10（2025.2 重印）
ISBN 978-7-302-62021-1

Ⅰ. ①动… Ⅱ. ①王… Ⅲ. ①表处理软件 Ⅳ. ①TP391.13

中国版本图书馆 CIP 数据核字（2022）第 189440 号

责任编辑：王金柱
封面设计：王　翔
责任校对：闫秀华
责任印制：沈　露

出版发行：清华大学出版社
  网 址：https://www.tup.com.cn，https://www.wqxuetang.com
  地 址：北京清华大学学研大厦 A 座   邮 编：100084
  社 总 机：010-83470000   邮 购：010-62786544
  投稿与读者服务：010-62776969，c-service@tup.tsinghua.edu.cn
  质量反馈：010-62772015，zhiliang@tup.tsinghua.edu.cn
印 装 者：三河市龙大印装有限公司
经 销：全国新华书店
开 本：190mm×260mm   印 张：19.25   彩 插：2   字 数：519 千字
版 次：2022 年 11 月第 1 版   印 次：2025 年 2 月第 4 次印刷
定 价：79.00 元

产品编号：097594-01

前　言

当今，学习数据分析的人越来越多，Excel 无疑是最常用、使用最广泛的数据分析工具。Excel容易上手，功能十分强大，不仅提供了简单的数据处理功能，还有专业的统计分析工具，包括相关系数分析、描述性统计、回归分析等。

虽然使用 Excel 的人很多，但是能用 Excel 熟练进行数据分析的人并不多，大部分人只掌握了其中很少的功能，甚至使用 Excel 进行数据处理也只是进行一般的分类、汇总、排序，这些功能在面对复杂的数据分析问题时，就无能无力了。

读者在市面上可以找到不少有关 Excel 数据分析方面的工具书，但其中绝大部分只介绍了简单的数据分析，比如输入数据、制作表格、分类汇总等，涉及 Excel 统计分析工具的相关图书较少，众所周知，统计分析工具是数据分析必备的技能，专业数据分析工作的利器，如果不掌握这些工具，当我们面对很多专业的数据分析问题时，就会捉襟见肘，甚至束手无策。

本书结合笔者十余年数据分析从业经验，根据数据分析的流程和必备技能编排内容，涉及数据获取、数据清洗、数据分析、数据可视化等数据分析的各个部分。力图从 Excel 最基本的操作入手，介绍 Excel 数据分析的基本技能、各种数据分析工具的使用以及强大的统计分析方法。书中提供了大量分析技巧和实际案例，步骤详尽，适合不同层次的读者。对于 Excel 数据分析小白来说，可以通过本书入门，快速上手；对于有一定 Excel 使用经验的读者，通过阅读本书可以掌握专业的数据分析方法与可视化技能，特别是 Excel 统计分析工具的使用，可以让自己的技能提升到一个更高的水平。

本书的内容导图

使用本书的注意事项

（1）Excel 软件版本

本书是基于 Excel 2019 软件编写的，建议读者安装 Office 专业增强版 2019 进行学习，由于 Excel 2019 与 Excel 2016、Excel 2021 等版本间的差异不大，因此本书也适用于其他版本的学习。

（2）学习效果测试

本书各章提供了动手练习试题，读者可以根据练习题复习本章的内容，然后自己动手写出答案，最后与本书的参考答案进行对比。

本书的主要特色

特色 1：从 Excel 基本操作入手，小白也能轻松入门。

特色 2：介绍数据分析全流程和相关工具，包括获取数据、数据清洗、数据分析与数据可视化，注重传授方法、思路，以便读者更好地理解与运用。

特色 3：介绍了 Excel 强大的统计分析工具，便于有从业经验的数据分析人士进阶提升，解决复杂的数据分析问题。

特色 4：贴近实际工作，基本涵盖了 Excel 数据分析的各种技能，这些技能也是职场人常用的技能。

特色 5：配书资源丰富，提供了教学视频、思维导图、数据源等，可使读者快速上手，大幅提升学习效率。

本书的配套资源

教学视频：本书提供对应的教学视频，读者扫描书中提供的二维码即可观看。

Excel 数据源：本书案例涉及的 Excel 表格均提供源文件，读者可以直接调用进行上机演练。

PPT 课件：对于有教学需求的人员，本书还提供了 PPT 课件。

思维导图：导图可指导读者快速了解本书结构，查找学习内容。

扫描以下二维码可下载本书配套资源：

如果下载有问题，请发送邮件到 booksaga@126.com，邮件主题为"动手学 Excel 数据分析与可视化"。

纸上得来终觉浅，绝知此事要躬行。本书各章提供了动手练习案例，只要读者依照步骤勤奋练习，相信你很快会成为运用 Excel 进行数据分析的高手。

最后，祝愿各位读者通过学习本书达成预期的目标，升职加薪，前程似锦。

王国平于上海

2022 年 6 月

目　　录

第 1 章

数据分析概述

在如今的职场上，竞争越来越激烈，数据分析是必会的技能，它可以为你的求职加分，如果不会这项技能，工作效率很难提高，虽然经常加班加点，但是领导还是不会满意。本章将介绍为什么要进行数据分析、数据分析的流程和思维、Excel数据操作的技巧和学习方法等。

1.1 数据分析简介

数据分析是指用适当的工具和方法对收集来的大量数据进行分析，将它们加以汇总、理解和消化，以求最大化地开发数据的功能，从而发挥数据的价值。本节介绍为什么要进行数据分析，以及数据分析的主要方法与流程。

1.1.1 什么是数据分析

对于没有编程基础的小白，怎么学会数据分析，又该如何学习数据分析？其实，如果你打算成为一名数据分析师，出身并不重要，数据科学是一门应用学科，只需要系统学习和提升数据分析的能力即可。

什么是数据分析？通俗来说就是针对某个问题，将获取后的数据用分析的手段加以处理，并发现业务价值的过程。我们很多人都做过类似这样的智力题：一堆看起来完全一样的乒乓球，其中有一个质量稍轻的次品，如何利用天平用最少次数的称量来找出这个次品？大家都会想到分组称量的方法，即"混样检测"，也就是当天平两端平衡时，两组乒乓球应该都是正常的，如图1-1所示。

图 1-1　分组称量法

例如，在食品安全领域，混样检测的应用就具有十分重要的意义。首先，混样检测可以大大提高检测效率。由于食品样本数量庞大且多样性丰富，逐个检测每个样本将耗费大量时间和资源。相比之下，混样检测可以将多个样本合并为一个样本进行检测，从而大大减少了检测所需的时间和资源。其次，混样检测还可以降低检测成本。食品安全检测是一项非常复杂和昂贵的任务，需要耗费大量的人力、物力和财力。通过采用混样检测方法，可以将多个样本合并为一个样本进行检测，从而大大降低了检测成本。

1.1.2　数据分析的方法

大部分企业通过平台为目标用户群提供产品或服务，用户在使用产品或服务的过程中会产生大量的交易数据，根据这些数据洞察用户，反推用户的需求，创造更多符合用户需求的增值产品和服务，再重新投入运营过程中，从而形成一个完整的业务闭环，实现企业数据驱动业务增长的目标。此外，在数据分析过程中还有很多方法，下面列举几种常用的。

1. 象限法

象限法通过对维度的划分，运用坐标的方式表达出想要的价值，由价值直接转变为策略，从而进行一些分析结论落地的推动。这是一种策略驱动的思维，广泛应用于战略分析、产品分析、市场分析、客户管理、用户管理和商品管理等。

例如，针对企业的广告点击量和转化率的分析，其中X轴从左到右是点击率的高低，Y轴从下到上是转化率的高低，这样形成了4个象限。对每次营销活动的点击率和转化率找到相应的数据标注点，然后将活动的效果归到每个象限，坐标中的4个象限分别代表了不同的客户营销效果，如图1-2所示。

2. 多维法

多维法是指对分析对象从多个维度去分析，一般是三个维度，每个维度有不同的数据分类，这样代表总数据的立方体就被分割成一个个小方块，落在同一个小方块的数据拥有同样的属性，这样可以通过对比小方块内的数据进行分析。

数据立方体能够在一个或多个维度上给立方体做索引。例如某企业产品销售额的数据立方体虽然只有日期、地区和产品三个维度，但是根据这个立方体已经能够解决多数管理者需要解决的问题，通过数据切片可以实现提取每个地区的销售额、每个月各类商品的销售额等，如图1-3所示。

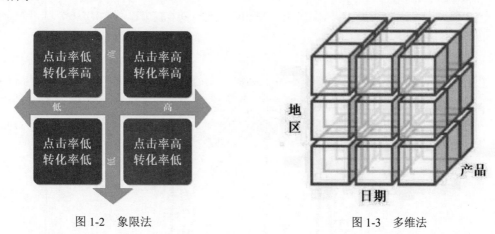

图 1-2　象限法　　　　　　　　图 1-3　多维法

3. 二八法

二八法又名帕累托法则，它是意大利经济学家帕累托发现的，在任何一组事物中，最重要的只占其中的小部分，约占20%，其余80%尽管是多数，却是次要的。

例如，在数据分析中，可以理解为20%的商品产生了80%的效果，那么我们需要围绕这20%的商品进行深入挖掘。二八法是抓重点分析方法，适用于大部分行业，利用数据找到重点，发现其特征，然后思考如何让其余的80%向这20%转化，如图1-4所示。

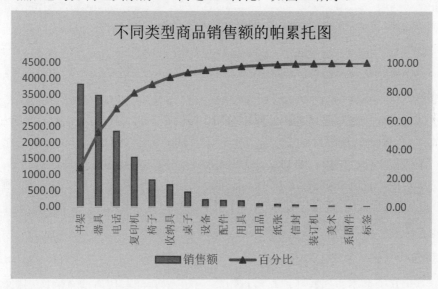

图 1-4　二八法

4. 对比法

对比法就是用两组或两组以上的数据进行比较，常见的有基于时间维度的同比和环比等，与竞争对手的对比、类别之间的对比、特征和属性的对比等。对比法可以发现数据的变化规律，常常与前面的技巧结合使用。

例如，由于地区之间存在宏观经济实力、金融发展程度、企业融资能力、资本化程度、民间资本活跃度、金融机构实力等方面的差异，各区域的金融实力呈现显著差异。因此，我们可以从以上6个维度对比分析城市A、城市B、城市C、城市D、城市E、城市F 6个城市的金融竞争力，如图1-5所示。

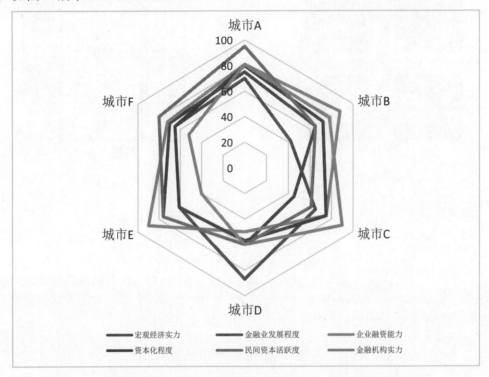

图 1-5　对比法

5. 漏斗法

漏斗法是使用漏斗图对用户进行转化率分析，像倒金字塔，是一个流程化思考方式，常用于新用户的开发、购物转化率这些有变化和一定流程的分析中。但是单一的漏斗分析是没有什么价值的，不能得出什么结果，要与其他方法相结合，例如与历史数据进行对比等。

漏斗分析对用户行为分析来说是不可或缺的，常用的指标是转化率和流失率。例如某电商平台有10 000个用户浏览了商品，有3 000人注册了信息，其中只有500人成功注册并有购买记录，因此客户的转化率为5%，流失率为95%，如图1-6所示。

6. 模型法

模型法是指从大量企业经营数据中挖掘出隐含的、潜在的有价值信息的过程，主要有数据准备、数据挖掘和模型应用等步骤。

例如,商业选址模型是企业经营模式对场地的具体要求,同时也反映了商业企业经营策略、开店能力、扩张能力等。门店招商工作不仅要了解商家的具体门店要求,还要了解商家的发展策略和扩张意图,只有这样才能成功完成招商任务,并达到物业价值最大化、经营持久化、业态租金均衡化,其中比较有名的是麦当劳的选址模型,如图1-7所示。

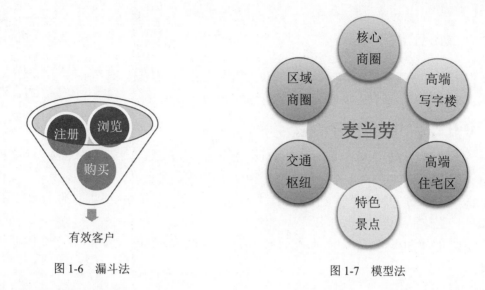

图 1-6　漏斗法　　　　　　　　　　　　图 1-7　模型法

1.1.3　数据分析的流程

　　面对海量的数据，很多分析师都不知道如何准备数据、开展分析、得出结论等。下面为大家介绍商业数据分析的基本流程。

　　商业数据分析以理解业务场景为起始点，以商业决策为终点。那么数据分析应该先做什么、后做什么呢？基于数据分析师的工作职责，我们总结了商业数据分析的5个基本步骤，以及每个步骤的工作重点，如图1-8所示。

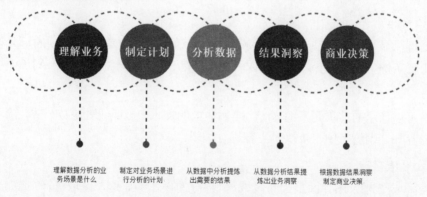

图 1-8　数据分析流程

1.2　开始使用Excel

　　Excel作为一种重要的办公软件，在人们的工作中占据着非常重要的地位，经常用来对数据进行统计分析工作。本节开始介绍Excel数据操作的基本技巧，包括认识工作簿与工作表、数据输入的技巧、重复录入的验证等。

1.2.1　初识工作簿与工作表

在Excel中，我们经常能听到工作簿和工作表，那么它们有什么区别呢？下面就来认识一下工作簿和工作表。

1. 什么是工作簿

工作簿就是我们能够在文件夹里看到的带有名字的Excel文件，当你双击这个文档时就会打开一个工作簿。每一个工作簿都有一个名字，一个工作簿也可以通俗地称为一个文件或一个Excel文件。Excel 2021工作簿文件的后缀是.xlsx，如果在计算机系统里把文件名的后缀隐藏了，那么就只能看到工作簿的文件名。

下面介绍Excel 2021软件界面各个区域的功能。首先从整体上认识一下各个区域，如图1-9所示。

（1）标题栏

标题栏位于工作表的最上方，中间位置为工作簿名称，左侧是可自定义的工具栏，包含一组命令，作用就是将常用的命令放在一起，以便于快速调用。右侧6个按钮分别为：操作说明搜索、登录、功能区显示选项、最小化、最大化、关闭。

（2）功能区

功能区根据功能的不同，对常用的操作进行分类显示，分为文件、开始、插入、页面布局、公式、数据、审阅、视图、帮助等，每个分类下还有多个选项卡。

（3）名称框

名称框可以显示当前活动对象的名称，比如显示B3，表示第3行、B列的单元格。名称框可以用来快速定位、快速选择，如选择A1～C6区域，直接在名称框中输入A1:C6。

（4）编辑栏

编辑栏可以显示当前单元格的内容，比如输入的文本、日期或者函数公式，除了可以在单元格编辑内容外，编辑栏中也可以对内容进行编辑。

（5）工作表区域

工作表区域作为Excel界面最大的区域，大部分的操作都在这个区域进行，比如数据处理、图表绘制、形状、窗体等，一个工作簿可以包括多个工作表。

（6）状态栏

状态栏主要显示当前Excel进行的工作，选中数据区域时会显示其平均值、最大值、最小值等，右侧还有视图模式、缩放滑块。

2. 什么是工作表

一个工作簿就像一个可以增减纸张、活页式的笔记本，当你用这个笔记本时，如果纸张不够用，那么可以加纸，如果有的纸没用了，也可以撕掉，每一张这样的纸在工作簿里就叫作"工作表"，一个工作簿至少要有一张工作表。

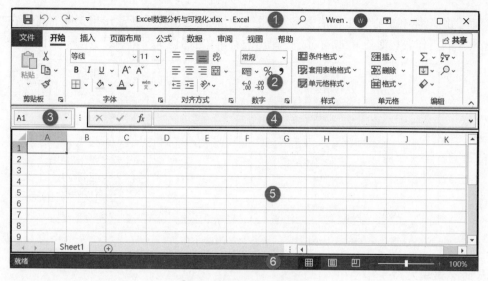

图 1-9 Excel 2021 界面

当创建一个工作簿后，Excel会默认新建一个工作表，在工作簿的下方有一个专属的"工作表"选项卡栏，每一个工作表都有一个标签，可以在这里对工作表进行增加、减少、重命名等操作。

（1）工作表的增加与删除

在"工作表"选项卡上，最右侧一个工作表的旁边，单击"+"，就会增加一个工作表，如图1-10所示。如果要删除一个工作表，把鼠标放在工作表标签上，单击右键，选择"删除"选项，当工作表中有内容时，会弹出一个窗口，让你确定是否删除，单击"删除"按钮，即可删除工作表。

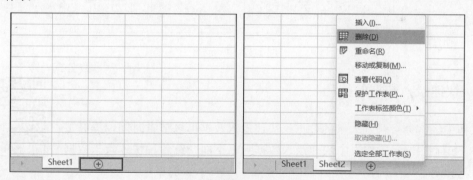

图 1-10 新增和删除工作表

注意 Excel 工作簿中至少要有一个工作表，而且工作表删除后是无法恢复的，所以对工作表的删除一定要谨慎。

（2）工作表重命名

当需要更改工作表的名字时，可以在"工作表"选项卡双击工作表标签，此时工作表标签的名字就会出现灰色的背景纹理，这时就可以输入新的工作表名字。也可以把鼠标放在工作表标签上，单击右键，选择"重命名"选项，进行工作表名的重命名，如图1-11所示。

有时我们可能不小心将工作表隐藏了，怎么才能让工作表重新显示出来呢？可以在"工作表"选项卡的工作表标签上单击右键，在弹出的菜单中找到"取消隐藏"选项，如图1-11所示。

图 1-11　重命名和隐藏工作表

3. 什么是单元格

在介绍单元格之前，首先认识一下工作表的行和列，行的左边是该行的行号，以数字显示，列的上方为该列的列号，以大写字母A、B、C等表示。单元格是用来存储数据的单位，其中可存放数字、文本等不同类型的数据，单元格的名称由所在的行和列决定，且在功能区下方的名称框内显示，例如单元格C7，如图1-12所示。

图 1-12　单元格

1.2.2　快速录入数据的技巧

工作中经常会接触到大量的数据，快速录入数据可以节省时间，提高工作效率。如何在Excel工作表中快速录入数据呢？下面介绍各种快速录入数据的方法与技巧。

示例1-1：在单元格中输入以"0"开头的数字

在实际工作中，经常会遇到需要在Excel单元格中输入编号的情况，这些编号开头的数字可能是"0"。如果直接输入这些编号，Excel会自动将开头的数字"0"删除。如果要保留开头数字"0"，有以下两种做法：

方法1：

01 在工作表中选择需要输入编号的单元格区域，依次单击"开始"|"单元格"|"格式"选项，在弹出的下拉菜单中选择"设置单元格格式"选项，如图1-13所示。

图 1-13 设置单元格格式

02 此时将打开"设置单元格格式"对话框，在对话框的"数字"选项卡的"分类"列表中
选择"文本"选项，单击"确定"按钮关闭对话框，如图1-14所示。

03 此时，在单元格中输入开头数字为"0"的6位数门店编号，数字"0"就不会自动消失，
如图1-15所示。

门店编号	门店	2019年	2020年	2021年
000001	定远路店	221	250	229
000002	海恒店	114	218	225
000003	金寨店	116	217	234
000004	燎原店	215	228	222
000005	临泉路	218	222	228
000006	庐江路	118	218	224
000007	人民路店	311	320	319
000008	杨店店	114	113	124
000009	众兴店	312	316	328

图 1-14 设置文本单元格格式   图 1-15 输入 6 位数门店编号

方法2：

01 要输入编号开头的数字"0"，还可以在输入门店编号时，首先输入英文输入法下的单引
号，再输入编号，如图1-16所示。

02 完成输入后按Enter键，此时输入的数字将作为文本型数据，这样前面的"0"就不会消失，
如图1-17所示。

	A	B	C	D	E
1	门店编号	门店	2019年	2020年	2021年
2	000001	定远路店	221	250	229
3	000002	海恒店	114	218	225
4	000003	金寨店	116	217	234
5	000004	燎原店	215	228	222
6	000005	临泉路	218	222	228
7	000006	庐江路	118	218	224
8	000007	人民路店	311	320	319
9	000008	杨店店	114	113	124
10	000009	众兴店	312	316	328
11	'000010				

图 1-16　输入单引号

门店编号	门店	2019年	2020年	2021年
000001	定远路店	221	250	229
000002	海恒店	114	218	225
000003	金寨店	116	217	234
000004	燎原店	215	228	222
000005	临泉路	218	222	228
000006	庐江路	118	218	224
000007	人民路店	311	320	319
000008	杨店店	114	113	124
000009	众兴店	312	316	328
000010	朝阳店	191	268	309

图 1-17　输入 6 位数门店编号

此外，我们知道身份证号一般为15位或18位。当在单元格中输入15位身份证号时，Excel会自动将其转换为以科学记数法来表示。如果输入的是18位身份证号且其中没有"X"，则Excel不仅以科学记数法表示，而且还会将最后3位数字全部转换为0。之所以这样，是因为Excel对于位数大于11位的数字将默认使用科学记数法来表示，而其能够处理的数字精度最大为15位，多于15位的数字将作为0来保存。如果需输入身份证号，则使用上述介绍的方法输入即可。

示例1-2：快速输入中文大写数字

在Excel工作表中进行数据输入时，有时需要输入中文大写数字，下面介绍在Excel工作表中快速输入中文大写数字的具体方法。

01 在工作表中选择需要输入中文大写数字的单元格，打开"设置单元格格式"对话框。在"数字"选项卡的"分类"列表中选择"特殊"选项，在"类型"列表中选择"中文大写数字"选项。完成设置后单击"确定"按钮关闭对话框，如图1-18所示。

图 1-18　设置特殊单元格格式

02 在单元格中输入数字，数字将自动转换为中文大写数字，如图1-19所示。

门店编号	门店	2019年	2020年	2021年
000001	定远路店	221	250	贰佰贰拾玖
000002	海恒店	114	218	贰佰贰拾伍
000003	金寨店	116	217	贰佰叁拾肆
000004	燎原店	215	228	贰佰贰拾贰
000005	临泉路	218	222	贰佰贰拾捌
000006	庐江路	118	218	贰佰贰拾肆
000007	人民路店	311	320	叁佰壹拾玖
000008	杨店店	114	113	壹佰贰拾肆
000009	众兴店	312	316	叁佰贰拾捌
000010	朝阳店	191	268	叁佰零玖

图 1-19　转换为中文大写数字

示例1-3：输入千分号的两种方法

在输入数据时，很多场合都需要输入千分号，例如银行的存贷款利率、财务报表中的财务指标等数据都需要精确到千分位。下面介绍在Excel工作表中输入千分号的两种方法。

方法1：

使用"符号"对话框。在工作表中将插入点光标放置到需要输入千分号的位置，依次单击"插入"|"符号"选项，打开"符号"对话框。在"字体"下拉列表中选择"(普通文本)"选项，在"子集"下拉列表中选择"广义标点"选项。在对话框的列表中选择千分号后，单击"插入"按钮即可插入千分号，如图1-20所示。

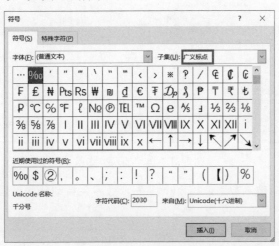

图 1-20　插入千分号

> **注意** 插入的千分号只能用于显示而无法用于计算，如果将其用于公式中，则 Excel 会给出公式错误的提示。

方法2：

使用快捷键。将插入点光标放置到需要插入千分号的位置，按住Alt键的同时依次按数字键137，松开Alt键后即可输入千分号。

示例1-4：快速输入小数的方法

财会人员在使用Excel时经常会遇到需要输入大量含有小数点数字的情况，如果按照常规方法输入则效率较低。实际上，Excel提供了小数点自动定位功能，使用该功能能够在输入数字时使小数点自动定位，从而大大提高输入效率。下面介绍在Excel单元格中快速输入小数的具体方法。

01 依次单击"文件"|"选项"选项，打开"Excel选项"对话框，在对话框左侧列表中选择"高级"选项，在右侧"编辑选项"栏中，选择"自动插入小数点"复选框，在其下的"小位数"微调框中输入小数点的位数，如这里输入4。完成设置后，单击"确定"按钮关闭对话框，如图1-21所示。

图 1-21　自动插入小数点

02 在单元格中直接输入数字，按Enter键后，数字会自动按照设置添加小数点，如图1-22所示。

门店	2019年	2020年	2021年
定远路店	42.3423	44.4234	48.4563
海恒店	45.3535	46.5353	47.2342
金寨店	41.3535	47.5355	49.9787

图 1-22　自动添加小数点

示例1-5：快速输入相同数据的方法

在Excel表格中输入数据时，经常会遇到在不同的单元格中需要输入相同数据的情况。这些单元格可能是连续的，也可能是不连续的，甚至是在不同的工作表中，如果一个一个地输入，则效率较低。下面介绍在不同的Excel单元格中快速输入相同数据的方法。

01 当数据集较小时，可以按住Ctrl键，依次单击需要输入数据的单元格，如图1-23所示。

	A	B	C	D	E	F	G	H	I	J
1	月份	定远路店	海恒店	金寨店	燎原店	临泉路	庐江路	人民路店	杨店店	众兴店
2	1月	22	14	16	25	28	18	31	14	32
3	2月		28	27	28	22	18	20	13	16
4	3月	29	25	34	22	28	24	19	24	28
5	4月	24		33	26	26	14	30	20	21
6	5月	34	43	40	34	45	50	31	28	40
7	6月	40	49		27	40	32	33	38	35
8	7月	25	15	24	22	33	12	28	24	14
9	8月	33	41	43		53	48	26	41	44
10	9月	39	46	33	34	42	35	53	48	46
11	10月	46	38	47	38	53	51	47	43	53
12	11月	45	34	42	43	44	35	49	23	40
13	12月	41	44	51	45	51	40	45	39	52

图 1-23　选择输入数据的单元格

02 在其中任意一个单元格中输入数据，再同时按Ctrl+Enter键，则所有选择的单元格输入相同的数据，如图1-24所示。

	A	B	C	D	E	F	G	H	I	J
1	月份	定远路店	海恒店	金寨店	燎原店	临泉路	庐江路	人民路店	杨店店	众兴店
2	1月	22	14	16	25	28	18	31	14	32
3	2月	25	28	27	28	22	18	20	13	16
4	3月	29	25	34	22	28	24	19	24	28
5	4月	24	25	33	26	26	14	30	20	21
6	5月	34	43	40	34	45	50	31	28	40
7	6月	40	49	25	27	40	32	33	38	35
8	7月	25	15	24	22	33	12	28	24	14
9	8月	33	41	43	25	53	48	26	41	44
10	9月	39	46	33	34	42	35	53	48	46
11	10月	46	38	47	38	53	51	47	43	53
12	11月	45	34	42	43	44	35	49	23	40
13	12月	41	44	51	45	51	40	45	39	52

图 1-24　单元格输入相同的数据

示例1-6：快速定位所有空值单元格的方法

在Excel表格中进行数据分析时，经常会遇到有空值数据的情况。这些空值单元格可能是连续的，也可能是不连续的，如果一个一个地查找，则效率较低，如果数据集较大，后续分析工作就很难快速进行。下面介绍在Excel中快速定位所有空值单元格的技巧。

01 单击待查空值区域的任意一个单元格，按住Ctrl+A快捷键，选择全部单元格，如图1-25所示。

月份	定远路店	海恒店	金寨店	燎原店	临泉路	庐江路	人民路店	杨店店	众兴店
1月	22	14	16	25	28	18	31	14	32
2月		28	27	28	22	18	20	13	16
3月	29	25	34	22	28	24	19	24	28
4月	24		33	26	26	14	30	20	21
5月	34	43	40	34	45	50	31	28	40
6月	40	49		27	40	32	33	38	35
7月	25	15	24	22	33	12	28	24	14
8月	33	41	43		53	48	26	41	44
9月	39	46	33	34	42	35	53	48	46
10月	46	38	47	38	53	51	47	43	53
11月	45	34	42	43	44	35	49	23	40
12月	41	44	51	45	51	40	45	39	52

图 1-25　选择待处理数据区域

02 在"开始"菜单下的"查找和选择"选项中，选择"定位条件"，然后选择"空值"，如图1-26所示。

图 1-26 选择"空值"定位条件

1.2.3 数据重复录入的验证

在日常表格数据录入中，有些信息是不能重复的，例如身份证、电话号码等，"数据验证"功能可以限定允许输入的数据类型和范围，防止录入重复的数据。

示例1-7：手机号码的验证

下面介绍通过"数据验证"功能对客户的手机号码进行验证。

01 选中工作表中的相关区域，依次单击"数据"|"数据工具"选项，在下拉菜单中选择"数据验证"，弹出"数据验证"对话框，如图1-27所示。

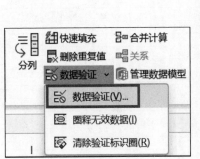

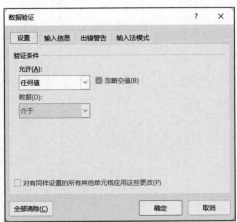

图 1-27 数据验证

02 由于国内手机号码长度是11位，在"数据验证"对话框的"允许"下拉列表框中选择"文本长度"选项，"数据"下拉列表框中选择"等于"，在"长度"框中填写"11"，然后单击"确定"按钮，如图1-28所示。

图 1-28　手机号码验证

03 在B2单元格中输入一串数字，这里数值故意输入12位的手机号码"1318****6391"，按回车键，发现单元格出现错误提示，这说明数值已经被限制，如果输入11位的"131****6391"，则可以正常输入。

此外，"验证条件"允许选择"序列"，在"来源"文本框中输入下拉菜单要显示的内容，例如在"来源"框中设置"男,女"，如图1-29所示。

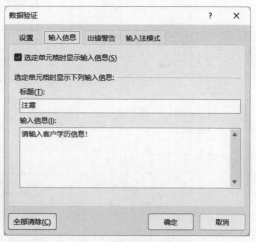

图 1-29　序列验证

注意 "男,女"中的逗号是英文输入法下的逗号，后面"性别"列录入过程中也只能选择这两个字。

当选中单元格时，还可以提示需要输入的信息，切换至"输入信息"选项卡，在"标题"文本框中输入"注意"，"输入信息"框中输入"请输入客户学历信息!"，然后单击"确定"按钮，即可为单元格设置提示信息。

1.3 Excel快速操作技巧

在日常办公或数据分析中，Excel软件有许多的小技巧，学习并使用这些技巧可以大大提高工作效率，让你成为Excel高手。

1.3.1 一键快速分析数据

Excel可以一键显示多种数据可视化方案，选中需要分析的数据集后，立即进行快速分析，当你看到中意的格式、迷你图、图表或表格后，一键即可应用。

示例1-8：快速分析客户订单数据

尝试一下这个快速分析订单数据的小技巧，既实用又高效：

01 选中需要分析的数据集，然后单击右下角的快速分析图标，如图1-30所示。

图 1-30　快速分析图标

02 鼠标悬停在每个选项上都会显示相应的预览。例如单击"表格"选项，鼠标悬停在"数据透视表"上，就会显示预览信息，如图1-31所示，如果再单击"数据透视表"图标，就会输出对应的统计结果。

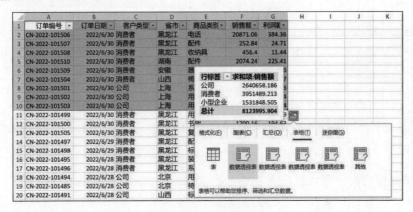

图 1-31　数据透视表

1.3.2 对比工作表的变化

Excel的工作表对比可以比较两个Excel文件的差异，比如增加或删除工作表的内容、计算结果的差异或格式的差异等，让用户对工作表中的变化明察秋毫。

示例1-9：对比商品订单表修改前后的变化
修改了商品订单表，其前后的变化如何对比呢？试试下面的方法。

01 在Windows开始菜单中，打开"Microsoft Office工具"下的Spreadsheet Compare选项，这是一个Excel的附加工具，如图1-32所示。

图 1-32 Spreadsheet Compare 选项

02 单击Compare Files选项，选择需要对比的两个Excel文件，如图1-33所示，然后单击OK按钮。

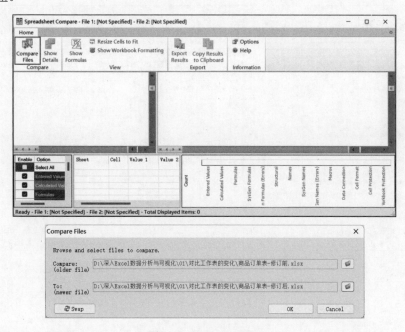

图 1-33 Compare Files

如图1-34所示，数据差异被用颜色标示出来了，一目了然。打开文件后，软件界面分5部分显示，上面两部分，左侧显示旧文件，右侧显示新文件。下面三部分，左侧显示对比项，中间显示对比结果，右侧显示各项不同之处的统计数据。

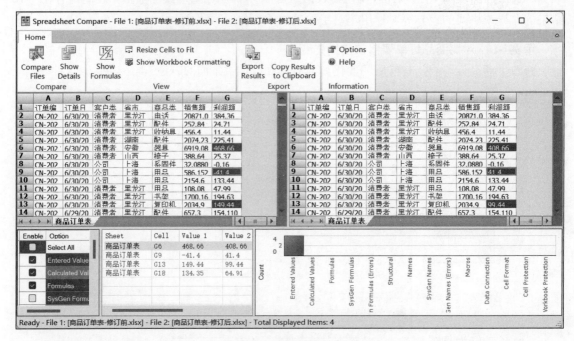

图 1-34　工作表对比结果

03 单击Export Results选项，即可把对比结果导出到一个Excel文件中。导出的Excel文件分为两个工作表：一个是结果列表，另一个是对比选项，如图1-35所示。

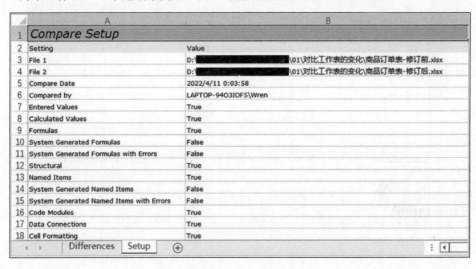

图 1-35　导出结果

1.3.3　Excel 常用快捷键

Excel快捷键可以在不用鼠标的情况下一键快速完成很多操作，是提升工作效率的利器。

这里只介绍几个Excel中的常用快捷键，更多快捷键请参考附录中的内容，值得注意的是，这些快捷键基本都适用于各个版本的Excel。

1. Excel 快捷键：Ctrl+A

Ctrl+A功能为全选，只要单击活动单元格，并按Ctrl+A，单元格区域即被选中，如图1-36所示为选中的A1:J13单元格区域。

图 1-36　用 Ctrl+A 选中单元格区域

2. Excel 快捷键：Ctrl+C

Ctrl+C功能为复制，例如先选中A2:J2单元格区域，并按Ctrl+C，第2行单元格会添加虚线并被复制，如图1-37所示。

图 1-37　用 Ctrl+C 复制单元格数据

3. Excel 快捷键：Ctrl+V

Ctrl+V功能为粘贴，在复制第2行的单元格后，单击A3单元格，并按Ctrl+V，即可将数据粘贴至第3行，如图1-38所示。

4. Excel 快捷键：Ctrl+X

Ctrl+X功能为剪切，按上述操作把Ctrl+C改成Ctrl+X，即可将第2行数据剪切到第3行，如图1-39所示。

	A	B	C	D	E	F	G	H	I	J
1	月份	定远路店	海恒店	金寨店	燎原店	临泉路	庐江路	人民路店	杨店店	众兴店
2	1月	22	14	16	25	28	18	31	14	32
3	1月	22	14	16	25	28	18	31	14	32
4	3月	29	25	34	22	28	24	19	24	28
5	4月	24	25	33	26	26	14	30	20	21
6	5月	34	43	40	34	45	50	31	28	40
7	6月	40	49	25	27	40	32	33	38	35
8	7月	25	15	24	22	33	12	28	24	14
9	8月	33	41	43	25	53	48	26	41	44
10	9月	39	46	33	34	42	35	53	48	46
11	10月	46	38	47	38	53	51	47	43	53
12	11月	45	34	42	43	44	35	49	23	40
13	12月	41	44	51	45	51	40	45	39	52

图 1-38　用 Ctrl+V 粘贴单元格数据

	A	B	C	D	E	F	G	H	I	J
1	月份	定远路店	海恒店	金寨店	燎原店	临泉路	庐江路	人民路店	杨店店	众兴店
2										
3	1月	22	14	16	25	28	18	31	14	32
4	3月	29	25	34	22	28	24	19	24	28
5	4月	24	25	33	26	26	14	30	20	21
6	5月	34	43	40	34	45	50	31	28	40
7	6月	40	49	25	27	40	32	33	38	35
8	7月	25	15	24	22	33	12	28	24	14
9	8月	33	41	43	25	53	48	26	41	44
10	9月	39	46	33	34	42	35	53	48	46
11	10月	46	38	47	38	53	51	47	43	53
12	11月	45	34	42	43	44	35	49	23	40
13	12月	41	44	51	45	51	40	45	39	52

图 1-39　用 Ctrl+X 剪切单元格数据

5. Excel 快捷键：Ctrl+F

Ctrl+F功能为查找，用鼠标选中活动单元格，按Ctrl+F，弹出"查找"对话框，在"查找内容"中即可输入需要查找的关键字，如图1-40所示。

6. Excel 快捷键：Ctrl+H

Ctrl+H功能为替换，用鼠标选中活动单元格，按Ctrl+H，弹出"替换"对话框，然后在"查找内容"中输入查找的关键字，在"替换为"中输入替换的关键字，即可用新的内容替换输入的关键字，如图1-41所示。

图 1-40　用 Ctrl+F 查找

图 1-41　用 Ctrl+H 替换

7. Excel 快捷键：Ctrl+L

Ctrl+L功能为创建表，选中A1:J13单元格区域，按Ctrl+L，弹出"创建表"对话框，按回车键确认，即可实现创建表，如图1-42所示。

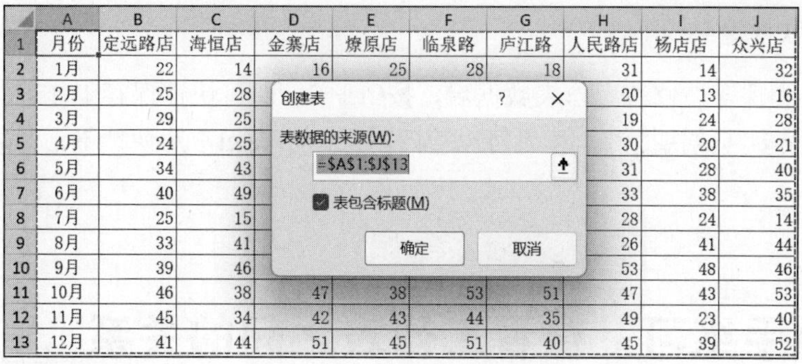

图 1-42 用 Ctrl+L 创建表

8. Excel 快捷键：Ctrl+Q

Ctrl+Q功能为格式化数据，选中单元格区域，按Ctrl+Q，弹出"格式化"对话框，还可以对单元格区域进行图表、汇总、表格、迷你图等操作，如图1-43所示。

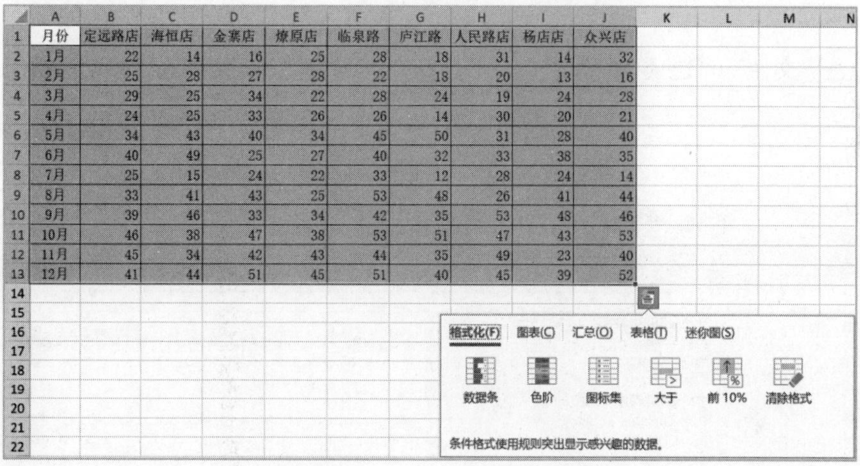

图 1-43 用 Ctrl+Q 格式化数据

9. Excel 快捷键：Ctrl+Shift+方向键

Ctrl+Shift+方向键功能为选择部分数据，例如选中B6单元格区域，按Ctrl+Shift+向右的方向键，即可选择5月份的所有数据，如图1-44所示。

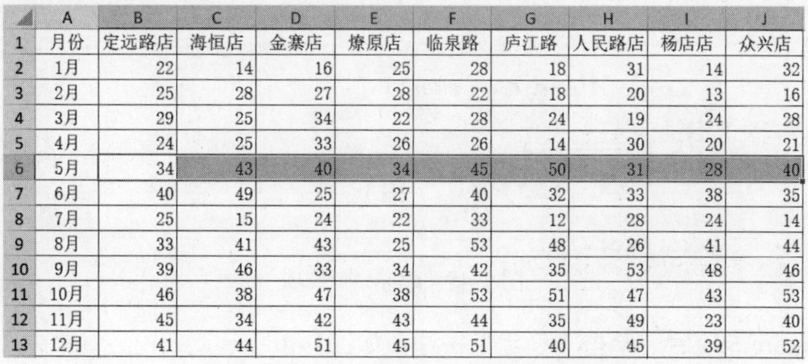

	A	B	C	D	E	F	G	H	I	J
1	月份	定远路店	海恒店	金寨店	燎原店	临泉路	庐江路	人民路店	杨店店	众兴店
2	1月	22	14	16	25	28	18	31	14	32
3	2月	25	28	27	28	22	18	20	13	16
4	3月	29	25	34	22	28	24	19	24	28
5	4月	24	25	33	26	26	14	30	20	21
6	5月	34	43	40	34	45	50	31	28	40
7	6月	40	49	25	27	40	32	33	38	35
8	7月	25	15	24	22	33	12	28	24	14
9	8月	33	41	43	25	53	48	26	41	44
10	9月	39	46	33	34	42	35	53	48	46
11	10月	46	38	47	38	53	51	47	43	53
12	11月	45	34	42	43	44	35	49	23	40
13	12月	41	44	51	45	51	40	45	39	52

图 1-44 用 Ctrl+Shift+方向键选中数据

10. Excel 快捷键：Ctrl+S

Ctrl+S功能为保存，修改工作表数据后，按Ctrl+S，即可快速保存工作表。

Excel还有很多其他快捷键，读者可以查阅附录B的Excel常用快捷键汇总表，了解所有快捷键及其功能。

1.4 动手练习：查看工作表之间的关系

在Excel中，可用形象的图示展示表格之间的链接和相互影响，从而增强Excel的管理和问题分析能力。本例介绍如何查看工作表之间的关系，首先需要启用Excel"开发工具"中的Inquire功能，在默认情况下，需要用户自行设置。

操作步骤如下：

01 单击"文件"|"选项"|"加载项"，选择"COM加载项"，单击"转到"按钮，如图1-45所示。

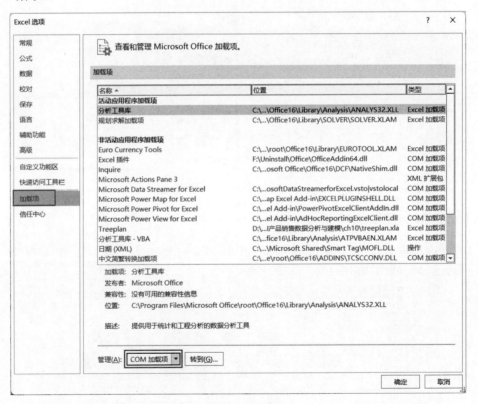

图 1-45　COM 加载项

02 选择Inquire选项后，单击"确定"按钮，如图1-46所示。

03 在Excel界面中，单击"Inquire"|"工作簿分析报告"选项，如图1-47所示。

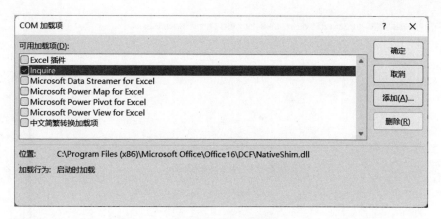

图 1-46　Inquire 选项

图 1-47　工作簿分析报告

04 在弹出的窗口左侧的项目栏选择需要查看的项目，右侧的"结果"栏显示对应的数据，如图1-48所示。此外，还可以单击"Excel导出"按钮，导出相应的数据。

图 1-48　查看项目

05 单击"Inquire"|"工作表关系"选项，可以以图表的形式查看工作表之间的关系，如图1-49所示。

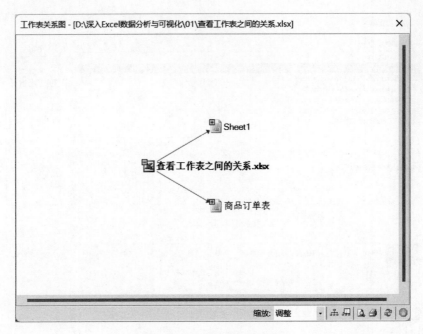

图 1-49　工作表之间的关系

在实际的数据分析中，可能会涉及多张表，了解表之间的关系可以帮助数据分析人员理清数据之间的来龙去脉，有助于发现问题和解决问题。

1.5　实操练习

在某系统开发过程中，检查人员发现了一些问题。现要求在Excel中输入这些问题，其中问题与问题之间需要进行换行，并输入检查日期。相关问题汇总表格如图1-50所示。

编号	检查人	主要问题
1	张三	问题1：*** 问题2：*** 问题3：*** 日期：2022/9/12
2	李四	
3	王五	

图 1-50　相关问题汇总表格

第 2 章

Excel 连接数据源

在进行数据分析之前，首先需要获取数据分析的"食材"，也就是数据，例如商品订单数据中的类别数据、订单数据、退单数据等，有数据在手，才能进行分析。本章将会介绍如何使用Excel读取本地离线数据、关系型数据库中的数据、Web在线数据等各种存储形式的数据。

2.1 导入本地离线数据

本地离线数据就是指在不需要网络的情况下仍然可以查看的数据，它的种类较多，离线数据分析通常是对大批量的、不要求太高时效性的数据进行处理与分析，这类数据也是现实工作中接触最多的，它们大多以各种文件形式存储，掌握其获取方法是数据分析人员的基本功。本节介绍导入常见的本地离线数据的方法，如导入Excel工作簿文件、文本/CSV文件和PDF文件。

2.1.1 导入 Excel 工作簿文件

示例2-1：导入"客服中心第4季度来电记录"工作簿文件

如果要分析的数据存放在Excel工作簿中，那么可以直接使用Excel工作簿文件。导入Excel工作簿文件的方法很简单，操作步骤如下：

01 从Excel工作簿导入数据，在Excel界面中依次选择"数据"|"获取数据"|"来自文件"|"从工作簿"，然后选择需要导入的文件，再单击"导入"按钮，如图2-1所示。

02 在"导航器"对话框中，选择导入的工作表，选择"选择多项"可以进行多个表格的选择，单击"加载"右侧的下拉框，选择"加载到"选项。然后，在"加载到"页面选择显示方式为"表"，再单击"加载"按钮，如图2-2所示，这样就将"客服中心第4季度来电记录"工作簿中的3张工作表导入Excel中了。

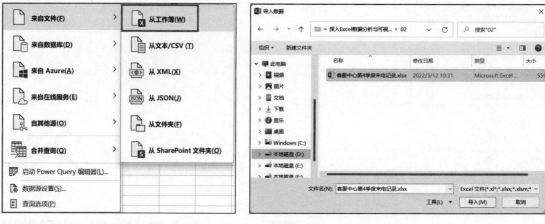

图 2-1　导入工作簿

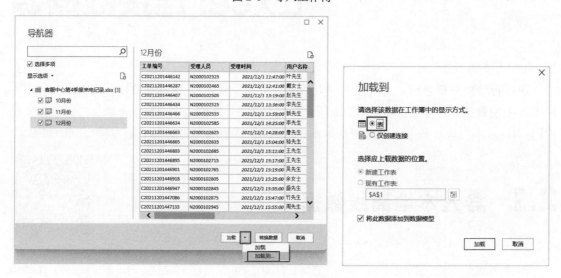

图 2-2　加载工作表

2.1.2　导入文本/CSV 文件

文本文件和CSV文件也是数据的一个重要来源。其中，CSV文件是一种用来存储数据的纯文本文件，最广泛的应用是在程序之间转移表格数据，因此从CSV文件导入数据是数据分析人员很常见的任务。

提示　CSV 文件由任意数目的记录组成，记录间以某种换行符分隔，每条记录由字段组成，字段间的分隔符是其他字符或字符串，最常见的是逗号或制表符。通常，CSV所有记录都有完全相同的字段序列，可以使用记事本或 Excel 来打开 CSV 文件。

示例2-2：导入"客服中心11月份来电记录表"CSV文件

下面我们介绍导入CSV文件的操作步骤：

01 从文本文件中导入数据，在Excel界面中依次选择"数据"|"获取数据"|"来自文件"|"从文本/CSV"，选择需要导入的文件，然后单击"导入"按钮，如图2-3所示。

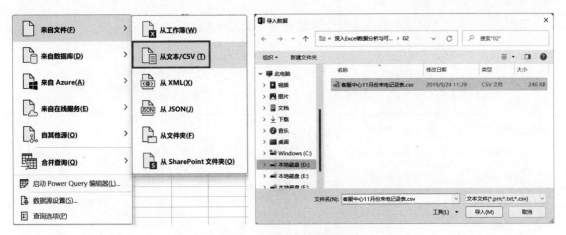

图 2-3　导入 CSV 数据

02 如果出现乱码，则需要设置文件格式为"简体中文(GB2312)"。然后设置最合适的分隔符，这里导入的数据文件需要设置"逗号"分隔符，再单击"加载"按钮即可，如图2-4所示。

图 2-4　导入格式设置

2.1.3　JSON 文件

　　JSON文件是用来存储简单的数据结构和对象的文件，被广泛用于Web应用程序进行数据交换。JSON文件可以说是一个可读的数据集合，我们可以通过合理的方式来访问这些数据。作为一个数据分析人员，也会经常被要求从JSON文件中访问数据。因此，掌握从JSON文件中获取数据很有必要。

示例2-3：导入"客服中心话务员个人信息表"JSON文件

如果要导入JSON文件，可按以下步骤操作：

01 Excel可以连接JSON格式的数据文件，在Excel界面中依次选择"数据"|"获取数据"|"来自文件"|"从JSON"，然后选择需要导入的文件，如图2-5所示。

图 2-5　选择数据文件

02 单击"导入"按钮，进入"Power Query编辑器"对话框，显示数据表的记录列表。在"Power Query编辑器"对话框的"开始"功能区中，单击"查询"选项下的"高级编辑器"选项，在"高级编辑器"对话框中输入记录转换为表的代码，具体如下：

```
let
    源 = Json.Document(File.Contents("D:\深入 Excel 数据分析与可视化\02\客服中心话务员个
人信息表.json")),
    转到表 = Table.FromRecords(源)
in
    转到表
```

如果代码没有错误，在"高级编辑器"页面左下方会显示"未检测到语法错误。"信息，然后单击"完成"按钮，如图2-6所示。

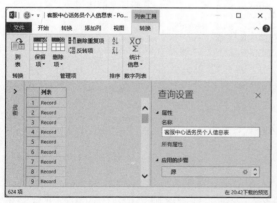 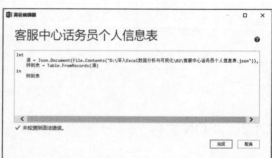

图 2-6　高级编辑器

03 在"Power Query编辑器"页面可以核查解析的JSON文件是否正常，如果没有出现错误，就可以单击"关闭并上载"选项，如图2-7所示，否则需要检查记录转换代码是否正确。

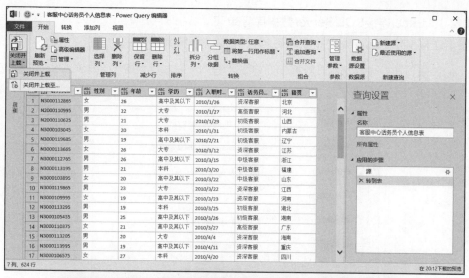

话务员工号	性别	年龄	学历	入职时间	话务员级别	籍贯
N3000112865	女	26	高中及其以下	2010/1/26	资深客服	北京
N2000110995	男	22	大专	2010/1/27	高级客服	河北
N2000110625	男	21	大专	2010/1/29	初级客服	山西
N3000103045	女	20	本科	2010/1/31	初级客服	内蒙古
N3000119685	男	19	高中及其以下	2010/2/21	初级客服	辽宁
N3000113665	女	26	大专	2010/3/12	资深客服	江苏
N3000112765	男	26	高中及其以下	2010/3/15	中级客服	浙江
N3000113195	男	21	本科	2010/3/20	中级客服	福建
N3000103895	女	20	高中及其以下	2010/3/22	中级客服	山东
N3000119865	男	23	大专	2010/3/22	资深客服	江西
N3000109995	女	19	高中及其以下	2010/3/23	资深客服	河南
N3000113295	男	19	本科	2010/3/25	初级客服	湖北
N3000105435	男	25	高中及其以下	2010/3/26	初级客服	湖南
N3000110375	女	21	高中及其以下	2010/3/27	高级客服	广东
N3000113205	男	20	大专	2010/4/4	资深客服	海南
N3000113995	男	19	高中及其以下	2010/4/11	资深客服	重庆
N3000106575	女	27	本科	2010/4/20	资深客服	四川
N2000107055	女	25	本科	2010/4/23	资深客服	贵州
N3000113615	女	26	大专	2010/4/23	初级客服	云南

图 2-7　关闭并上载数据

2.2　导入关系型数据库中的数据

关系型数据库是指采用了关系模型来组织数据的数据库，其以行和列的形式存储数据，以便于用户理解。关系型数据库这一系列的行和列被称为表，一组表组成了数据库，目前常见的关系型数据库系统主要有SQL Server、Access、MySQL等。

2.2.1　Excel 连接 SQL Server 数据库

SQL Server数据库是Microsoft公司推出的关系型数据库管理系统，具有使用方便、可伸缩性好、与相关软件集成程度高等优点，应用比较广泛。

示例2-4：Excel连接SQL Server数据库订单表

如果要连接SQL Server数据库获取数据，可按以下步骤操作：

01 在Excel界面中依次选择"数据"|"获取数据"|"来自数据库"|"从SQL Server数据库"，如图2-8所示。

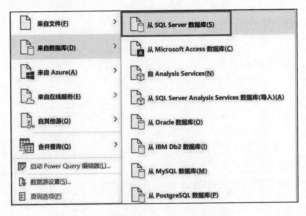

图 2-8　选择 SQL Server 数据库

02 在"SQL Server数据库"对话框中，在"服务器"文本框中输入服务器地址、数据库名称，然后单击"确定"按钮，如图2-9所示。

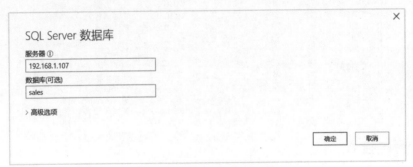

图 2-9　设置服务器和数据库

03 在"SQL Server数据库"对话框的左侧选择"数据库"连接方式，可以使用用户名和密码登录数据库，单击"连接"按钮后，将会打开"加密支持"对话框，如图2-10所示。

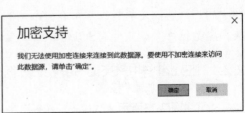

图 2-10　"加密支持"对话框

04 单击"确定"按钮后，打开"导航器"对话框，可以预览数据，例如选择orders表，单击"加载"按钮，就可以将orders数据表导入Excel，如图2-11所示。

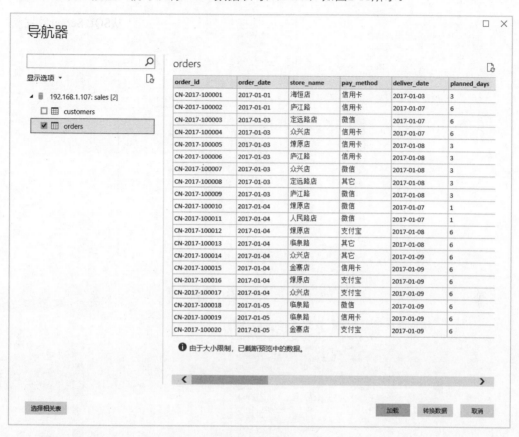

图 2-11　数据预览

2.2.2　Excel 连接 Access 数据库

Microsoft Access是微软将数据库引擎的图形用户界面和软件开发工具结合在一起的数据库管理系统，是微软Office的一个重要成员，在专业版和更高版本的Office被单独出售，最大的优点是易学，非计算机专业人员也能快速学会。

示例2-5：Excel连接Access数据库

如果要连接Access数据库获取数据，可按以下步骤操作：

01 在Excel界面中依次选择"数据"|"获取数据"|"来自数据库"|"从Microsoft Access数据库"，然后选择Coffee Chain.mdb数据库文件。

02 在"导航器"对话框中显示数据表的信息，在左侧选择表（例如Location表）后，右侧会出现该表的数据预览，如图2-12所示。

03 单击"加载"按钮后，就可以将Coffee Chain.mdb数据库文件中的Location表导入Excel中，如图2-13所示。

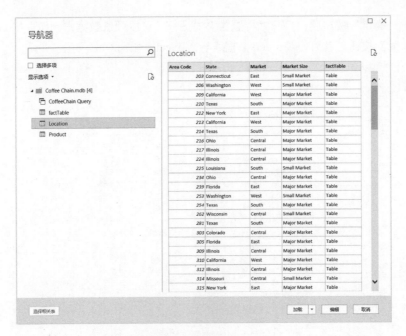

Area Code	State	Market	Market Size	factTable
203	Connecticut	East	Small Market	Table
206	Washington	West	Small Market	Table
209	California	West	Major Market	Table
210	Texas	South	Major Market	Table
212	New York	East	Major Market	Table
213	California	West	Major Market	Table
214	Texas	South	Major Market	Table
216	Ohio	Central	Major Market	Table
217	Illinois	Central	Major Market	Table
224	Illinois	Central	Major Market	Table
225	Louisiana	South	Small Market	Table
234	Ohio	Central	Major Market	Table
239	Florida	East	Major Market	Table
253	Washington	West	Small Market	Table
254	Texas	South	Major Market	Table
262	Wisconsin	Central	Small Market	Table
281	Texas	South	Major Market	Table
303	Colorado	Central	Major Market	Table
305	Florida	East	Major Market	Table
309	Illinois	Central	Major Market	Table
310	California	West	Major Market	Table
312	Illinois	Central	Major Market	Table
314	Missouri	Central	Small Market	Table
315	New York	East	Major Market	Table

图 2-12　展示数据表的信息

Area Code	State	Market	Market Size
203	Connecticut	East	Small Market
206	Washington	West	Small Market
209	California	West	Major Market
210	Texas	South	Major Market
212	New York	East	Major Market
213	California	West	Major Market
214	Texas	South	Major Market
216	Ohio	Central	Major Market
217	Illinois	Central	Major Market
224	Illinois	Central	Major Market
225	Louisiana	South	Small Market
234	Ohio	Central	Major Market
239	Florida	East	Major Market
253	Washington	West	Small Market
254	Texas	South	Major Market
262	Wisconsin	Central	Small Market
281	Texas	South	Major Market
303	Colorado	Central	Major Market
305	Florida	East	Major Market

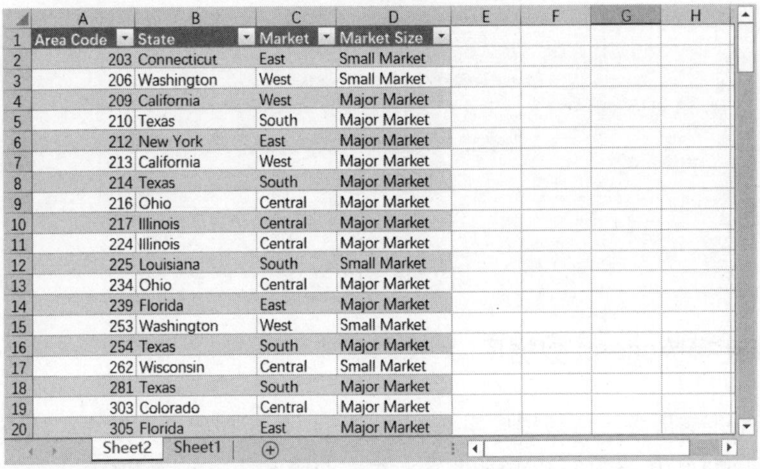

图 2-13　导入后的数据表信息

2.2.3 Excel 连接 MySQL 数据库

MySQL是一种典型的关系型数据库管理系统，由于其体积小、速度快、总体拥有成本低，尤其是开放源码这一特点，一般中小型和大型网站的开发都选择MySQL作为网站数据库。

示例2-6：Excel连接MySQL数据库的客户信息表

如果要在Excel中连接MySQL数据库获取数据，可按以下步骤操作：

01 连接MySQL数据库之前，首先需要安装对应版本的驱动程序，可以到MySQL数据库的官方网站免费下载，驱动程序的安装过程比较简单，会出现结束对话框，单击Finish按钮即可，如图2-14所示。

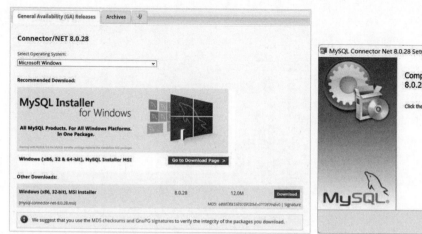

图 2-14　下载驱动程序

02 在Excel界面中依次选择"数据"|"获取数据"|"来自数据库"|"从MySQL数据库"。打开"MySQL数据库"对话框，在"服务器"文本框中输入服务器地址，然后在"数据库"文本框中输入数据库名称，如sales，如图2-15所示。

图 2-15　输入服务器和数据库名称

在该对话框的左侧选择"数据库"登录方式，然后输入数据库的用户名和密码，以及服务器地址，单击"连接"按钮。

03 打开"导航器"对话框，预览表中的数据，例如customers表，如图2-16所示，单击"加载"按钮后，就可以将MySQL数据库中的customers表导入Excel中。

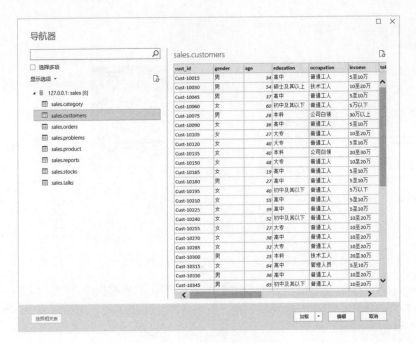

图 2-16 "导航器"对话框

2.3 读取其他数据源的数据

除了前述获取数据的方法外，本节我们再介绍3种获取数据的方法，这些方法也有可能在实际工作中用到。

2.3.1 使用"自表格/区域"读取数据

当从当前工作簿中读取数据时，通过 Excel 的内置功能 Power Query，可以从表格和命名区域获取数据，即通过"自表格/区域"实现。"自表格/区域"可以创建链接到选定 Excel 表格或命名区域的新查询，如果选定的数据不属于表格或命令区域的一部分，会将其转化为表格。

示例2-7：通过Excel从当前工作簿读取数据

下面介绍如何从当前工作簿读取数据，操作步骤如下：

01 打开原始数据，确保鼠标位于数据区域，在菜单栏中点击"数据"选项卡，依次选择"数据"|"获取数据"|"自其他源"|"自表格/区域"，在弹出窗口中选择"表包含标题"选项，如图2-17所示。

然后，单击"确定"按钮，进入"Power Query编辑器"页面，如图2-18所示。下面对"商品名称"列的数据进行分列处理。

02 选择"按分隔符"分列，选中"商品名称"列，然后在"Power Query编辑器"窗口的"主页"选项卡单击"拆分列"，选择"按分隔符"选项，如图2-19所示。

图 2-17　自表格/区域

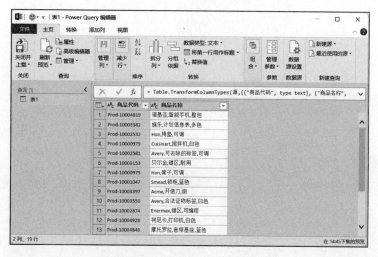

图 2-18　Power Query 编辑器

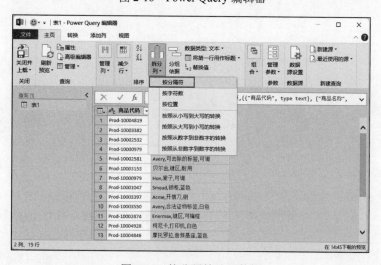

图 2-19　按分隔符处理数据

这时会进入"按分隔符拆分列"的设置页面，Power Query 自动识别出用于分列的顿号，而且它也知道该分多少列，还可以自定义设置分隔符，如图2-20所示。

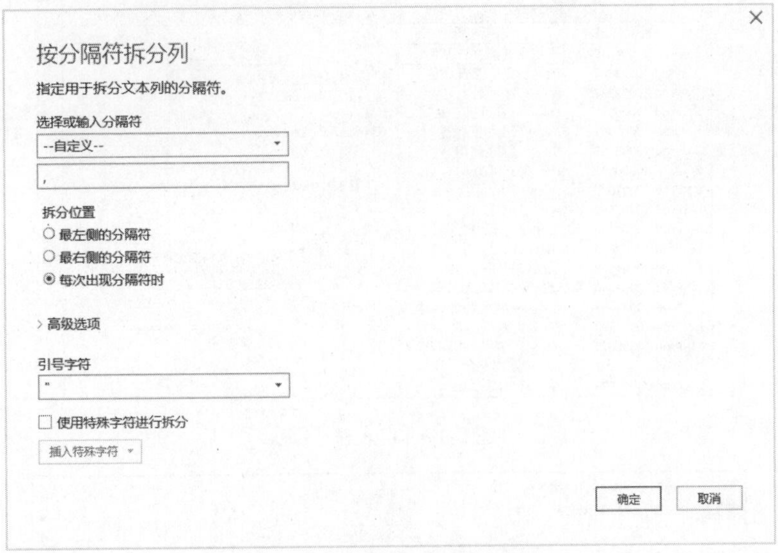

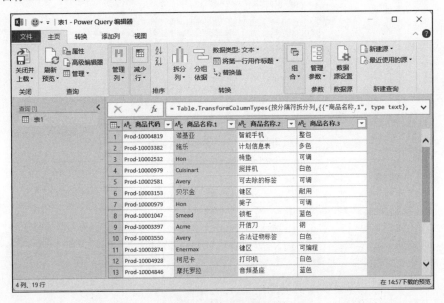

图 2-20　自定义设置分隔符

03 单击"确定"按钮后，即可将"商品名称"分列为"商品名称.1""商品名称.2""商品名称.3"，如图2-21所示。

图 2-21　修改字段名称

对数据进行处理，重命名"商品名称.1"为"品牌"，"商品名称.2"为"商品名称"，"商品名称.3"为"类型"，然后单击"关闭并上载"，就可以实现在Excel中加载数据。

2.3.2　读取 Web 网站的数据

有时间我们可能需要获取某领域或某行业的数据，以获取该领域或行业的信息，以帮助我们做某种决策，这类数据大多需要通过Web网站来获取。

示例2-8：读取中国银行外汇牌价网页数据

下面介绍如何读取网页数据，操作步骤如下：

01 通过Excel的内置查询功能可以轻松快速地获取和转换Web数据，在Excel界面中依次选择"数据"|"获取数据"|"自其他源"|"自网站"，如图2-22所示。

02 在地址栏中输入网址，以中国银行外汇牌价为例（http://www.boc.cn/sourcedb/whpj/index.html），单击"确定"按钮，如图2-23所示。

图 2-22　自网站　　　　　　　　　　　　图 2-23　输入网址

03 打开"导航器"对话框，预览Table 0表中的数据，如图2-24所示，单击"加载"按钮后，就可以将中国银行外汇牌价数据导入Excel中。

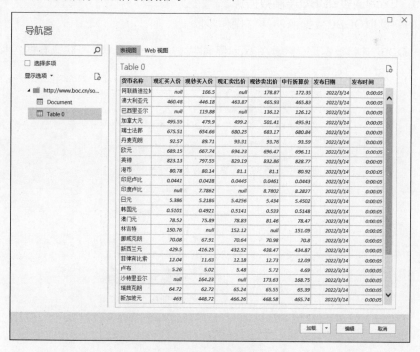

图 2-24　加载数据

2.3.3　通过 ODBC 连接数据源

ODBC相当于一个中间协议，通过ODBC协议可以连接各种数据源，如数据库、Excel和文本等。ODBC为程序员开发的程序提供了一种访问数据的方法，但程序如果要使用ODBC操作实际数据库，无论后台数据库是DB2还是SQL Server，首先需要在"ODBC数据源管理程序"中进行配置。配置的具体方法参考图2-25所示。

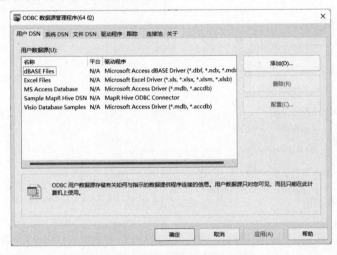

图 2-25　ODBC 数据源管理程序

配置完成之后，即可通过ODBC来获取数据源。

示例2-9：Excel通过ODBC连接数据源
下面是如何读取ODBC数据源的具体操作步骤。

01 通过ODBC连接数据源，需要在Excel界面中依次选择"数据"|"获取数据"|"自其他源"|"从ODBC"，如图2-26所示。

图 2-26　从 ODBC

02　在弹出的对话框中，选择事先配置好的数据源名称，例如MySQL，如图2-27所示，然后单击"确定"按钮，再进行数据源的配置即可。

从 ODBC

数据源名称(DSN)

MySQL ▾

› 高级选项

确定　　取消

图 2-27　配置数据源

2.4　多表合并查询

在工作中，数据通常分散在不同的工作簿或工作表中，如果能将这些表中的数据合并，则可以减少实际应用中针对多个表格进行数据处理的时间。本节运用Excel多表合并的技巧，深入探讨和研究多表合并的问题。

2.4.1　多表合并的应用场景

多表合并历来是困扰职场人的难题，因为用到它的场景实在太多了，例如不同部门的数据、不同月份的数据，甚至不同公司的数据报表，都可能会涉及多表合并问题。

Excel 2016版本之前，解决这类问题基本上只能通过VBA程序来完成，但是VBA相对来说门槛比较高，需要编写程序，不适合大多数数据分析人员。

幸运的是，Excel 2016版本以后自带的Power Query查询工具允许用户链接、合并多个数据源中的数据，解决了多表合并的难题。

当然，由于Power Query功能异常强大，仅用它实现多表合并显然有些"杀鸡用牛刀"的感觉，但是对于不会VBA的读者，面对困扰已久的"多表合并"难题，不失为一个好方法。

2.4.2　不同工作簿的多表合并

假如要合并的工作表并不在同一个工作簿中，而是分布在不同的Excel文件中。例如在"客服中心第3季度来电记录"文件夹下，有客服中心7月份来电记录表、客服中心8月份来电记录表、客服中心9月份来电记录表3个文件。此时只需要合并这些工作簿即可。

示例2-10：导入"客服中心第3季度来电记录"文件夹数据
具体操作步骤如下：

01　在Excel界面中依次选择"数据"｜"获取数据"｜"来自文件"｜"从文件夹"，如图2-28所示，转到文件夹所在的位置，选择"客服中心第3季度来电记录"文件夹。

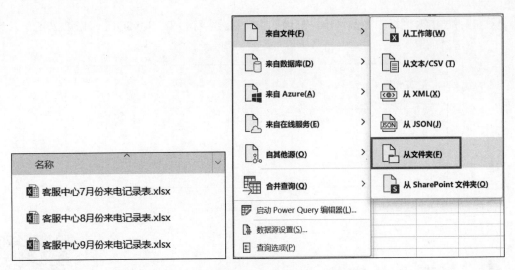

图 2-28　从文件夹

注意 要汇总这些文件，工作簿中的数据结构必须相同，包括列数相同、列标题相同。

02 在文件信息页面会显示文件的名称（Name）、类型（Extension）、创建时间（Date created）等，我们可以选择文件的加载方式，这里选择"合并并转换数据"列，如图2-29所示。

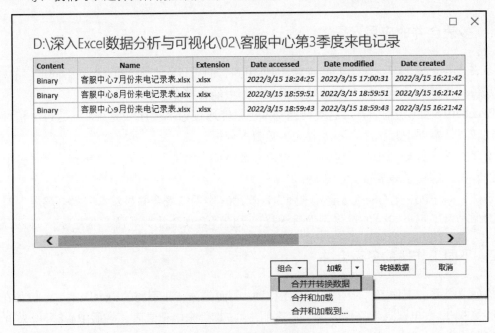

图 2-29　合并并转换数据

接下来，逐一选择要从每个文件提取的工作表对象，这里选择Sheet1，然后单击"确定"按钮，如图2-30所示。

03 在Power Query编辑器的中间区域显示数据样式，右下方显示数据查询"应用的步骤"，如果没有错误，再单击"关闭并上载"按钮，如图2-31所示。

图 2-30　合并文件

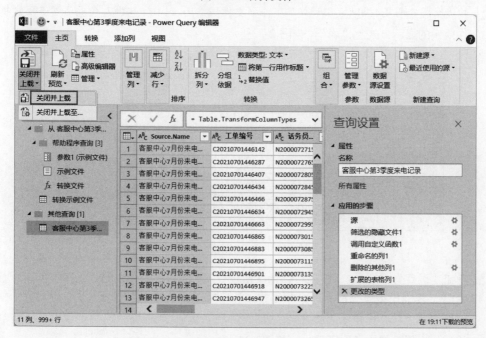

图 2-31　关闭并上载

文件夹数据导入后的效果如图2-32所示，可以看到其中包括数据源名称（Source.Name）和3张工作表中的数据，右侧显示查询和连接的相关信息。

图 2-32　来电记录数据的合并效果

2.4.3　同一工作簿的多表合并

假设在"客服中心第4季度来电记录"工作簿中，有10月份、11月份、12月份的来电数据，现在需要将其合并到一张表中。

示例2-11：合并"客服中心第4季度来电记录"多表数据

读取一个工作簿中的多表数据并将其合并到一张表中，具体操作步骤如下：

01 将"客服中心第4季度来电记录"工作簿文件导入Excel中，在导入数据页面选择数据在工作簿中的显示方式为"表"，如图2-33所示。

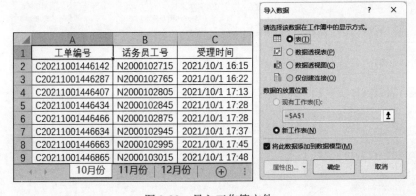

图 2-33　导入工作簿文件

02 单击"确定"按钮后，就可以将3张工作表导入Excel中。下面将3张工作表合并为一张，在Excel界面中依次选择"数据"|"获取数据"|"合并查询"|"追加"，在"追加"设置页面选择"三个或更多表"选项，通过中间的"添加"按钮，将"可用表"区域中的表添加到"要追加的表"区域中，如图2-34所示。

03 单击"确认"按钮弹出Power Query编辑器，左侧列表显示数据表的名称，其中合并后的数据表名称为"追加1"，中间区域显示数据样式，单击"关闭并上载"按钮，如图2-35所示，这一步的目的是将处理过的数据导入到Excel中。

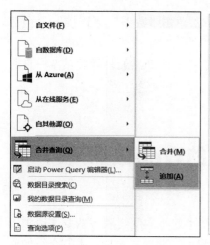
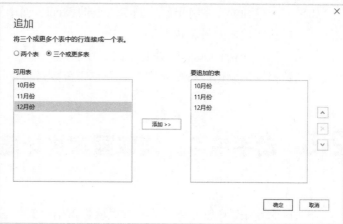

图 2-34　追加数据

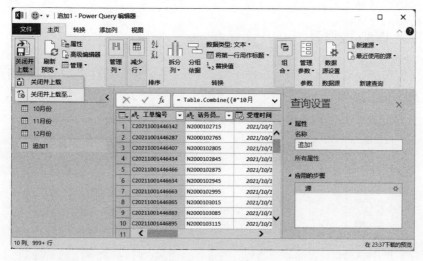

图 2-35　关闭并上载

这样就将"客服中心第4季度来电记录"工作簿中的10月份、11月份、12月份工作表同时导入Excel中了，如图2-36所示。

图 2-36　来电记录数据合并后的效果

如果三个单独的表中有更新，则在总表的Excel界面中依次单击"数据"|"连接"|"全部刷新"即可获取数据的最新状态。

可见，通过Power Query合并起来的工作表的好处是，这是一个动态的合并关系，一旦原始表中的数据发生变化，只需要刷新即可完成新数据的合并，可谓以逸待劳。

2.5 动手练习：读取国家统计局的Web数据

在实际工作中，难免会遇到从网页提取数据信息的需求，也就是向网络服务器发送请求以便将网络资源从网页中读取出来，保存到本地，并对这些信息做一些简单提取。本节介绍如何从国家统计局网站读取数据。

2.5.1 连接到 Web 数据源

我们从国家统计局网站读取的是2022年1月70个大中城市商品住宅销售价格指数数据，具体数据如图2-37所示。

城市	环比 上月=100	同比 上年同月=100	定基 2020年=100	城市	环比 上月=100	同比 上年同月=100	定基 2020年=100
北　京	101.0	105.5	107.5	唐　山	100.7	99.0	102.9
天　津	99.3	101.3	102.2	秦皇岛	99.5	96.1	97.1
石家庄	99.6	98.0	99.4	包　头	99.8	99.8	101.3
太　原	99.9	97.4	96.2	丹　东	99.3	100.8	104.2
呼和浩特	99.9	98.9	101.4	锦　州	99.8	102.5	105.8
沈　阳	99.4	101.2	103.5	吉　林	100.1	102.5	103.2
大　连	99.8	104.3	106.5	牡丹江	99.6	98.2	96.8
长　春	100.2	100.9	101.9	无　锡	100.3	104.5	106.7
哈尔滨	98.8	97.5	96.6	徐　州	100.8	104.0	108.7
上　海	100.6	104.2	106.7	扬　州	99.5	102.7	107.0
南　京	100.1	104.0	106.0	温　州	100.7	104.3	106.7
杭　州	100.3	105.8	106.8	金　华	100.0	103.0	106.6
宁　波	100.4	103.3	105.4	蚌　埠	100.0	100.5	103.5
合　肥	99.9	102.5	106.1	安　庆	99.7	98.2	98.5
福　州	100.4	103.2	106.2	泉　州	100.1	103.0	106.6
厦　门	99.6	103.3	106.2	九　江	99.4	101.0	102.4
南　昌	100.3	100.5	100.9	赣　州	100.1	101.9	104.7
济　南	100.1	105.0	104.8	烟　台	99.6	100.8	103.0
青　岛	99.6	103.7	105.5	济　宁	99.5	103.7	109.1
郑　州	99.8	101.5	101.2	洛　阳	99.7	102.3	103.6
武　汉	100.3	103.2	106.2	平顶山	99.8	101.3	103.3
长　沙	100.5	106.9	109.4	宜　昌	99.8	102.1	104.3
广　州	100.5	104.5	109.2	襄　阳	99.2	100.1	102.4
深　圳	100.5	103.5	105.3	岳　阳	99.9	97.8	97.9
南　宁	100.4	101.8	104.4	常　德	99.4	96.9	95.7
海　口	99.9	105.7	107.2	韶　关	99.3	99.7	100.1
重　庆	100.9	108.3	111.0	湛　江	99.2	98.6	99.9
成　都	101.0	102.5	105.5	惠　州	99.8	100.4	104.0
贵　阳	100.3	100.3	102.5	桂　林	99.9	99.9	100.2
昆　明	100.4	99.4	102.4	北　海	99.8	98.5	95.9
西　安	100.0	105.9	109.7	三　亚	100.7	105.4	109.0
兰　州	99.8	101.6	105.0	泸　州	99.5	96.9	96.5
西　宁	99.7	102.7	107.2	南　充	99.4	97.6	96.4
银　川	101.5	107.7	114.9	遵　义	99.4	99.4	99.9
乌鲁木齐	100.2	102.6	104.2	大　理	99.5	95.5	95.5

表1：2022年1月70个大中城市新建商品住宅销售价格指数

图 2-37　国家统计局数据

通过Excel的内置查询功能，可以轻松快速地获取和转换Web数据。在Excel界面中依次选择"数据"|"获取数据"|"自其他源"|"自网站"，在"从Web"对话框中选择"基本"方式，并输入统计数据所在的URL地址，如图2-38所示，然后单击"确定"按钮。

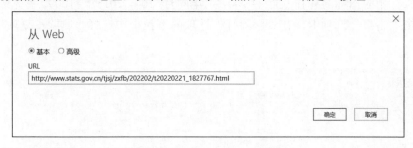

图 2-38　"从 Web"对话框

Excel将建立与网页的连接，在"导航器"对话框显示此页面上所有的可用表，可以单击左侧窗格中的表名预览每张表中的数据。

从网站获取的数据可能无法直接满足我们的分析需求，这时就需要对数据进行清洗，例如图2-39中的Table 1表中的数据就不符合我们的要求，可以单击"转换数据"按钮对其数据进行清洗。具体清洗数据的方法将在下一小节介绍。

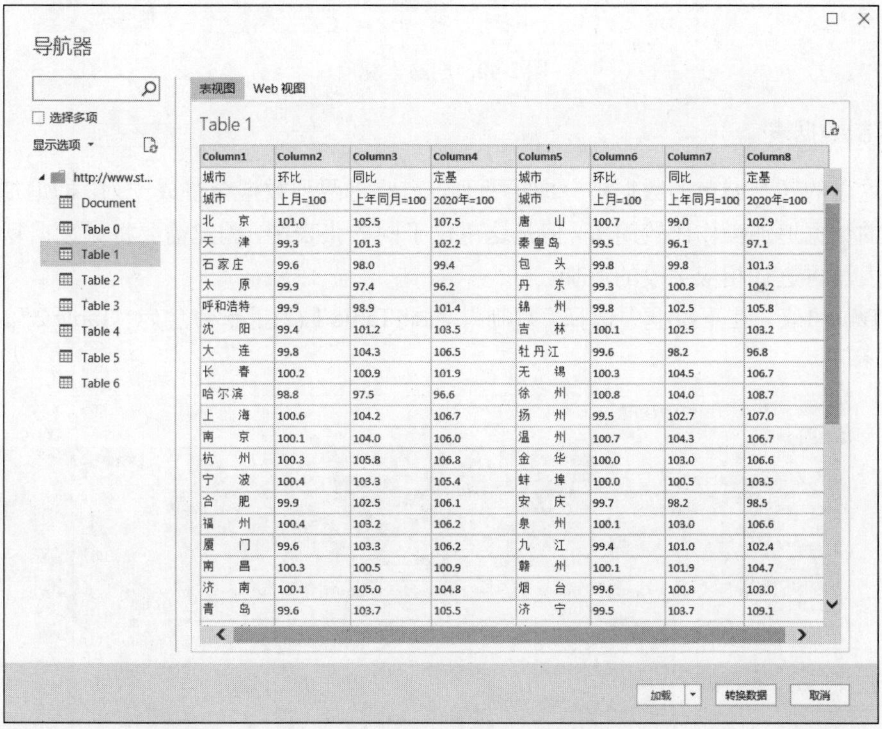

图 2-39　选择数据表

2.5.2　调整和清洗源数据

本节以图2-39转换而来的数据为例，介绍对原始数据进行清洗的方法。

1. 删除重复列

Column1列中的城市存在重复，这里需要删除重复值，默认保留第一行的数据，这样可以实现删除第二行相应指标的解释（上月=100，上年同月=100，2015年=100）。首先选择Column1列，然后单击"主页"选项卡，在"删除行"选项的下拉框中选择"删除重复项"，如图2-40所示。

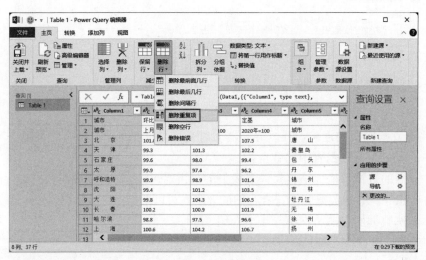

图 2-40 删除重复项

2. 复制数据表

由于这里的70个城市的数据被分成了两列，需要将两列数据合并成一列，即追加数据，不同表之间的数据追加操作比较简单，但是这里位于同一张表中，因此需要将原数据复制一张同样的数据表，再进行相应字段的追加。

右击Table 1表，在下拉框中选择"复制"，并将Table 1 (2)重新命名为"Table 2"，如图2-41所示。

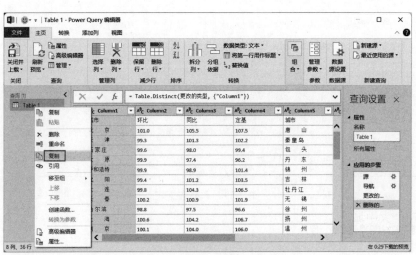

图 2-41 复制数据表

3. 删除不需要的列

分别删除Table 1和Table 2表中不需要的列。其中Table 1表需要删除Column5、Column6、Column7、Column8列，Table 2表需要删除Column1、Column2、Column3、Column4列，如图2-42所示。

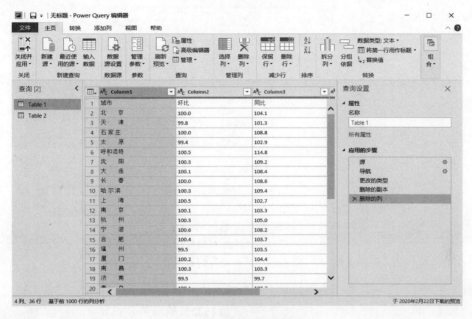

图 2-42　删除不需要的列

4. 调整列的名称

分别在Table 1和Table 2表中调整列的名称，具体步骤如下：

01 单击"主页"选项卡，在"将第一行用作标题"选项的下拉框中选择"将第一行用作标题"，如图2-43所示。

图 2-43　将第一行用作标题

02 在"应用的步骤"中，单击"更改的类型1"左侧的 ✕ ，删除"更改的类型1"，这是为了进一步调整变量的名称，如图2-44所示。

通过上面的操作，Table 1和Table 2表中的字段调整为"城市""环比""同比""定基"，且Table 1表是70个大中城市中前35个城市的数据，Table 2表是后35个城市的数据。

5. 合并数据表

下面将Table 1和Table 2表中的数据进行追加合并，具体步骤如下：

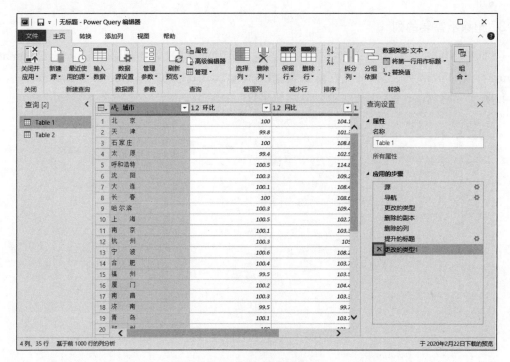

图 2-44　调整变量的名称

01 单击"主页"选项卡，在"追加查询"选项的下拉框中选择"将查询追加为新查询"，如图2-45所示，如果选择"追加查询"，就在原来的表中追加数据，不生成新表。

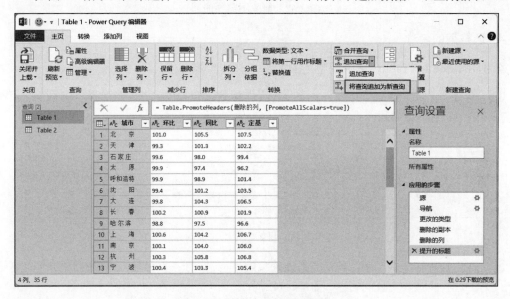

图 2-45　将查询追加为新查询

02 弹出"追加"对话框，在"这一张表"中选择Table 1表，在"第二张表"中选择Table 2表，然后单击"确定"按钮，如图2-46所示。

03 然后会弹出一张名为"追加1"的新表，它包含所有70个城市的数据，可以将其重新命名为"主要城市1月商品住宅价格指数"，结果如图2-47所示。

图 2-46　设置"追加"

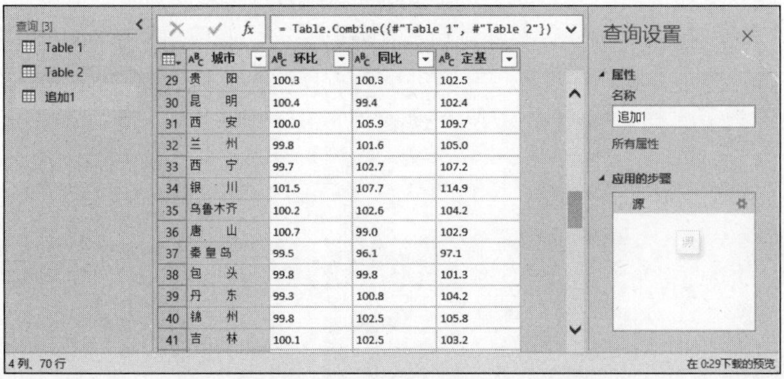

图 2-47　追加数据后的效果

6. 替换清理文本

在"主要城市1月商品住宅价格指数"表的城市名称中含有很多空格，为了可视化视图的美观，需要将其删除。

01 单击"主页"选项卡，选择"替换值"，或者右击"城市"列，在弹出的快捷菜单中选择"替换值"选项，如图2-48所示。

图 2-48　选择"替换值"

02 打开"替换值"对话框，在"要查找的值"文本框中输入"　"，将"替换为"文本框留空，如图2-49所示，然后单击"确定"按钮，注意这里的"要查找的值"要输入正确。

图 2-49　"替换值"对话框

03 用同样的方法，对3个字中的空格再进行清理，例如"石 家 庄"中还存在空格，清理后的最终效果如图2-50所示。然后单击左上方的"关闭并应用"按钮，保存操作结果。

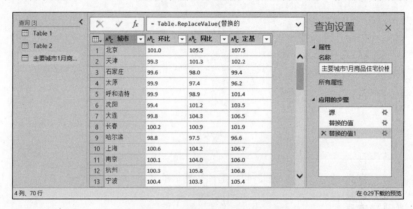

图 2-50　替换值后的数据视图

04 这里的环比、同比、定基的数据类型是文本类型，还需要将其调整为小数类型，如图2-51所示。

图 2-51　调整数据类型

05 在Power Query编辑器中间区域显示数据样式，右下方显示数据查询"应用的步骤"，如果没有错误，再单击左上方的"关闭并上载"按钮即可。

至此，我们已经读取了国家统计局网站2022年1月70个主要城市商品住宅价格指数数据，并对数据进行了清洗操作。

2.6　实操练习

练习数据合并转换技巧，将左侧的数据格式转换为右侧显示的格式，实现将子类别合并到一个单元格中。相关数据如图 2-52 所示。

类别	子类别
办公	纸张
办公	标签
办公	复印机
办公	装订机
办公	信封
技术	电话
技术	配件
技术	设备
家具	椅子
家具	书架
家具	桌子
家具	用具

类别	自定义
办公	纸张,标签,复印机,装订机,信封
技术	电话,配件,设备
家具	椅子,书架,桌子,用具

图 2-52　相关数据

第 3 章

使用公式与函数

无论你是财务、HR、会计，还是审计等，都难免与数据和各种报表打交道，这样就会经常接触到公式和函数。公式和函数可以说是Excel的"超级计算器"，工作中机械重复的手工计算其实一个公式和函数就能解决。如果不具备使用公式和函数的能力，不仅浪费时间，很多问题根本无法解决。本章主要介绍Excel公式和函数的基础知识及其在数据分析中的应用。

3.1 公式与函数基础

公式由在单元格中输入的特殊代码组成，它可以执行某类计算，然后返回结果，并将结果显示在单元格中。函数是Excel数据处理的核心，利用函数可实现较复杂的数据计算、分析和管理等工作，大大提高了工作效率。下面介绍公式和函数的基础知识。

3.1.1 认识 Excel 函数

Excel中的函数其实是一些预定义的公式，它们使用一些称为参数的特定数值按特定的顺序或结构进行计算。用户可以直接用它们对某个区域内的数值进行一系列运算，如分析和处理日期值和时间值、确定贷款的支付额、确定单元格中的数据类型、计算平均值、排序显示以及文本数据处理等。

1. 函数的结构

函数由函数名及一系列操作中的参数构成。例如SUM(B5:B10)是一个求和函数，该函数以函数名称（SUM）开始，后面是左圆括号、参数和右圆括号。

2. 嵌套函数

所谓嵌套函数，就是指在某些情况下，你可能需要将某函数作为另一函数的参数使用。例如IF(AVERAGE(B2:B5)>20,1,0)使用了嵌套的AVERAGE函数，并将结果与20相比较。这个公式的含义是：如果单元格B2到B5的平均值大于20，则显示数值1，否则显示数值0。

3.1.2 公式及其输入方法

公式使用各种运算符和函数来处理数值和文本。在公式中使用的数值和文本可以位于单元格中，这样就可以轻松地通过公式更改单元格中的数据。

1. 创建计算公式

可以按照以下步骤创建公式：

01 在Excel工作表中选择一个单元格，输入等号"="。

注意 Excel 中的公式始终以等号"="开头。

02 选择一个单元格，或在所选单元格中输入其地址以及运算符，然后再按Enter键。

计算结果将显示在包含公式的单元格中。

例如，计算商品利润率的公式是利润额除以销售额，在E2中输入的公式为"=D2/C2"，并设置为百分比的显示方式，如图3-1所示。

E2		× ✓ fx	=D2/C2		
▲	A	B	C	D	E
1	商品代码	商品名称	销售额	利润额	利润率
2	Prod-10004819	诺基亚_智能手机_整包	1725.36	88.88	5.15%
3	Prod-10003382	施乐_计划信息表_多色	304.92	17.44	5.72%
4	Prod-10002532	Hon_椅垫_可调	243.684	18.304	7.51%
5	Prod-10000979	Cuisinart_搅拌机_白色	729.456	46.864	6.42%
6	Prod-10002581	Avery_可去除的标签_可调	161.28	13.24	8.21%
7	Prod-10003153	贝尔金_键区_耐用	811.44	69.86	8.61%
8	Prod-10000979	Hon_凳子_可调	930.384	79.776	8.57%
9	Prod-10001047	Smead_锁柜_蓝色	2777.88	197.64	7.11%
10	Prod-10003397	Acme_开信刀_钢	82.908	6.152	7.42%

图 3-1 输入计算公式

2. 查看输入的公式

在单元格中输入公式时，该公式还会出现在编辑栏中。要查看公式，先选择一个单元格，该单元格会出现在编辑栏中，例如E2=D2/C2。

可以在公式中使用函数，通过使用函数可以增强公式的功能，并且能够执行只使用运算符难以完成的计算。

函数可以极大地简化公式，请看下面的例子。例如要计算销售额的平均值，即9个单元格（C2:C10）区域中数值的平均值，并且不使用函数，就必须构建一个如下所示的公式：

=(C2+C3+C4+C5+C6+C7+C8+C9+C10)/9

这并不是最好的方法，因为如果要将另一个单元格添加到这个区域，就需要再次编辑这个公式。我们可以使用简单得多的函数来替换以上公式，即在公式中使用Excel的内置工作表函数AVERAGE，这样销售额的平均值就等于AVERAGE(C2:C10)，如图3-2所示。

	A	B	C	D	E
1	商品代码	商品名称	销售额	利润额	利润率
2	Prod-10004819	诺基亚_智能手机_整包	1725.36	88.88	5.15%
3	Prod-10003382	施乐_计划信息表_多色	304.92	17.44	5.72%
4	Prod-10002532	Hon_椅垫_可调	243.684	18.304	7.51%
5	Prod-10000979	Cuisinart_搅拌机_白色	729.456	46.864	6.42%
6	Prod-10002581	Avery_可去除的标签_可调	161.28	13.24	8.21%
7	Prod-10003153	贝尔金_键区_耐用	811.44	69.86	8.61%
8	Prod-10000979	Hon_凳子_可调	930.384	79.776	8.57%
9	Prod-10001047	Smead_锁柜_蓝色	2777.88	197.64	7.11%
10	Prod-10003397	Acme_开信刀_钢	82.908	6.152	7.42%
11			=AVERAGE(C2:C10)		

C11 栏编辑栏：=AVERAGE(C2:C10)

图 3-2　输入内置函数

3.1.3　输入 Excel 内置函数

Excel函数的输入方法有两种：一种是使用输入文本的方法输入函数，另一种是使用"插入函数"对话框输入函数。

第一种方法：

这种方法较为简单，但使用该方法需要对函数及其参数非常熟悉。具体操作步骤如下：

01 选择一个空单元格。

02 输入一个等号"="，然后输入函数。例如，用"=AVERAGE"计算平均销售额。

03 输入左括号"("。

04 选择单元格区域，然后输入右括号")"。

05 按Enter键获取结果。

第二种方法：

01 选择要插入函数的单元格。打开原始文件，首先选中要插入函数的单元格，例如E11。

02 打开"插入函数"对话框。单击"公式"选项卡下"函数库"组中的"插入函数"选项，如图3-3所示。

03 选择函数。弹出"插入函数"对话框，设置"或选择类别"为"统计"，在"选择函数"列表框中选择要插入的函数，如选择"MAX"函数，然后单击"确定"按钮。
若不太熟悉需要插入的函数，还可以在打开的"插入函数"对话框中的"搜索函数"文本框中输入要插入的函数的关键字，如输入"求最大值"，单击"转到"按钮，系统将自动搜索出符合要求的所有函数，选择需要的函数插入即可。

04 设置函数参数。弹出"函数参数"对话框，在Number1文本框中输入函数的参数，这里输入要参与计算的单元格区域"E2:E10"，如图3-4所示，然后单击"确定"按钮。

05 查看函数结果。返回工作表中，在E11单元格中显示了计算的结果为"8.61%"，在编辑栏中显示了完整的公式"=MAX(E2:E10)"。

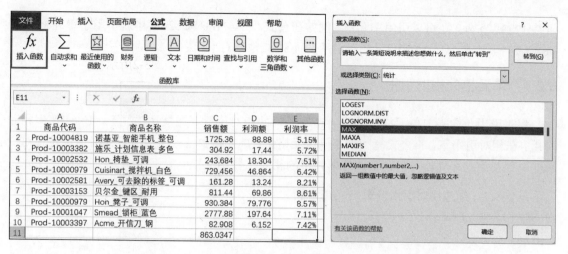

图 3-3 插入函数

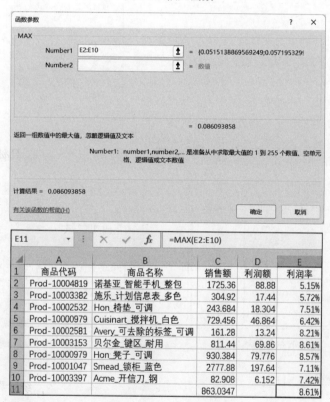

图 3-4 设置函数参数

3.2 Excel单元格引用

在使用Excel公式进行数据计算时，除了直接使用常量数据（如数值常量1、2、3，文本常量"分析师")外,还可以引用单元格。例如在公式"=A4*B8+$C$2/6"中就引用了单元格A4、B8和C2,其中单元格A4和B8是相对引用,而$C$2是绝对引用。

3.2.1 单元格的相对引用

相对引用包含当前单元格与公式所在单元格的相对位置。在默认情况下,Excel使用相对引用。在相对引用下,将公式复制到某一单元格时,单元格中公式引用的单元格地址是相对变化的,但引用的单元格与包含公式的单元格的相对位置不变。

示例3-1:通过相对引用计算产品销售额

操作步骤如下:

01 输入公式。打开原始文件,选中单元格D2,在编辑栏中输入公式"=B2*C2",按Enter键,如图3-5所示。

02 将鼠标指针移到单元格D2右下角,按住鼠标左键不放向下拖曳填充至单元格D10,如图3-6所示。

03 相对引用结果。释放鼠标左键,此时可以看到系统自动为单元格区域D3:D10计算出了每种商品的销售额,如图3-7所示,同时单元格区域D3:D10的公式也发生了变化。

D2			× ✓ fx	=B2*C2
	A	B	C	D
1	商品代码	销量	单价	销售额
2	Prod-10004819	424	¥74.00	¥31,376.00
3	Prod-10003382	410	¥86.00	
4	Prod-10002532	432	¥21.00	
5	Prod-10000979	415	¥63.00	
6	Prod-10002581	420	¥40.00	
7	Prod-10003153	137	¥57.00	
8	Prod-10000979	421	¥31.00	
9	Prod-10001047	417	¥72.00	
10	Prod-10003397	358	¥89.00	

图3-5 输入公式

	A	B	C	D
1	商品代码	销量	单价	销售额
2	Prod-10004819	140	¥84.00	¥11,760.00
3	Prod-10003382	238	¥60.00	
4	Prod-10002532	189	¥88.00	
5	Prod-10000979	132	¥53.00	
6	Prod-10002581	419	¥41.00	
7	Prod-10003153	252	¥43.00	
8	Prod-10000979	137	¥72.00	
9	Prod-10001047	382	¥78.00	拖动
10	Prod-10003397	251	¥39.00	

图3-6 拖曳填充单元格

	A	B	C	D
1	商品代码	销量	单价	销售额
2	Prod-10004819	140	¥84.00	¥11,760.00
3	Prod-10003382	238	¥60.00	¥14,280.00
4	Prod-10002532	189	¥88.00	¥16,632.00
5	Prod-10000979	132	¥53.00	¥6,996.00
6	Prod-10002581	419	¥41.00	¥17,179.00
7	Prod-10003153	252	¥43.00	¥10,836.00
8	Prod-10000979	137	¥72.00	¥9,864.00
9	Prod-10001047	382	¥78.00	¥29,796.00
10	Prod-10003397	251	¥39.00	¥9,789.00

图3-7 相对引用结果

3.2.2 单元格的绝对引用

绝对引用是指将公式复制到新位置后,公式中引用的单元格地址固定不变。在公式中相对引用的单元格的列号和行号之前添加"$"符号,便可成为绝对引用。在复制使用了绝对引用的公式时,将固定引用指定位置的单元格。

通常在使用公式进行计算时,如果某一固定单元格需要同其他单元格进行多次计算,该单元格就可设置为绝对引用。

示例3-2:通过绝对引用计算产品的良品数量

操作步骤如下:

01 输入公式。打开原始文件，在单元格C2中输入公式"=B3*E2"，选中"E2"，按F4键，将"E2"转换为绝对引用"$E$2"。引用方式转换过后，按Enter键，得到的计算结果如图3-8所示。

02 拖曳填充柄。将鼠标指针移动至单元格C2右下角，当鼠标指针变为黑色十字形状时，向下拖曳至单元格C10，查看绝对引用后的效果。

释放鼠标，可以看到计算结果。此时单击单元格区域C2:C10中任一单元格，如单元格C5，在编辑栏中可以看到对单元格E2的引用保持不变，如图3-9所示。

C2		⋮	✕	✓	fx	=B2*$E$2

	A	B	C	D	E
1	商品代码	销量	利润额		利润率
2	Prod-10004819	140	13.72		9.80%
3	Prod-10003382	238			
4	Prod-10002532	189			
5	Prod-10000979	132			
6	Prod-10002581	419			
7	Prod-10003153	252			
8	Prod-10000979	137			
9	Prod-10001047	382			
10	Prod-10003397	251			

图 3-8 输入公式

C5		⋮	✕	✓	fx	=B5*$E$2

	A	B	C	D	E
1	商品代码	销量	利润额		利润率
2	Prod-10004819	140	13.72		9.80%
3	Prod-10003382	238	23.324		
4	Prod-10002532	189	18.522		
5	Prod-10000979	132	12.936		
6	Prod-10002581	419	41.062		
7	Prod-10003153	252	24.696		
8	Prod-10000979	137	13.426		
9	Prod-10001047	382	37.436		
10	Prod-10003397	251	24.598		

图 3-9 绝对引用结果

3.2.3 单元格的混合引用

混合引用是在一个单元格地址引用中，既有绝对引用，又有相对引用。如果公式所在单元格的位置改变，则相对引用改变，而绝对引用不变。混合引用常常发生在某一行或某一列同其他几列或其他几行进行计算时，需要将该行或该列进行绝对引用，而不是针对某一个单元格进行绝对引用。

示例3-3：通过混合引用计算产品质量等级数量
操作步骤如下：

01 输入公式并转换为混合引用。打开原始文件，在单元格C3中输入公式"=B3*C2"，按F4键，分别将"B3"和"C2"转换为混合引用"$B3"和"C$2"，如图3-10所示。

02 显示结果。按Enter键后将会显示结果，然后拖曳填充至单元格E3得出一行的计算结果，如图3-11所示。

03 完成数据计算。得出一行的计算结果后，再次拖曳填充至单元格E11，即可计算出所有数据，如图3-12所示。

MAX		⋮	✕	✓	fx	=$B3*C$2

	A	B	C	D	E
1			优等品	合格率	残次品
2	商品代码	占比 数量	20%	75%	5%
3	Prod-10004819	140	=$B3*C$2		
4	Prod-10003382	238			
5	Prod-10002532	189			
6	Prod-10000979	132			
7	Prod-10002581	419			
8	Prod-10003153	252			
9	Prod-10000979	137			
10	Prod-10001047	382			
11	Prod-10003397	251			

图 3-10 输入公式

当需要对相对引用、绝对引用、混合引用三种不同的引用进行切换时，只需要按F4键即可。

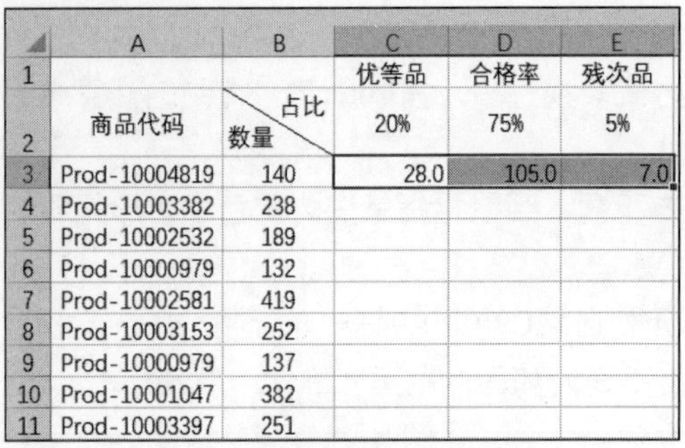

图 3-11 拖曳填充单元格

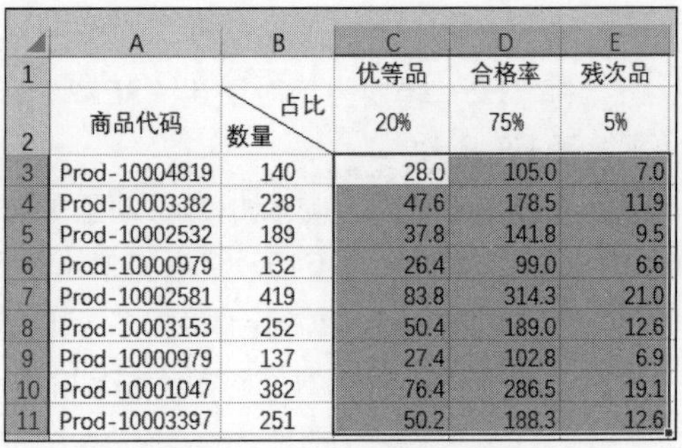

图 3-12 混合引用结果

示例3-4：输出九九乘法表

下面介绍相对引用、绝对引用、混合引用三种引用方式的一个实际案例，即如何使用Excel输出九九乘法表。九九乘法表是数学中的乘法口诀，远在春秋战国时代，九九歌就已经广泛地被人们利用着。在当时的许多著作中，已经引用了部分乘法口诀。

如何用Excel表格公式制作如表3-1所示的九九乘法表呢？下面我们简单介绍制作方法。

表 3-1 九九乘法表

	1	2	3	4	5	6	7	8	9
1	1×1=1								
2	1×2=2	2×2=4							
3	1×3=3	2×3=6	3×3=9						
4	1×4=4	2×4=8	3×4=12	4×4=16					
5	1×5=5	2×5=10	3×5=15	4×5=20	5×5=25				
6	1×6=6	2×6=12	3×6=18	4×6=24	5×6=30	6×6=36			
7	1×7=7	2×7=14	3×7=21	4×7=28	5×7=35	6×7=42	7×7=49		
8	1×8=8	2×8=16	3×8=24	4×8=32	5×8=40	6×8=48	7×8=56	8×8=64	
9	1×9=9	2×9=18	3×9=27	4×9=36	5×9=45	6×9=54	7×9=63	8×9=72	9×9=81

制作方法如下：

01 选中要制作的区域（A1:J10），为其设置虚线边框，确定即可。

02 选中要制作的区域（B1:J1）单元格区域，按住Ctrl键，再选中区域（A1:A10）单元格区域，然后为选中的单元格填充颜色。

03 在B1、C1单元格中分别输入1和2，然后选中这两个单元格，向右填充至J1单元格，得到上表头。

04 在A2、A3单元格中分别输入1和2，然后选中这两个单元格，下拉填充到A10单元格，得到左表头。

05 将上表头和左表头的数字设置为"加粗""垂直居中"。

06 在B2单元格中输入公式"=IF(B$1>$A2,"",B$1&"×"&$A2&"="&B$1*$A2)"，并向下、向右填充公式到J10单元（这里用了一个简单的IF公式进行判断，当B1单元格的值大于A2单元格的值时，返回空值，否则返回用"&"连接符连接的数据）。

07 填充完成就可以看到一个完成的九九乘法表，这样一个九九乘法表表格就做好了。

3.3 必会Excel新函数

微软在2021年10月5日正式发布了Windows 11系统，随后Office 2021也正式推出，新版本也带来了新功能，Excel明显的变化是新函数，以下重点介绍几个新函数。

3.3.1　多条件判断

1. IFS 函数

功　　能：进行多条件判断。条件不同，返回值不同。

语法结构：=IFS(条件1，返回值1，条件2，返回值2,...,条件N，返回值N)。

下面我们针对图3-13介绍IFS函数的使用。

2022年上半年业绩考核表							
序号	姓名	业绩	性别	城市	手机号		等级
1	林丹	97	男	湖州	151****0139		优秀
2	苏冬露	59	男	义乌	132****0174		不及格
3	薛光	98	男	湖州	185****0117		优秀
4	谢君	95	女	湖州	155****0164		优秀
5	徐关茵	92	男	湖州	145****0190		良好
6	袁松	93	女	湖州	152****0117		良好
7	苏江丽	51	女	杭州	147****0188		不及格
8	何娇	92	女	绍兴	137****0151		良好
9	丁峂	57	女	绍兴	166****0173		不及格
...	...	...	...	...	...		...

图 3-13　IFS 函数示例表

IFS函数的使用方法：

在目标单元格中输入公式"=IFS(C3=100,"满分",C3>=95,"优秀",C3>=80,"良好",C3>=60,"及格",C3<60,"不及格")"。

2. MINIFS 函数

功　　能：用来返回多个条件下的最小值。

语法结构：=MINIFS(返回值所在的区域，条件区域1，条件1, ...,条件区域N，条件N)。

下面我们针对图3-14介绍MINIFS函数的使用。

MINIFS函数的使用方法：

返回男生或女生在指定城市条件下的业绩最小值，在J3目标单元格中输入公式"=MINIFS(C3:C52,D3:D52,H3,E3:E52,I3)"。

2022年上半年业绩考核表							性别	城市	业绩
序号	姓名	业绩	性别	城市	手机号		男	杭州	61
1	林丹	97	男	湖州	151****0139				
2	苏冬露	59	男	义乌	132****0174				
3	薛光	98	男	湖州	185****0117				
4	谢君	95	女	湖州	155****0164				
5	徐关茵	92	男	湖州	145****0190				
6	袁松	93	女	湖州	152****0117				
7	苏江丽	51	女	杭州	147****0188				
8	何娇	92	女	绍兴	137****0151				
9	丁崆	57	女	绍兴	166****0173				
...	...	...	...	...	...				

图 3-14　MINIFS 函数示例表

3. MAXIFS 函数

功　　能：用于返回指定条件下的最大值。

语法结构：=MAXIFS(返回值所在的区域, 条件区域1, 条件1, …,条件区域N, 条件N)。

下面我们针对图3-15介绍MAXIFS函数的使用。

2022年上半年业绩考核表							性别	业绩
序号	姓名	业绩	性别	城市	手机号		女	98
1	林丹	97	男	湖州	151****0139			
2	苏冬露	59	男	义乌	132****0174			
3	薛光	98	男	湖州	185****0117			
4	谢君	95	女	湖州	155****0164			
5	徐关茵	92	男	湖州	145****0190			
6	袁松	93	女	湖州	152****0117			
7	苏江丽	51	女	杭州	147****0188			
8	何娇	92	女	绍兴	137****0151			
9	丁崆	57	女	绍兴	166****0173			
...	...	...	...	...	...			

图 3-15　MAXIFS 函数示例表

MAXIFS函数的使用方法：

返回男生或女生的业绩最大值,在J3目标单元格中输入公式"= MAXIFS(C3:C52,D3:D52,H3)"。
MAXIFS函数的用法和MINIFS函数的用法相同。

3.3.2　文本连接函数

1. CONCAT 函数

功　　能：用于连接合并单元格或区域中的内容。

语法结构：=CONCAT(单元格区域，分隔符)。

下面我们针对图3-16介绍CONCAT函数的使用。
CONCAT函数的使用方法：

在目标单元格中输入公式"=CONCAT(B3:E3&"、")"。

按Ctrl+Shift+Enter快捷键进行填充。

2022年上半年业绩考核表							合并
序号	姓名	业绩	性别	城市	手机号		
1	林丹	97	男	湖州	151****0139		林丹、97、男、湖州、
2	苏冬露	59	男	义乌	132****0174		
3	薛光	98	男	湖州	185****0117		
4	谢君	95	女	湖州	155****0164		
5	徐关茵	92	男	湖州	145****0190		
6	袁松	93	女	湖州	152****0117		
7	苏江丽	51	女	杭州	147****0188		
8	何娇	92	女	绍兴	137****0151		
9	丁嵀	57	女	绍兴	166****0173		
…	…	…	…	…	…		

图 3-16　CONCAT 函数示例表

2. TEXTJOIN 函数

功　　能：将多个区域和/或字符串的文本组合起来，包括在要组合的各文本值之间指定的分隔符。如果分隔符是空的文本字符串，则此函数将有效连接这些区域。

语法结构：=TEXTJOIN(分隔符, ignore_empty, text1, [text2], …)。

- 分隔符：指定字符作为 text 和 text 之间的分隔符号，并批量添加。
- ignore_empty：如果 text 中有空值，则选择忽略空值还是保留空值，如果设置为 TRUE，则忽略空值。
- text：可以是手动输入的文本字符，可以是一个单元格，也可以是多行多列的数据区域。这点和 CONCAT 是一样的。

下面我们针对图3-17介绍TEXTJOIN函数的使用。

2022年上半年业绩考核表							合并
序号	姓名	业绩	性别	城市	手机号		
1	林丹	97	男	湖州	151****0139		林丹、97、男、湖州
2	苏冬露	59	男	义乌	132****0174		苏冬露、59、男、义乌
3	薛光	98	男	湖州	185****0117		薛光、98、男、湖州
4	谢君	95	女	湖州	155****0164		谢君、95、女、湖州
5	徐关茵	92	男	湖州	145****0190		徐关茵、92、男、湖州
6	袁松	93	女	湖州	152****0117		袁松、93、女、湖州
7	苏江丽	51	女	杭州	147****0188		苏江丽、51、女、杭州
8	何娇	92	女	绍兴	137****0151		何娇、92、女、绍兴
9	丁嵀	57	女	绍兴	166****0173		丁嵀、57、女、绍兴
…	…	…	…	…	…		…

图 3-17　TEXTJOIN 函数示例表

TEXTJOIN函数的使用方法：

在目标单元格中输入公式 "=TEXTJOIN("、",TRUE,B3:E3)"。

3.3.3　日期处理函数

1. DATEDIF 函数

功　　能：以指定的方式统计两个时间段的差值。

语法结构：=DATEDIF(开始时间, 结束时间, 返回类型)。

返回类型方面主要用到的有3个：D表示计算两个日期的天数差，M表示计算两个日期的月份差，Y表示计算两个日期的年份差。无论哪一种，公式里都必须加上双引号，否则公式会报错。

下面我们针对图3-18介绍DATEDIF函数的使用。

DATEDIF函数的使用方法：

在目标单元格中输入公式"=DATEDIF（D2,D3,返回类型）"。

2. NUMBERSTRING 函数

功　　能：按照指定的代码将对应的数字转换为大写。

语法结构：=NUMBERSTRING(数字或单元格引用，返回类型)。

返回类型分为3种：1为汉字小写，2为汉字大写，3为汉字读写，使用时可以根据不同的要求加以选择。

下面我们针对图3-19介绍NUMBERSTRING函数的使用。

订单日期	收货日期	实际配送天数
2022/4/30	2022/5/5	5
2022/4/30	2022/5/5	5
2022/4/30	2022/5/4	4
2022/4/30	2022/5/4	4
2022/4/30	2022/4/30	0
2022/4/30	2022/4/30	0
2022/4/30	2022/5/2	2
2022/4/30	2022/5/4	4
...	...	...

图 3-18　DATEDIF 函数示例表

订单日期	订单量	转换结果
2022/4/30	1622	壹仟陆佰贰拾贰
2022/4/30	919	玖佰壹拾玖
2022/4/30	284	贰佰捌拾肆
2022/4/30	920	玖佰贰拾
2022/4/30	95	玖拾伍
2022/4/30	1460	壹仟肆佰陆拾
2022/4/30	969	玖佰陆拾玖
2022/4/30	874	捌佰柒拾肆
...	...	...

图 3-19　NUMBERSTRING 函数示例表

NUMBERSTRING函数的使用方法：

在目标单元格中输入公式"=NUMBERSTRING(B2,2)"。

3. DATESTRING 函数

功　　能：将各种类型的日期转换为"年月日"的形式。

语法结构：=DATESTRING(时间字符串或引用)。

下面我们针对图3-20介绍DATESTRING函数的使用。

订单日期	转换结果
2022/4/1	22年04月01日
2022/4/2	22年04月02日
2022/4/3	22年04月03日
2022/4/4	22年04月04日
2022/4/5	22年04月05日
2022/4/6	22年04月06日
2022/4/7	22年04月07日
2022/4/8	22年04月08日
2022/4/9	22年04月09日
...	...

图 3-20　DATESTRING 函数示例表

DATESTRING函数的使用方法：

在目标单元格中输入公式"=DATESTRING(A2)"。

3.4 Excel函数举例

在Excel中，函数共有13类，分别是数学和三角函数、统计函数、数据库函数、日期与时间函数、工程函数、财务函数、信息函数、逻辑函数、查询和引用函数、文本函数以及用户自定义函数等，每类函数的数量如表3-2所示。

表 3-2　Excel 函数

序　　号	函数类型	函数个数
1	数学和三角函数	82
2	统计函数	111
3	逻辑函数	14
4	日期和时间函数	25
5	查找和引用函数	25
6	文本函数	34
7	财务函数	55
8	工程函数	54
9	信息函数	20
10	数据库函数	12
11	Web 函数	3
12	兼容性函数	41
13	多维数据集函数	7

（1）数学和三角函数：通过数学和三角函数可以处理简单的计算，例如对数字取整、计算单元格区域中的数值总和或复杂计算。

（2）统计函数：统计函数用于对数据区域进行统计分析。例如，统计函数可以提供由一组给定值绘制出的直线相关信息，如直线的斜率和Y轴截距，或构成直线的实际点数值。

（3）逻辑函数：使用逻辑函数可以进行真假值判断，或者进行复合检验。例如，可以使用IF函数确定条件为真还是假，并由此返回不同的数值。

（4）日期与时间函数：通过日期与时间函数，可以在公式中分析和处理日期值和时间值。

（5）查询和引用函数：当需要在数据清单或表格中查找特定的数值，或者需要查找某一单元格的引用时，可以使用查询和引用工作表函数。

（6）文本函数：通过文本函数可以在公式中处理文字串。例如，可以改变大小写或确定文字串的长度。

（7）财务函数：财务函数可以进行一般的财务计算，如确定贷款的支付额、投资的未来值或净现值，以及债券或息票的价值。

（8）工程函数：工程工作表函数用于工程分析。这类函数中的大多数可分为三种类型：对复数进行处理的函数、在不同的数字进制系统间进行数值转换的函数、在不同的度量系统中进行数值转换的函数。

（9）信息函数：可以使用信息工作表函数确定存储在单元格中的数据的类型。信息函数包含一组称为IS的工作表函数，在单元格满足条件时返回TRUE。

（10）数据库函数：当需要分析数据清单中的数值是否符合特定条件时，可以使用数据库工作表函数。例如，对于销售数据，可以计算出销售额小于1500的行或记录的总数。

以下我们分别举例来介绍一些常用函数的使用方法。

3.4.1 与文本相关的函数

1. 数据截取类

数据截取类函数的主要功能为从文本中提取需要的字符串，主要包括LEFT、RIGHT、MID函数。

（1）LEFT 函数

功能： 从一个文本字符串的第一个字符开始，返回指定个数的字符。

语法： LEFT(要提取字符的字符串，提取长度)。

案例： 如图3-21所示。

示例字符串	结　　果	公　　式
mariah6@adventure-works.com	mariah6	=LEFT(A2,7)
brooke7@adventure-works.com	b	=LEFT(A3)
dalton1@adventure-works.com	dalton1@adventure-works.com	=LEFT(A4,27)

图 3-21　LEFT 函数的使用

（2）RIGHT 函数

功能： 从一个文本字符串的最后一个字符开始返回指定个数的字符。

语法： RIGHT(要提取的字符串，提取长度)。

案例： 如图3-22所示。

示例字符串	结　　果	公　　式
mariah6@adventure-works.com	adventure-works.com	=LEFT(A2,19)
brooke7@adventure-works.com	m	=LEFT(A3)
dalton1@adventure-works.com	dalton1@adventure-works.com	=LEFT(A4,27)

图 3-22　RIGHT 函数的使用

可以发现，LEFT与RIGHT函数的不同之处在于，LEFT函数是从前往后提取字符，RIGHT函数是从后往前提取字符。

（3）MID 函数

功能：从文本字符串中指定的起始位置起，返回指定长度的字符。

语法：MID(要提取字符串的文本，第一个字符的位置，提取长度)。

案例：如图3-23所示。

示例字符串	结　　果	公　式
mailto:smith@vip.sina.com	mailto	=MID(A2,1,6)
mailto:smith@vip.sina.com	smith	=MID(A2,8,5)
mailto:smith@vip.sina.com	smith@vip.sina.com	=MID(A2,8,25)

图 3-23　MID 函数的使用

2. 数据清除类

数据清除类函数主要有TRIM函数。

TRIM 函数

功能：删除字符串中多余的空格。

语法：TRIM(字符串)。

在Excel函数的功能介绍中，还有一句"会在英文字符串中保留一个作为词与词之间分隔的空格"。其实不仅会在英文字符串中保留一个空格，在汉字中也是一样的。下面用一个示例演示TRIM函数的具体意义。

案例：如图3-24所示。

示例字符串	结　　果	公　式
ABC	ABC	=TRIM(B2)
ABC	ABC	=TRIM(B3)
A B C	A B C	=TRIM(B4)

图 3-24　TRIM 函数的使用

注意

（1）TRIM 函数会清除字符串首尾的空格。

（2）TRIM 函数会清除字符串中间的空格，但是会保留一个，作为词与词之间的分隔。

3. 数据替换类

数据替换类函数主要包括两个：REPLACE与SUBSTITUTE函数。

（1）REPLACE 函数

功能：将一个字符串中的部分字符用另一个字符串替换。

语法：REPLACE(要替换的字符串，开始的位置，替换长度，用来替换的内容)。

案例：如图3-25所示。

示例字符串	结　　果	公　　式
mailto:smith@vip.sina.com	mailto:smith@126.com	=REPLACE(A2,FIND("@",A2,1)+1,12,"126.com")
mailto:smith@vip.sina.com	mailto:smith@126.com	=REPLACE(A3,FIND("@",A2,1)+1,100,"126.com")
mailto:smith@vip.sina.com	smith@vip.sina.com	=REPLACE((A4,1,FIND(":",A4,1),"")

图 3-25　REPLACE 函数的使用

注意 REPLACE 函数要替换的部分字符串在函数中无法直接输入，必须得用起始位置和长度表示。

（2）SUBSTITUTE 函数

功能：将字符串中的部分字符串以新字符串替换。

语法：SUBSTITUTE(要替换的字符串，要被替换的字符串，用来替换的内容，替换第几个)。

注意 第 4 个参数"替换第几个"表示：若指定的字符串在父字符串中出现多次，则用本参数指定要替换第几个，如果省略，则全部替换。

案例：如图3-26所示。

示例字符串	结　　果	公　　式
浙江省 XXX 集团公司	浙江省 XXX 有限责任公司	=SUBSTITUTE(A2, "集团", "有限责任",1)
浙江省 XXX 集团公司集团	浙江省XXX集团公司有限责任	=SUBSTITUTE(A3, "集团", "有限责任",2)
浙江省 XXX 集团公司集团（集团）	浙江省 XXX 集团公司集团（有限责任）	=SUBSTITUTE(A4, "集团", "有限责任",3)

图 3-26　SUBSTITUTE 函数的使用

3.4.2　日期和时间处理函数

1. NOW

功能：返回系统的当前日期和时间。

语法：NOW()。

释义：该函数没有参数，只用一对括号即可。

案例：NOW()=2022/04/15 11:46:38。

2. TODAY

功能：返回日期格式的当前日期。

语法：TODAY()。

释义：该函数没有参数，只用一对括号即可。

案例：TODAY()=2022/4/15。

3. YEAR

功能：返回日期的年份值，一个1900～9999的数字。

语法：YEAR(serial_number)。

释义：serial_number为一个日期值，带引号的文本串，其中包含要查找的年份。

案例：YEAR("2022/04/15 11:46:38")=2022。

4. MONTH

功能：返回月份值，且返回的值是1～12的整数。

语法：MONTH（serial_number）。

释义：serial_number 必须存在，含义是要查找的月份日期。

案例：MONTH("2022/04/15 11:46:38")=4。

5. DAY

功能：返回一个月中的第几天的数值，介于1～31。

语法：DAY(serial_number)。

释义：serial_number 为要查找的天数日期，带引号的文本串。

案例：DAY("2022/04/15 11:46:38")=15。

6. HOUR

功能：用于返回时间值中的小时数，返回的值范围是0～23。

语法：HOUR(serial_number)。

释义：serial_number表示要提取小时数的时间。

案例：HOUR("2022/04/15 11:46:38")=11。

7. MINUTE

功能：返回一个指定时间值中的分钟数。

语法：MINUTE(serial_number)。

释义：serial_number 必需。一个时间值，其中包含要查找的分钟。

案例：MINUTE("2022/04/15 11:46:38")=46。

8. SECOND

功能：返回一个时间值中的秒数。

语法：SECOND(serial_number)。

释义：serial_number：表示要提取秒数的时间，函数结果的取值范围是0～59。

案例：SECOND("2022/04/15 11:46:38")=38。

9. WEEKDAY

功能：返回代表一周中的第几天的数值，是一个1～7的整数。

语法：WEEKDAY(serial_number，return_type)。

释义：serial_number是要返回日期数的日期，带引号的文本串。return_type可选，为确定返回值类型的数字，数字1或省略代表1～7为星期天～星期六，数字2代表1～7为星期一～星期天，数字3代表0～6为星期一～星期天。

案例：WEEKDAY("2022/04/15 11:46:38")=6。

10. WEEKNUM

功能：返回位于一年中的第几周。

语法：WEEKNUM(serial_num，return_type)。

释义：参数seria_num必需，代表要确定它位于一年中的几周的特定日期。参数return_type可选，为一数字，它确定星期计算从哪一天开始。

案例：WEEKNUM("2022/04/15 11:46:38")=16。

3.4.3 数值计数与求和函数

Excel的功能在于对数据进行统计和计算，其自带了很多函数，利用这些函数可以完成很多实际需求。下面介绍常用的3类Excel统计函数，分别为求和类、计数类和平均值类。

1. Excel 统计类函数公式：求和类

（1）普通求和 SUM

功　　能：对指定的区域或数值进行求和。

语法结构：=SUM(数值或区域1,数值或区域2,…,数值或区域N)。

案　　例：计算"总销量"，数据如图3-27所示。

2022年1月份销售业绩							
序号	产品	销量	价格	省市	地区		总销量
1	收纳具	97	28.73	辽宁	东北		1478
2	纸张	59	66.99	内蒙古	华北		
3	收纳具	82	95.18	山东	华东		
4	纸张	75	42.58	重庆	西南		
5	系固件	88	31.77	吉林	东北		
6	椅子	54	30.91	河北	华北		
7	书架	58	32.73	四川	西南		
8	美术	67	76.64	广东	中南		
9	标签	51	18.24	四川	西南		
…	…	…	…	…	…		

图 3-27　SUM 函数示例

方　　法：在目标单元格中输入公式"=SUM(C3:C22)"。

（2）单条件求和 SUMIF

功　　能：对符合条件的值进行求和。

语法结构：=SUMIF(条件范围,条件,[求和范围])

当条件范围和求和范围相同时，可以省略求和范围。

案　　例：按销售地区统计销量和，数据如图3-28所示。

方　　法：在目标单元格中输入公式 "=SUMIF(E3:E22,H3,C3:C22)"。

2022年1月份销售业绩							省市	总销量
序号	产品	销量	价格	省市	地区		四川	197
1	收纳具	97	28.73	辽宁	东北			
2	纸张	59	66.99	内蒙古	华北			
3	收纳具	82	95.18	山东	华东			
4	纸张	75	42.58	重庆	西南			
5	系固件	88	31.77	吉林	东北			
6	椅子	54	30.91	河北	华北			
7	书架	58	32.73	四川	西南			
8	美术	67	76.64	广东	中南			
9	标签	51	18.24	四川	西南			
…	…	…	…	…	…			

图 3-28　SUMIF 函数示例

解　　读：由于条件区域E3:E22和求和区域C3:C22范围不同，因此求和区域C3:C22不能省略。

（3）多条件求和 SUMIFS

语法结构：=SUMIFS(求和区域,条件1区域,条件1,[条件2区域],[条件2],…,[条件N区域],[条件N])。

案　　例：按地区统计销量大于指定值的销量和，数据如图3-29所示。

2022年1月份销售业绩							省市	销量	总销量
序号	产品	销量	价格	省市	地区		四川	55	146
1	收纳具	97	28.73	辽宁	东北				
2	纸张	59	66.99	内蒙古	华北				
3	收纳具	82	95.18	山东	华东				
4	纸张	75	42.58	重庆	西南				
5	系固件	88	31.77	吉林	东北				
6	椅子	54	30.91	河北	华北				
7	书架	58	32.73	四川	西南				
8	美术	67	76.64	广东	中南				
9	标签	51	18.24	四川	西南				
…	…	…	…	…	…				

图 3-29　SUMIFS 函数示例

方　　法：在目标单元格中输入公式 "=SUMIFS(C3:C22,C3:C22,">"&I3,E3:E22,H3)"。

公式中第一个C3:C22为求和范围，第二个C3:C22为条件范围，所以数据是相对的，而不是绝对的。

利用多条件求和函数SUMIFS可以完成单条件求和函数SUMIF的功能，可以理解为只有一个条件的多条件求和。

2. Excel 统计类函数公式：计数类

（1）数值计数 COUNT

功　　能：统计指定的值或区域中数字类型值的个数。

语法结构：=COUNT(值或区域1,[值或区域2],…,[值或区域N])。

案　　例：计算"语文"学科的实考人数，数据如图3-30所示。

方　　法：在目标单元格中输入公式"=COUNT(C3:C52)"。

COUNT函数的统计对象为数值，在C3:C52区域中，"缺考"为文本类型，所以统计实考人数结果为47。

2022年上半年考试成绩						实考人数
序号	姓名	语文	数学	英语		47
1	林丹	88	88	52		
2	苏冬露	98	57	90		
3	薛光	88	52	91		
4	谢君	97	62	52		
5	徐关茵	缺考	51	91		
6	袁松	74	97	77		
7	苏江丽	72	79	57		
8	何娇	缺考	90	73		
9	丁崆	93	58	58		
…	…	…	…	…		

图 3-30　COUNT 函数示例

（2）非空计数 COUNTA

功　　能：统计指定区域中非空单元格的个数。

语法结构：= COUNTA(区域1,[区域2],…,[区域N])。

案　　例：统计应考人数，数据如图3-31所示。

2022年上半年考试成绩						实考人数
序号	姓名	语文	数学	英语		50
1	林丹	88	88	52		
2	苏冬露	98	57	90		
3	薛光	88	52	91		
4	谢君	97	62	52		
5	徐关茵	缺考	51	91		
6	袁松	74	97	77		
7	苏江丽	72	79	57		
8	何娇	缺考	90	73		
9	丁崆	93	58	58		
…	…	…	…	…		

图 3-31　COUNTA 函数示例

方　　法：在目标单元格中输入公式"=COUNTA(C3:C52)"。

解　　读：应考人数就是所有的人数，也就是姓名的个数。

（3）空计数 COUNTBLANK

功　　能：统计指定的区域中空单元格的个数。

语法结构：=COUNTBLANK(区域1,[区域2],…,[区域N])。

案　　例：统计"语文"缺考人数，数据如图3-32所示。

方　　法：在目标单元格中输入公式"=COUNTBLANK(C3:C52)"。

解　　读：此处的空白单元格表示没有成绩，即为缺考。COUNTBLANK函数的统计对象为空白单元格，所以公式=COUNTBLANK(C3:C52)的统计结果为3。

2022年上半年考试成绩						语文缺考人数
序号	姓名	语文	数学	英语		3
1	林丹	88	88	52		
2	苏冬露	98	57	90		
3	薛光	88	52	91		
4	谢君	97	62	52		
5	徐关茵		51	91		
6	袁松	74	97	77		
7	苏江丽	72	79	57		
8	何娇		90	73		
9	丁崆	93	58	58		
...	...	...	...	...		

图 3-32　COUNTBLANK 函数示例

（4）单条件计数 COUNTIF

功　　能：计算指定区域中满足条件的单元格个数。

语法结构：=COUNTIF(范围,条件)。

案　　例：统计"语文"学科的及格人数，数据如图3-33所示。

2022年上半年考试成绩						成绩	语文及格人数
序号	姓名	语文	数学	英语		60	42
1	林丹	88	88	52			
2	苏冬露	98	57	90			
3	薛光	88	52	91			
4	谢君	97	62	52			
5	徐关茵	70	51	91			
6	袁松	74	97	77			
7	苏江丽	72	79	57			
8	何娇	70	90	73			
9	丁崆	93	58	58			
...	...	...	...	...			

图 3-33　COUNTIF 函数示例

方　　法：在目标单元格中输入公式"=COUNTIF(C3:C9,">"&G3)"。

解　　读："及格"就是分数≥60分。

（5）多条件计数 COUNTIFS

语法结构：=COUNTIFS(条件范围1,条件1,...,条件范围N,条件N)。

案　　例：统计"语文""数学"和"英语"都及格的人数，数据如图3-34所示。

2022年上半年考试成绩						三科及格人数
序号	姓名	语文	数学	英语		24
1	林丹	88	88	52		
2	苏冬露	98	57	90		
3	薛光	88	52	91		
4	谢君	97	62	52		
5	徐关茵	70	51	91		
6	袁松	74	97	77		
7	苏江丽	72	79	57		
8	何娇	70	90	73		
9	丁崆	93	58	58		
...	...	...	...	...		

图 3-34　COUNTIFS 函数示例

方　　法：在目标单元格中输入公式"=COUNTIFS(C3:C52,">=60",D3:D52,">=60",E3:E52,">=60")"。

解　　读：多条件计数COUNTIFS函数也可以完成COUNTIF的功能，即符合一个条件的多条件计数。

3. Excel 统计类函数公式：平均类

（1）普通平均值 AVERAGE

功　　能：返回参数的平均值。

语法结构：=AVERAGE(值或引用)。

案　　例：计算"语文"学科的平均分，数据如图3-35所示。

2022年上半年考试成绩					语文平均分
序号	姓名	语文	数学	英语	77.2
1	林丹	88	88	52	
2	苏冬露	98	57	90	
3	薛光	88	52	91	
4	谢君	97	62	52	
5	徐关茵	70	51	91	
6	袁松	74	97	77	
7	苏江丽	72	79	57	
8	何娇	70	90	73	
9	丁崆	93	58	58	
...	...	...	...	...	

图 3-35　AVERAGE 函数示例

方　　法：在目标单元格中输入公式 "=AVERAGE(C3:C52)"。

（2）单条件平均值 AVERAGEIF

功　　能：计算符合条件的平均值。

语法结构：=AVERAGEIF(条件范围,条件,[数值范围])

当条件范围和数值范围相同时，可以省略数值范围。

案　　例：计算语文学科及格人的平均分，数据如图3-36所示。

2022年上半年考试成绩					语文及格平均分
序号	姓名	语文	数学	英语	81.76
1	林丹	88	88	52	
2	苏冬露	98	57	90	
3	薛光	88	52	91	
4	谢君	97	62	52	
5	徐关茵	70	51	91	
6	袁松	74	97	77	
7	苏江丽	72	79	57	
8	何娇	70	90	73	
9	丁崆	93	58	58	
...	...	...	...	...	

图 3-36　AVERAGEIF 函数示例

方　　法：在目标单元格中输入公式 "=AVERAGEIF(C3:C52,">=60")"。

解　　读：依据目的，条件范围为C3:C52，数值范围也为C3:C52，所以可以省略数值范围的C3:C52。

（3）多条件平均值 AVERAGEIFS

语法结构：= AVERAGEIFS(数值范围, 条件1范围, 条件1,…,条件N范围, 条件N)。

案　　例：统计"语文""数学"和"英语"成绩都及格的人"语文"成绩的平均分如图3-37所示。

方　　法：在目标单元格中输入公式"=AVERAGEIFS(C3:C52,C3:C52,">=60",D3:D52,">=60",E3:E52,">=60")"。

序号	姓名	语文	数学	英语		语文平均分
						80.92
1	林丹	88	88	52		
2	苏冬露	98	57	90		
3	薛光	88	52	91		
4	谢君	97	62	52		
5	徐关茵	70	51	91		
6	袁松	74	97	77		
7	苏江丽	72	79	57		
8	何娇	70	90	73		
9	丁崆	93	58	58		
…	…	…	…	…		

（表头：2022年上半年考试成绩）

图 3-37　AVERAGEIFS 函数示例

解　　读：公式中第一个C3:C52为数值范围，第二个C3:C52为条件区域。

3.5　动手练习：函数嵌套计算职位薪资

本案例运用函数嵌套功能来计算话务中心员工的职位薪资，薪资的判断条件为：职称为"资深"，薪资为13000，职称为高级薪资为9000，职称为中级薪资为6000，职称为初级薪资为4000。员工表格如图3-38所示。

话务员工号	性别	年龄	入职时间	籍贯	职称	薪资
N3000112865	女	26	2015/7/19	北京	资深	
N2000110995	男	22	2015/7/20	河北	高级	
N2000110625	男	21	2015/7/22	山西	初级	
N3000103045	女	20	2015/7/24	内蒙古	初级	
N3000119685	男	19	2015/8/14	辽宁	初级	
N3000113665	女	26	2015/9/2	江苏	资深	
N3000112765	男	26	2015/9/5	浙江	中级	
N3000113195	男	21	2015/9/10	福建	中级	
N3000103895	女	20	2015/9/12	山东	中级	
…	…	…	…	…	…	

图 3-38　话务中心员工表

具体步骤如下：

01 光标定位在G2单元格。打开"插入函数"对话框，选择IF函数，了解该函数的功能，如图3-39所示。

02 在"函数参数"对话框中输入参数。在表达式Logical_test中输入"F2="资深"",表达式为真时Value_if_ture中输入"13000",表达式为假时Value_if_false中输入另一个结果,由于这里有三种情况,包含两个函数嵌套,因此Value_if_false中需要输入"IF(F2="高级",9000,IF(F2="中级",6000,4000))"。

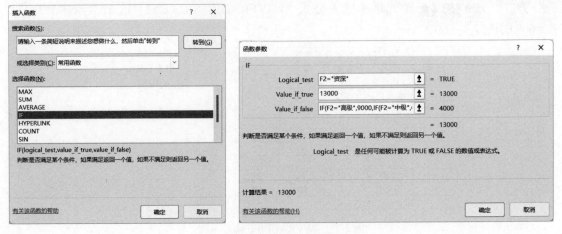

图 3-39　使用 IF 函数

当然,如果不使用"插入函数"对话框,也可以直接在G2单元格输入公式"=IF(F2="资深",13000,IF(F2="高级",9000,IF(F2="中级",6000,4000)))",员工表格如图3-40所示。

话务员工号	性别	年龄	入职时间	籍贯	职称	薪资
N3000112865	女	26	2015/7/19	北京	资深	13000
N2000110995	男	22	2015/7/20	河北	高级	
N2000110625	男	21	2015/7/22	山西	初级	
N3000103045	女	20	2015/7/24	内蒙古	初级	
N3000119685	男	19	2015/8/14	辽宁	初级	
N3000113665	女	26	2015/9/2	江苏	资深	
N3000112765	男	26	2015/9/5	浙江	中级	
N3000113195	男	21	2015/9/10	福建	中级	
N3000103895	女	20	2015/9/12	山东	中级	
...						

图 3-40　输入公式

03 拖曳G2完成其他单元格的填充。如图3-41所示为完成判断的表格。

话务员工号	性别	年龄	入职时间	籍贯	职称	薪资
N3000112865	女	26	2015/7/19	北京	资深	13000
N2000110995	男	22	2015/7/20	河北	高级	9000
N2000110625	男	21	2015/7/22	山西	初级	4000
N3000103045	女	20	2015/7/24	内蒙古	初级	4000
N3000119685	男	19	2015/8/14	辽宁	初级	4000
N3000113665	女	26	2015/9/2	江苏	资深	13000
N3000112765	男	26	2015/9/5	浙江	中级	6000
N3000113195	男	21	2015/9/10	福建	中级	6000
N3000103895	女	20	2015/9/12	山东	中级	6000
...						

图 3-41　拖曳填充单元格

通过对以上案例的分析我们发现，函数及函数嵌套的使用并不难掌握，只要在学习过程中不断总结，掌握好方法和技巧，就会让我们的学习和工作化繁为简，效率倍增。

3.6 实操练习

对销售员的业绩数据，使用函数法，按月份分别汇总每个销售员的销售额，并汇总每个月的销售额。各月销售汇总表格如图 3-42 所示。

销售员	日期	销售额
李四	2021/1/1	95
孙七	2021/1/2	109
张三	2021/1/7	70
王五	2021/1/9	40
李四	2021/1/14	59
赵六	2021/1/18	28
张三	2021/1/19	84
张三	2021/1/23	21
张三	2021/1/29	54
…	…	…

图 3-42　销售汇总表格

第 **4** 章

Excel 日常数据分析

Excel在极大程度上满足了用户对于数据分析方面的要求，其提供的基本数据分析功能在日常办公中几乎都可以用到。本章首先介绍Excel中的基本数据分析功能，这些功能在实际数据分析中很常见，是数据分析人员的必备技能，包括数据排序、条件格式、分类汇总、数据筛选等。

4.1 Excel数据排序

Excel数据排序功能非常丰富，不仅能够实现快速的升序或降序，还能够进行多重排序、自定义排序、颜色排序、按行排序等。本节介绍按单个字段排序、按多个字段排序以及自定义数据排序。

4.1.1 按单个字段排序

示例4-1：对销售额从小到大进行升序排序

图4-1是不同产品的订单明细数据，为了查看不同订单的销售额大小，需要对销售额从小到大进行排序。

订单编号	订单日期	客户类型	省市	商品类别	销售额	利润额
CN-2022-101506	2022/6/30	消费者	黑龙江	电话	20871.06	384.36
CN-2022-101507	2022/6/30	消费者	黑龙江	配件	252.84	24.71
CN-2022-101508	2022/6/30	消费者	黑龙江	收纳具	456.4	11.44
CN-2022-101510	2022/6/30	消费者	湖南	配件	2074.24	225.41
CN-2022-101509	2022/6/30	消费者	安徽	器具	6919.08	468.66
CN-2022-101504	2022/6/30	消费者	山西	椅子	388.64	25.37
CN-2022-101501	2022/6/30	公司	上海	系固件	32.088	-0.16
CN-2022-101502	2022/6/30	公司	上海	用品	586.152	-41.4
...	...	...	...	...	...	...

图 4-1　销售额明细数据

下面我们来看具体的操作步骤。

01 依次选择"数据"|"排序和筛选"|"排序",然后在排序页面,主要关键字选择"销售额",排序依据选择"单元格值",次序选择"升序",如图4-2所示。

图 4-2 排序设置

02 单击"确定"按钮,销售额就由小到大进行了排序,可以看出,所有订单数据中,销售额最小是13.44元,如图4-3所示。

订单编号	订单日期	客户类型	省市	商品类别	销售额	利润额
CN-2019-101737	2019/8/4	消费者	甘肃	装订机	13.44	-4.37
CN-2017-102046	2017/10/3	小型企业	广东	美术	13.58	-4.23
CN-2016-102044	2016/10/2	小型企业	湖北	书架	13.58	-1.96
CN-2017-100170	2017/1/30	小型企业	辽宁	装订机	13.692	-5.16
CN-2016-100240	2016/2/14	小型企业	山东	标签	13.692	-7.51
CN-2021-101905	2021/8/16	消费者	陕西	标签	14.504	-1.23
CN-2019-101852	2019/8/11	消费者	广西	美术	14.504	-2.08
CN-2020-100282	2020/3/5	消费者	河南	用具	15.876	-6.21
...	...	...	...	...	...	...

图 4-3 按销售额排序

4.1.2 按多个字段排序

示例4-2:对不同类型商品的销售额排序

在产品订单明细数据中,为了查看不同类型商品的销售额大小,需要对销售额从小到大进行排序。具体操作很简单,步骤如下:

01 依次选择"数据"|"排序和筛选"|"排序",然后在排序页面,主要关键字选择"商品类别",排序依据选择"单元格值",次序选择"升序",如图4-4所示。

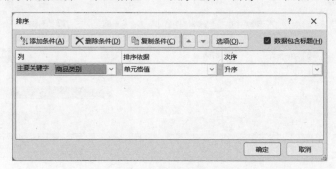

图 4-4 主要关键字

02 然后单击"添加条件"按钮，添加第二个排序条件，次要关键字选择"销售额"，排序依据选择"单元格值"，次序选择"升序"，如图4-5所示。

图 4-5　次要关键字

03 单击"确定"按钮，销售额就按商品类别由小到大进行了排序，可以看出，标签类商品中销售额最小值是13.692元，如图4-6所示。

订单编号	订单日期	客户类型	省市	商品类别	销售额	利润额
CN-2016-100240	2016/2/14	小型企业	山东	标签	13.692	-7.51
CN-2021-101905	2021/8/16	消费者	陕西	标签	14.504	-1.23
CN-2018-100785	2018/5/21	消费者	湖南	标签	19.46	0.54
CN-2019-102228	2019/9/15	消费者	浙江	标签	21.7	0.93
CN-2017-101192	2017/6/27	公司	吉林	标签	21.7	0.59
CN-2018-101678	2018/8/24	公司	广东	标签	23.52	0.05
CN-2017-100109	2017/1/23	小型企业	天津	标签	23.52	0.28
CN-2020-100522	2020/4/15	公司	天津	标签	25.284	-4.86
...	...	...	...	...	...	...

图 4-6　按商品类别和销售额排序

4.1.3　自定义数据排序

示例4-3：自定义设置客户类型顺序

上面介绍的都是使用默认的升序或降序进行排序，在实际工作中，可能需要对字段进行自定义设置。此时，可以按如下步骤操作：

01 依次选择"数据"|"排序和筛选"|"排序"，然后在排序页面，主要关键字选择"客户类型"，排序依据选择"单元格值"，次序选择"自定义序列"，如图4-7所示。

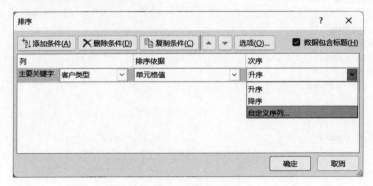

图 4-7　自定义序列

02 在 "输入序列" 框中，输入公司、小型企业、消费者等客户类型，然后单击 "添加" 按钮，如图4-8所示。

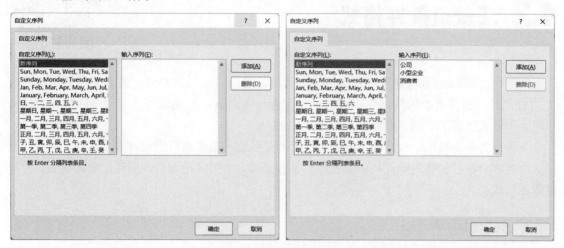

图 4-8　输入自定义序列

03 单击 "确定" 按钮，次序中显示的就是我们自定义设置的公司、小型企业、消费者客户类型顺序，如图4-9所示。

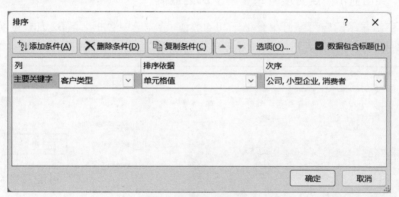

图 4-9　设置关键字

04 单击 "确定" 按钮，客户类型就按照公司、小型企业、消费者顺序进行了排序，如图4-10所示。

订单编号	订单日期	客户类型	省市	商品类别	销售额	利润额
CN-2022-101501	2022/6/30	公司	上海	系固件	32.088	-0.16
CN-2022-101502	2022/6/30	公司	上海	用品	586.152	-41.4
CN-2022-101503	2022/6/30	公司	上海	用品	2154.6	133.44
CN-2022-101494	2022/6/28	公司	北京	用品	751.66	134.35
CN-2022-101485	2022/6/28	公司	北京	椅子	384.72	-15.38
CN-2022-101491	2022/6/28	公司	山西	标签	87.78	12.54
CN-2022-101492	2022/6/28	公司	山西	配件	427.14	33.23
CN-2022-101471	2022/6/27	公司	河北	器具	7982.1	407.52
...	...	...	...	...	...	...

图 4-10　按客户类型排序

4.2 Excel条件格式

条件格式是Excel数据处理中强大的功能之一，是给符合条件的单元格数据设置相应的格式,方便用户在纷繁复杂的数据中进行查询，配合相关函数和公式还可以实现条件格式的高级应用。本节通过若干个例子探讨Excel的条件格式。

条件格式作为其中一个功能，在很大程度上可以改进电子表格的设计和可读性。它可以设定一个或多个条件来确定单元格的数据是否满足条件，如果满足则自动应用设定的格式，否则保留原格式。

4.2.1　突出显示单元格

条件格式有一个简单的功能——突出显示单元格规则,也就是让特殊的值以特殊颜色显示出来，以便于区分。下面讲解Excel中这一条件格式功能的使用方法。

示例4-4：突出显示门店月度订单量小于20的数值

01 为了突出显示门店月度订单量小于20的数值,首先选中数据区域B2:J13，依次选择"开始"|"样式"|"条件格式"|"突出显示单元格规则"，选择"小于"，如图4-11所示。

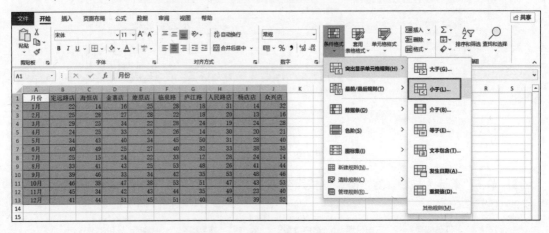

图 4-11　突出显示单元格规则

02 在"为小于以下值的单元格设置格式："选项框中输入20，颜色设置为浅红填充色深红色文本，如图4-12所示。

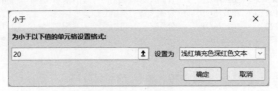

图 4-12　设置格式

03 单击"确定"按钮，此时订单量数据小于20的单元格就被浅红色填充，如图4-13所示。

月份	定远路店	海恒店	金寨店	燎原店	临泉路	庐江路	人民路店	杨店店	众兴店
1月	22	14	16	25	28	18	31	14	32
2月	25	28	27	28	22	18	20	13	16
3月	29	25	34	22	28	24	19	24	28
4月	24	25	33	26	26	14	30	20	21
5月	34	43	40	34	45	50	31	28	40
6月	40	49	25	27	40	32	33	38	35
7月	25	15	24	22	33	12	28	24	14
8月	33	41	43	25	53	48	26	41	44
9月	39	46	33	34	42	35	53	48	46
10月	46	38	47	38	53	51	47	43	53
11月	45	34	42	43	44	35	49	23	40
12月	41	44	51	45	51	40	45	39	52

图 4-13　突出显示单元格效果

4.2.2　自定义条件格式

通过自定义条件格式可以设置数据条，数据条可以非常直观地查看选定区域中数值的大小情况，这一功能很有用，比如可以设置我们需要重点关注的数据为数据条。Excel预设了一些数据条样式，只要选定范围就可以进行设置，当然也可以进行自定义的设置，它类似于图表中的"条形图"，但是又有所不同，且与表格本身融为一体，不用另外插入图表。

示例4-5：突出显示门店月度订单量大于45的数值

01 为了突出显示门店月度订单量大于45的数值，首先选中数据区域B2:J13，依次选择"开始" | "样式" | "条件格式" | "数据条"，可以根据需要选择渐变填充、实心填充，还可以选择其他规则，如图4-14所示。

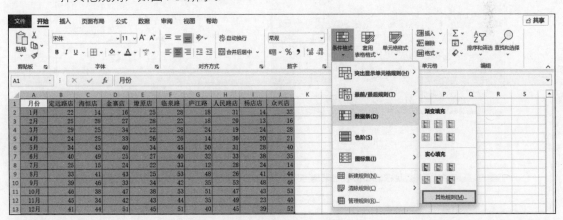

图 4-14　条件格式数据条

02 选择规则类型为"基于各自值设置所有单元格的格式"，在最小值的"类型"选项中选择"数字"，值输入45，条形图外观使用渐变填充，颜色为渐变橙色，单击"确定"按钮，此时订单量数据大于45的单元格就被渐变橙色填充，如图4-15所示。

月份	定远路店	海恒店	金寨店	燎原店	临泉路	庐江路	人民路店	杨店店	众兴店
1月	22	14	16	25	28	18	31	14	32
2月	25	28	27	28	22	18	20	13	16
3月	29	25	34	22	28	24	19	24	28
4月	24	25	33	26	26	14	30	20	21
5月	34	43	40	34	45	50	31	28	40
6月	40	49	25	27	40	32	33	38	35
7月	25	15	24	22	33	12	28	24	14
8月	33	41	43	25	53	48	26	41	44
9月	39	45	33	34	42	35	53	48	46
10月	46	38	47	38	53	51	47	43	53
11月	45	34	42	43	44	35	49	23	40
12月	41	44	51	45	51	40	45	39	52

图 4-15 基于各自值设置所有单元格的格式

4.2.3 单元格数据添加图标

在Excel中，通过使用"图标集"为数据添加注释时，默认情况下，系统将根据单元格区域的数值分布情况自动应用图标，如果只想为某些特殊数据添加图标，应该怎么办呢？此时，可以通过创建条件格式规则来完成。例如，只标注未完成销售任务的员工。

示例4-6：给门店月度订单数据添加图标

01 选中数据区域B2:J13，依次选择"开始"|"样式"|"条件格式"|"图标集"，可以根据需要选择方向、形状、标记、等级等类型的图标，还可以选择其他规则，如图4-16所示。

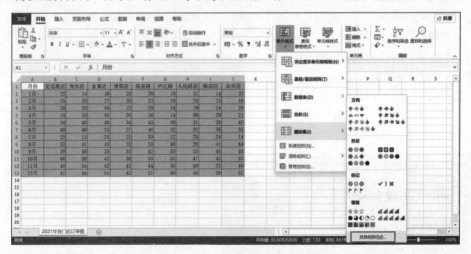

图 4-16 条件格式图标集

02 在打开的"新建格式规则"对话框中，选择规则类型为"基于各自值设置所有单元格的格式"，还可以设置图标样式。这里按1:7:2的比例分析产品订单数据的分布情况，值的设置分别是80、10，类型的设置为百分比，如图4-17所示。

03 单击"确定"按钮，关闭"新建格式规则"对话框，设置的图标即可应用到所选单元格中，如图4-18所示。

图 4-17　根据实际情况新建格式规则

月份	定远路店	海恒店	金寨店	燎原店	临泉路	庐江路	人民路店	杨店店	众兴店
1月	▲22	◆14	◆16	▲25	▲28	▲18	▲31	◆14	▲32
2月	▲25	▲28	▲27	▲28	▲22	▲18	▲20	▲13	◆16
3月	▲29	▲25	▲34	▲22	▲28	▲24	▲19	▲24	▲28
4月	▲24	▲25	▲33	▲26	▲26	◆14	▲30	▲20	▲21
5月	▲34	▲43	▲40	▲34	●45	●50	▲31	▲28	▲40
6月	▲40	●49	▲25	▲27	▲40	▲32	▲33	▲38	▲35
7月	▲25	▲15	▲24	▲22	▲33	●12	▲28	▲24	●14
8月	▲33	▲41	▲43	▲25	●53	●48	▲26	▲41	▲44
9月	▲39	▲46	▲33	▲34	▲42	▲35	●53	●48	▲46
10月	●46	▲38	●47	▲38	●53	●51	▲47	▲43	●53
11月	●45	▲34	▲42	▲43	▲44	▲35	●49	▲23	▲40
12月	▲41	▲44	●51	●45	●51	▲40	●45	▲39	●52

图 4-18　应用格式规则后的效果

4.3　Excel数据分类汇总

分类汇总是Excel的一项重要功能，它能快速地以某个字段为分类项，对数据列表中其他字段的数值进行统计计算。本节将通过实例来介绍"分类汇总"及其应用。

4.3.1　按单个字段分类汇总

下面以在表格中按照省市来统计数据总和为例介绍Excel表格中数据进行分类汇总的方法。

示例4-7：分类汇总各个省市商品的销售额

01 依次选择"数据"|"排序和筛选"|"排序"，对商品订单表数据按"省市"字段进行升序排序。

02 依次选择"数据"|"分级显示"|"分类汇总"，在"分类汇总"对话框的"分类字段"下拉列表中选择"省市"选项，在"选定汇总项"列表中选择"销售额"复选框。单击"确定"按钮，关闭"分类汇总"对话框，实现第一次按照"省市"字段的汇总，如图4-19所示。

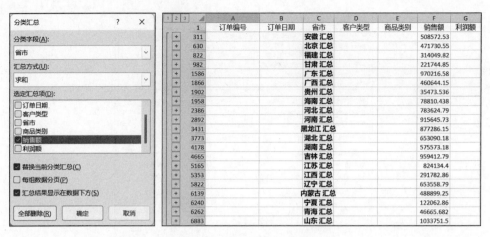

图 4-19   单字段分类汇总

4.3.2   按多个字段分类汇总

实际上，Excel可以对数据进行多字段的分类汇总。下面以商品订单表为例来介绍Excel多字段汇总的方法。这里先按省市汇总，然后将汇总结果按照客户类型来进行汇总。

示例4-8：分类汇总各省市不同客户类型的销售额

01 依次选择"数据"|"排序和筛选"|"排序"，对商品订单表数据按照"省市"和"客户类型"两个字段进行升序排序。

02 依次选择"数据"|"分级显示"|"分类汇总"，在"分类汇总"对话框的"分类字段"下拉列表中选择"省市"选项，在"选定汇总项"列表中选择"销售额"复选框。单击"确定"按钮，关闭"分类汇总"对话框，实现第一次按照"省市"字段的汇总。

03 再次打开"分类汇总"对话框，在"分类字段"下拉列表中选择"客户类型"选项，在"选定汇总项"列表中选择"销售额"复选框，不能选择"替换当前分类汇总"选项，此时将对各个省市根据客户类型进行汇总，如图4-20所示。

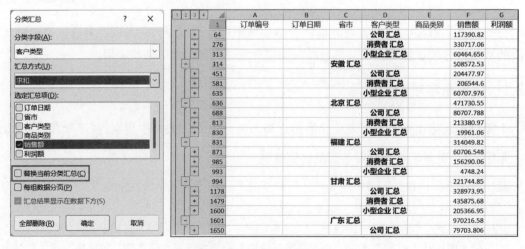

图 4-20   多字段分类汇总

4.4　Excel数据筛选

在数据分析中，通过使用筛选功能不仅可以控制想要查看的内容，还可以控制想要排除的内容。本节介绍Excel中的自动筛选数据和自定义筛选数据功能。

4.4.1　自动筛选数据

示例4-9：自动筛选客户订单商品类别数据

依次选择"数据"|"排序和筛选"|"筛选"，然后在"商品类别"下拉框中按条件进行筛选，这里选择需要查看的商品类型，例如配件，如图4-21所示。

图 4-21　自动筛选数据

4.4.2　自定义筛选数据

在Excel中利用自动筛选功能筛选数据比较简单，下面介绍的是Excel自动筛选的几种高级用法，数据字段是销售额（sales）。

示例4-10：自定义筛选客户订单商品类别数据

筛选包含关键字"机"的商品类别，在搜索框中输入"机"即可，如图4-22所示（左图）。

筛选以关键字"电"开始的商品类别，在搜索框中输入"电*"，这里*是通配符，可以是任意多个字符，如图4-22所示（右图）。

筛选3位的商品类别字符串，在搜索框中输入"???"，这里?是占位符，3个?占3个位置。

筛选3位的商品类别字符串，且以关键字"电"开头，在搜索框中输入"电??"，2个?占2个位置，如图4-23所示。

图 4-22　通配符筛选数据　　　　　　　　图 4-23　占位符筛选数据

4.5　动手练习：Excel在学生管理中的应用

本例介绍Excel在学生信息管理中的应用，例如一位老师登记某班的期末考试成绩，要标出哪些大于90分、哪些小于60分、哪些介于80～90分，成绩最好的是谁、成绩最差的又是谁，成绩前N名是谁、成绩后N名是谁，哪些成绩重复了、哪些成绩又是唯一的。这些信息都可以通过Excel中的条件格式快速地显示出来。

1. 标识包含文本的单元格

在教师的工作中，登记学生的信息可能包含数字和文本，有时会由于错用格式而导致统计不准确。如图4-24所示，C列中包含数字和文本，如果分别对学生求平均值将出现错误，因为文本数据不会被统计。

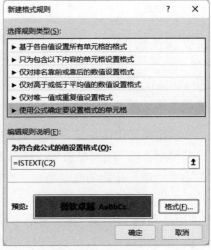

学号	姓名	年龄	性别	城市
20210201	林丹	21	男	湖州
20210202	苏冬露	20	男	义乌
20210203	薛光	21	男	湖州
20210204	谢君	20	女	湖州
20210205	徐关茵	20	男	湖州
20210206	袁松	18	女	湖州
20210207	苏江丽	22	女	杭州
20210208	何娇	21	女	绍兴
20210209	丁崆	18	女	绍兴
20210210	韦实	19	女	绍兴
20210211	巩媛	19	女	绍兴
20210212	程安	22	男	温州
20210213	俞毅	18	女	温州
20210214	麦虢	21	女	杭州
20210215	康丽	21	女	义乌
20210216	陈霖	20	女	杭州
20210217	黄娜	20	女	德清
20210218	卢芳	22	女	杭州
20210219	常明媚	22	女	杭州

图 4-24　使用公式确定要设置的格式

如果先利用条件格式和公式标识包含文本的单元格，并填充灰色的背景色，则可避免出现错误。先选择C2:C51，单击“开始”|“条件格式”|“新建规则”，在“新建格式规则”对话框中选择“使用公式确定要设置格式的单元格”，在“为符合此公式的值设置格式”输入框中输入“=ISTEXT(C2)”，接着单击“格式”按钮，在弹出的“设置单元格格式”对话框中选择“填充”选项卡，选择背景色为灰色，再依次单击两次“确定”按钮，即可让所选单元格中包含文本的单元格填充灰色的背景色。

如果要对不同的单元格区域应用该条件格式，那么ISTEXT函数的参数应该是该区域左上角的单元格。

2. 标识前几名的数据

如图4-25所示，单元格区域C2:C51是教师登记学生的数学成绩，若要找出其中的前3名，并填充灰色的背景色，通过手工查找比较或者排序都可以实现，但不能做到实时更新，也可以通过依次单击“条件格式”|“最前/最后规则”|“前10项”选项，然后在对话框中输入3实现。如果利用条件格式和公式标识出来，可以参考前面的操作，先选择C2:C51，再将公式修改为“=C2＞LARGE($C$2:$C$51,4)”，其他操作不变。

学号	姓名	数学
20210201	林丹	88
20210202	苏冬露	57
20210203	薛光	52
20210204	谢君	62
20210205	徐关茵	51
20210206	袁松	98
20210207	苏江丽	79
20210208	何娇	90
20210209	丁崆	58
20210210	韦实	73
20210211	巩媛	64
20210212	程安	70
20210213	俞毅	58
20210214	麦虢	91
20210215	康丽	56
20210216	陈霖	59
20210217	黄娜	84
20210218	卢芳	94
20210219	常明媚	93

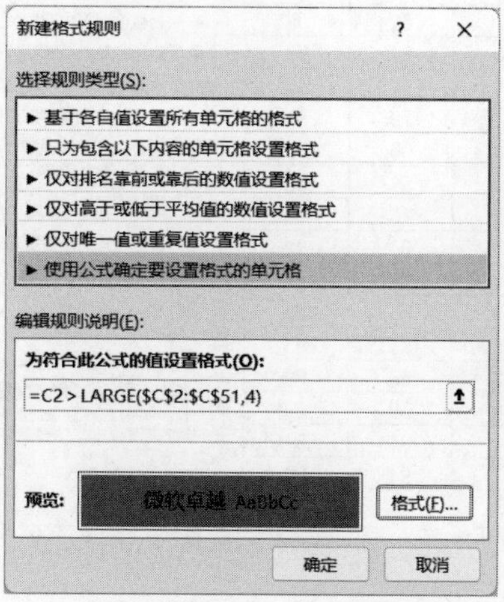

学号	姓名	数学
20210201	林丹	88
20210202	苏冬露	57
20210203	薛光	52
20210204	谢君	62
20210205	徐关茵	51
20210206	袁松	98
20210207	苏江丽	79
20210208	何娇	90
20210209	丁崆	58
20210210	韦实	73
20210211	巩媛	64
20210212	程安	70
20210213	俞毅	58
20210214	麦虢	91
20210215	康丽	56
20210216	陈霖	59
20210217	黄娜	84
20210218	卢芳	94
20210219	常明媚	93

图 4-25　标识前几名的数据

3. 标识满足特殊条件的日期

一般情况下，学校通过日程表来制订工作计划，周六日是教师的休息时间，不需要安排工作，因此需要标识出来。如图4-26所示，如果要把当前列表中星期六和星期日所在列的单元格标识出来，并填充灰色的背景色，先需要选择日期区域，再将公式修改为“=OR(WEEKDAY($A1,2)=6,WEEKDAY($A1,2)=7)”，其他操作不变。

4. 让工作表间隔固定行显示阴影

如图4-27所示，教师在登记学生在校期间所有科目成绩时，由于学生和科目较多，为了便于阅读，要求隔行显示灰色的背景色效果，可以使用公式“=MOD(ROW(),2)=0”，如果要间隔两行显示背景色，则用公式“=MOD(ROW(),3)=0”，以此类推。如果要求间隔显示灰色的背景色效果，则使用公式“=MOD(COLUMN(),2)=0”。

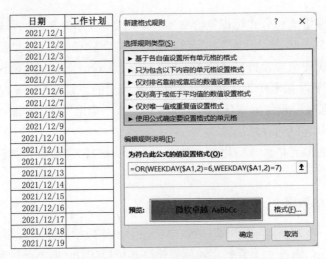

日期	工作计划
2021/12/1	
2021/12/2	
2021/12/3	
2021/12/4	
2021/12/5	
2021/12/6	
2021/12/7	
2021/12/8	
2021/12/9	
2021/12/10	
2021/12/11	
2021/12/12	
2021/12/13	
2021/12/14	
2021/12/15	
2021/12/16	
2021/12/17	
2021/12/18	
2021/12/19	

图 4-26　标识满足特殊条件的日期

学号	姓名	语文	数学	英语
20210201	林丹	88	88	52
20210202	苏冬露	98	57	90
20210203	薛光	88	52	91
20210204	谢君	97	62	52
20210205	徐关茵	70	51	91
20210206	袁松	74	97	77
20210207	苏江丽	72	79	57
20210208	何娇	70	90	73
20210209	丁崆	93	58	58
20210210	韦实	69	73	70
20210211	巩媛	95	64	92
20210212	程安	72	70	50
20210213	俞毅	95	58	95
20210214	麦骁	65	91	63
20210215	康丽	83	56	89
20210216	陈霖	70	59	58
20210217	黄娜	51	84	54
20210218	卢芳	87	94	94

图 4-27　让工作表间隔固定行显示阴影

5. 自动绘制进度图表

图4-28所示是某教师一个学期内需要完成的工作进度图表，其中开始和结束分别代表各项工作的开始周和结束周。如果不使用条件格式，当某项工作的开始周或结束周进行调整时，就需要手动调整工作的进度条。为了使之能自动更新，如果不考虑显示多种颜色，使用条件格式，直接选择D3:U13，再将公式改为"=AND(D$2>=$B3, D$2<=$C3)"，其他操作不变。

高数教学内容			工作进度周计划																		
章节	开始	结束	1	2	3	4	5	6	7	8	9	10	11	12	13	14	15	16	17	18
函数与极限	1	4	■	■	■	■														
导数与微分	5	6					■	■												
不定积分	7	8							■	■										
期中考核	9	9									■									
定积分	10	13										■	■	■	■					
定积分的应用	13	15													■	■	■			
微分方程	16	17																■	■	
期末考核	18	18																		■

图 4-28　教学进度表

如果需要为不同章节的进度应用不同的格式或颜色，则需要分别进行设置，并对单元格区域D3:U6、D7:U10分别进行操作。在输入公式时要针对具体的行进行修改，两个公式分别为"=AND(D$2>=$B3, D$2<=$C3)""=AND(D$2>=$B7, D$2<=$C7)"，并更改相应的背景色，完成后的进度图如图4-29所示。

高数教学内容			工作进度周计划																	
章节	开始	结束	1	2	3	4	5	6	7	8	9	10	11	12	13	14	15	16	17	18
函数与极限	1	4																		
导数与微分	5	6																		
不定积分	7	8																		
期中考核	9	9																		
定积分	10	13																		
定积分的应用	13	15																		
微分方程	16	17																		
期末考核	18	18																		

图 4-29　不同颜色教学进度表

使用条件格式应注意以下问题：

（1）使用条件格式时，必须先选择要设置条件格式的单元格或单元格区域。

（2）条件格式使用公式时，公式必须以等号（=）开头且必须返回逻辑值TRUE（1）或FALSE（0）。当公式返回TRUE时，将应用条件格式；否则不会应用设定的格式。如果使用的公式无效，也不会应用设定的格式。

（3）输入公式要确保单元格的引用方式正确。什么时候用相对引用，什么时候用绝对引用，什么时候用混合引用，要做到心中有数。

（4）当多个条件格式规则应用于一个单元格区域时，Excel条件格式首先应用优先级高的规则。当条件格式规则有冲突时，只应用优先级高的规则。默认情况下，新建规则总是添加到"条件格式规则管理器"的顶部，优先级最高，但可以使用"上移"和"下移"箭头更改优先级顺序。

（5）复制或剪切单元格并将其粘贴到包含条件格式的单元格区域，会删除该区域中的条件格式，而且Excel不会给出任何提示信息。如果非要使用粘贴，并且要保留条件格式，可以使用"选择性粘贴"功能。

（6）当复制一个包含条件格式的单元格时，将同时复制其条件格式。在包含条件格式的单元格区域中插入行或列时，在新的单元格中将有相同的条件格式。

（7）要快速查看所有包含条件格式的单元格，可以使用Excel的"定位"（Ctrl+G）功能，单击"定位条件"按钮，在"定位条件"对话框中选择"条件格式"选项即可。

（8）要清除条件格式，依次单击"开始选项卡"｜"条件格式"｜"清除规则"｜"清除所选单元格的规则/清除所选工作表的规则"，或者在"条件格式规则管理器"中有选择地删除部分规则。

4.6 实操练习

针对销售员的业绩数据，分类汇总不同类型商品各个销售员的销售额，具体业绩数据如图 4-30 所示。

日期	商品类型	销售员	销售额
2021/1/1	系固件	李四	95
2021/1/2	标签类	孙七	109
2021/1/7	美术类	张三	70
2021/1/9	美术类	王五	40
2021/1/14	系固件	李四	59
2021/1/18	纸张类	赵六	28
2021/1/19	系固件	张三	84
2021/1/23	装订机	张三	21
2021/1/29	标签类	张三	54

图 4-30　业绩数据

第 5 章

Excel 数据透视表

数据透视表是Excel中最易掌握且使用最广的统计表制作工具，它的特点在于表格结构的不固定性，可以随时根据实际需要调整得出不同的表格视图，它将排序、筛选、分类汇总这三个过程结合在了一起。通过对表格行、列的不同选择甚至进行转换，以查看源数据的不同汇总结果，可以显示不同的页面以筛选数据，并根据不同的实际需要显示所选区域的明细数据，这些功能为用户分析数据带来了极大的方便。本章介绍Excel数据透视表的强大功能，读者会发现，经过简单的拖曳和值的转换，使用数据透视表就能制作出各种统计表。

5.1 数据透视表入门

本节以企业商品订单数据为例介绍，在企业一年的订单信息表中，怎样快速了解每个季度的销售情况呢？其实很简单，使用Excel数据透视表就可以很容易地排列和汇总这些复杂数据。

5.1.1 创建数据透视表

要使用数据透视表，首先需要创建它。在Excel中创建数据透视表的方法如下：

01 依次选择"插入"|"表格"|"数据透视表"，打开"创建数据透视表"对话框，在对话框中设置表或区域，并设置在新工作表中创建数据透视表，可以设置选择要分析的数据、选择放置数据透视表的位置等，如图5-1（左）所示。

02 完成设置后单击"确定"按钮，此时Excel将在一个新的工作表中创建数据透视表，同时在Excel程序窗口的右侧打开"数据透视表字段"窗格，如图5-1（右）所示。

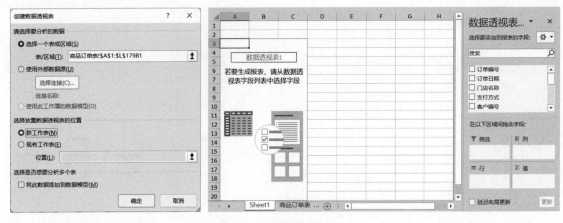

图 5-1　创建数据透视表

03 将"选择要添加到报表的字段"列表中的相关字段拖曳到"行""列""值"和"筛选"区域中，例如将"地区""客户类型"和"销售额"这3个选项分别拖曳到"行""列"和"值"区域，如图5-2所示。

图 5-2　设置相应的选项

04 在数据透视表中，单击"行标签"旁的下三角按钮，在打开的列表中选择需要查看的地区，此时将筛选出该地区的销售额数据。

5.1.2　更改和刷新数据源

在创建数据透视表后，如果数据源的保存位置发生了变化，就需要重新对透视表的数据源进行设定。下面以创建的数据透视表为例来介绍更改数据源的具体操作方法。

操作步骤如下：

01 更改数据透视表的数据源，依次选择"数据透视表分析"|"数据"|"更改数据源"|"更改数据源"，打开"更改数据透视表数据源"对话框，在对话框的"表/区域"文本框中输入数据源所在的区域，单击"确定"按钮，即可实现数据源的更新，如图5-3所示。

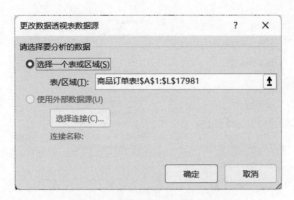

图 5-3　更改数据透视表数据源

02　依次选择"数据透视表分析"|"数据"|"刷新"|"刷新"或"全部刷新",即可对数据源进行刷新操作,如图5-4所示,但是这种刷新只能对数据源中行的变化起作用,对列的变化无效。

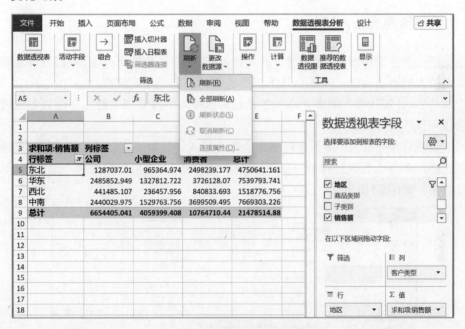

图 5-4　刷新数据透视表数据源

　　在Excel程序窗口右侧打开"数据透视表字段"窗格创建透视表,此时,当数据源的行或列数据发生改变时,只要右击数据透视表中的任意位置,在打开的关联菜单中选择"刷新"命令即可。

　　在使用数据透视表时,如果数据的变化很频繁,手动刷新数据很麻烦,而且容易遗漏,实际上,通过设置可以在每次打开工作簿时自动更新数据透视表。

　　下面介绍数据透视表自动刷新的具体操作方法。

　　打开包含数据透视表的工作表,在数据透视表中右击,选择关联菜单中的"数据透视表选项"命令。在"数据透视表选项"对话框中打开"数据"选项卡,选择其中的"打开文件时刷新数据"复选框,完成设置后单击"确定"按钮即可,如图5-5所示。

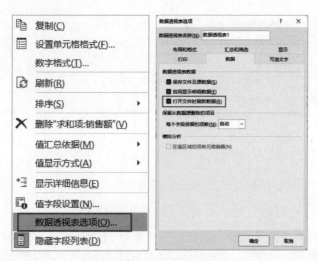

图 5-5　数据透视表选项

5.1.3　为数据透视表插入切片器

下面介绍一个筛选神器，也就是常说的切片器。它比筛选功能更方便，数据处理功能更强，拥有更直观的人机对话界面，只需点几下，就能得到我们想要的数据。

切片器是Excel 2010以上版本才添加的功能，低版本中没有该功能。下面以数据透视表介绍如何生成和使用切片器。

数据透视表制作完成后，接下来就要为透视表插入切片器了，选中新生成的数据透视表任何一个单元格，单击"数据透视表分析"|"插入切片器"，这里我们选择"地区"，然后单击"确定"按钮，如图5-6所示。

图 5-6　插入切片器

以上操作生成的切片器效果如图5-7所示，这里单击切片器字段筛选的是数据透视表中的数据，而不是源表格。在切片器上有两个按钮，一个是单选/多选，另一个是清除筛选器。

- 单选/多选：单选可以选中单个"地区"，多选可以选中多个或全部"地区"。
- 清除筛选器：清除筛选结果，也就是表格恢复全部数据状态。

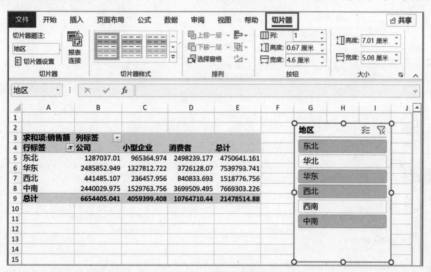

图 5-7　切片器效果

以上就是切片器的简单使用，还有更多的切片器功能，首先需要单击切片器，然后在"切片器"选项卡下就可以查看相应的功能，比如切片器的样式、排列、大小等，如图5-8所示。

图 5-8　"切片器"选项卡

5.2　数据透视表布局

创建数据透视表时，默认情况下将只生成一种分类汇总，但是在很多时候需要对数据进行多个计算汇总，以从不同的角度对数据进行分析，此时就需要对"值字段"进行多种方式的计算。此外，在完成数据透视表的创建后，有时需要对其布局进行修改，以使其符合操作者的操作习惯。以上这些操作都可以在数据透视表中轻松完成。

5.2.1　设置透视表报表分类汇总

下面介绍创建数据透视表时对同一个字段应用多种汇总方式的操作方法。

操作步骤如下：

01 在数据透视表中右击，选择关联菜单中的"值字段设置"命令。在"值字段设置"对话框中，"值汇总方式"选择用于汇总所选字段数据的计算类型，包括求和、计数、平均值、最大值、最小值、乘积、数值计数、标准偏差、总体标准偏差、方差、总体方差，如图5-9所示。

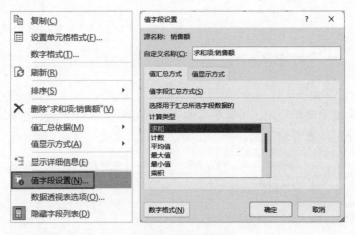

图 5-9　值字段设置

02 在数据透视表中选择任意一个单元格，依次选择"设计"|"布局"|"分类汇总"|"不显示分类汇总"，此时数据透视表中将不再显示分类汇总行，如图5-10所示。

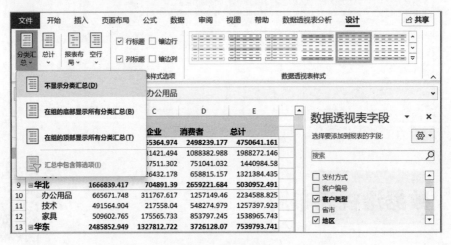

图 5-10　不显示分类汇总

5.2.2　设置透视表报表布局形式

下面介绍修改数据透视表布局的操作方法。

操作步骤如下：

01 依次选择"设计"|"布局"|"报表布局"，Excel提供了5种数据透视表布局方式：以压缩形式显示、以大纲形式显示、以表格形式显示、重复所有项目标签、不重复项目标签，其中"以压缩形式显示"是默认布局形式，如图5-11所示。

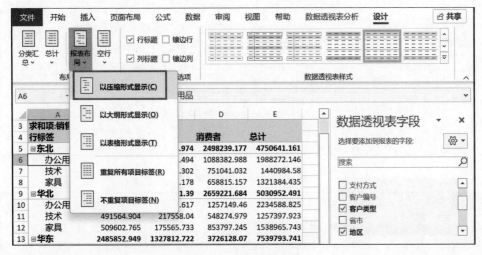

图 5-11　以压缩形式显示

02 "以大纲形式显示"模式与"以压缩形式显示"模式一样，默认情况下会将分类汇总显示到每组的顶部，如图5-12所示。

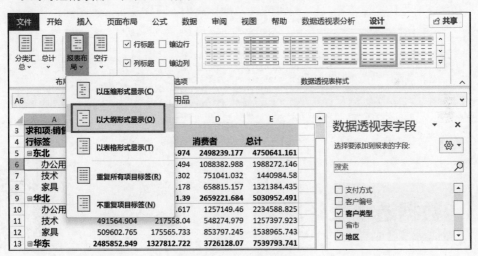

图 5-12　以大纲形式显示

03 在打开的菜单中选择"以表格形式显示"命令，此时数据透视表将以报表布局的形式显示，如图5-13所示。

04 在"布局"组中单击"报表布局"按钮，在打开的菜单中选择"重复所有项目标签"命令，此时"地区"列中的空白单元格将会被填充地区名称，如图5-14所示。如果不想填充地区名称，那么就需要单击"不重复项目标签"。

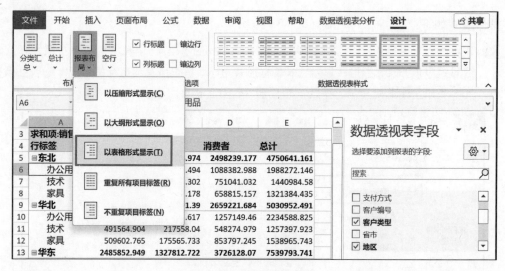

图 5-13　以表格形式显示

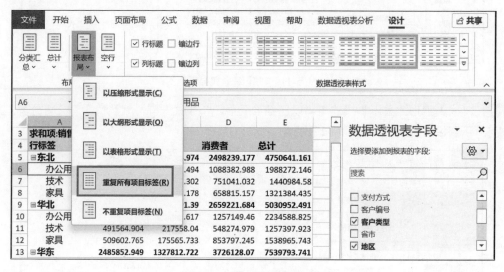

图 5-14　重复所有项目标签

5.3　数据透视表计算

在Excel表格中创建的数据透视表，有时需要对数据进行一些额外的计算处理，此时可以通过计算字段来获取计算结果。此外，通过插入计算字段还可以使用公式对数据透视表中的数据进行计算，以实现更强大的计算功能。

5.3.1　在透视表中添加计算字段

下面介绍向数据透视表中添加计算字段的操作方法。

操作步骤如下：

01 启动Excel并打开数据透视表，在数据透视表中选择任意一个单元格。依次选择"分析"|
"计算"|"字段、项目和集"|"计算字段"，此时将打开"插入计算字段"对话框，在
对话框的"名称"文本框中输入字段名称，在"公式"文本框中输入计算公式"=ROUND((利
润额/销售额) * 100, 2)"，如图5-15所示。

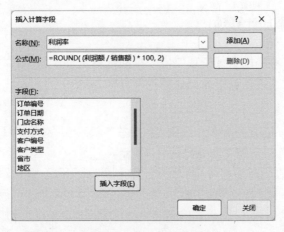

图 5-15　插入计算字段

02 在"字段"列表中选择相应的选项双击，可以将该字段添加到"公式"文本框中。如果
单击"添加"按钮，则当前创建的计算字段将添加到"数据透视表字段"窗格中。

03 单击"确定"按钮关闭"插入计算字段"对话框，数据透视表中将插入一个新字段，该
字段将计算"利润额"字段的值与"销售额"字段的值的比，并且对结果进行四舍五入
处理，结果将保留两位小数，如图5-16所示。

行标签	列标签 公司 求和项:销售额	公司 求和项:利润率	小型企业 求和项:销售额	小型企业 求和项:利润率	消费者 求和项:销售额	消费者 求和项:利润率
东北						
办公用品	468467.664	8.02	431421.494	6.63	1088382.988	7.03
技术	382432.246	5.78	307511.302	7.02	751041.032	6.31
家具	436137.1	5.49	226432.178	6.97	658815.157	5.65
华北						
办公用品	665671.748	7.45	311767.617	8.11	1257149.46	7.19
技术	491564.904	6.57	217558.04	5.98	548274.979	6.91
家具	509602.765	6.17	175565.733	6.95	853797.245	6.17
华东						
办公用品	1010265.452	7.14	604751.007	7.11	1616905.143	6.99
技术	699918.05	6.21	357728.026	6.48	1009265.061	6.22
家具	775669.447	5.89	365333.689	6.21	1099957.866	6.31
西北						
办公用品	234042.116	7.22	87308.284	9.11	388399.662	6.69
技术	142652.545	7.15	40798.576	6.82	224939.764	6.91
家具	64790.446	6.37	108351.096	4.56	227494.267	5.41
西南						
办公用品	429290.484	6.26	201797.456	7.86	469465.108	7.6
技术	199629.976	6.19	140151.842	5.99	347085.863	6.04
家具	325045.147	5.48	187449.052	6.46	308761.222	6.7
中南						
办公用品	1030550.554	6.92	695874.527	6.47	1603791.285	7.61
技术	668425.492	6.43	373257.444	5.76	1060511.961	6.14
家具	741053.929	5.79	460631.785	6	1035206.249	6.29

图 5-16　添加计算字段

在数据透视表中，所谓的计算字段是一种使用用户创建的公式来进行计算的字段，该字段可以使用数据透视表中其他字段的内容来进行计算。计算字段中可以进行"+""—""*"或"/"四则运算，还可以使用函数来进行各种复杂的计算。这里要注意，在创建计算公式时，不能使用单元格引用或以定义的名称作为变量，可以在"分析"选项卡的"计算"组中单击"字段、项目和集"按钮，在菜单中选择"列出公式"命令，以查看创建的计算字段。

5.3.2 在透视表中添加计算项

如果需要通过公式对字段中某个项或多个项的数据进行计算，则需要在数据透视表中添加计算项，下面介绍在数据透视表中添加计算项的具体方法。

操作步骤如下：

01 启动Excel并打开数据透视表，选择"行标签"单元格。依次选择"分析"|"计算"|"字段、项目和集"|"计算项"，如图5-17所示。

02 此时将打开"在′商品类别′中插入计算字段"对话框，在对话框的"名称"文本框中输入字段名称，如"办公用品占比"，在"公式"文本框中输入计算公式，如"= ROUND(办公用品 /（ 办公用品 + 技术 + 家具 ）* 100, 2)"，然后单击"添加"按钮，如图5-17所示。同理，我们还可以分别添加"技术占比"和"家具占比"两个计算项，单击"添加"按钮后，在右侧的"项"列表中将列出"商品类别"字段下新增的项，例如"办公用品占比""技术占比"和"家具占比"。

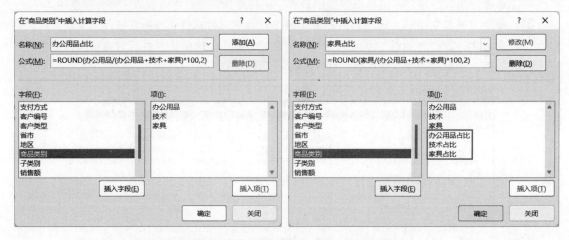

图 5-17 在"商品类别"中插入计算字段

03 单击"确定"按钮关闭对话框，在数据透视表中将新增3个名为"办公用品占比""技术占比"和"家具占比"的项，它们能够计算表中不同商品类型的销售额占每个地区的销售额百分比，如图5-18所示。

行标签	公司 求和项:销售额	公司 求和项:利润率	小型企业 求和项:销售额	小型企业 求和项:利润率	消费者 求和项:销售额	消费者 求和项:利润率
东北						
办公用品	468467.664	8.02	431421.494	6.63	1088382.988	7.03
技术	382432.246	5.78	307511.302	7.02	751041.032	6.31
家具	436137.1	5.49	226432.178	6.97	658815.157	5.65
办公用品占比	36.4	123.46	44.69	96.98	43.57	109
技术占比	29.71	88.99	31.85	102.73	30.06	97.84
家具占比	33.89	84.45	23.46	102	26.37	87.6
华北						
办公用品	665671.748	7.45	311767.617	8.11	1257149.46	7.19
技术	491564.904	6.57	217558.04	5.98	548274.979	6.91
家具	509602.765	6.17	175565.733	6.95	853797.245	6.17
办公用品占比	39.94	109.61	44.23	113.18	47.28	105.65
技术占比	29.49	96.68	30.86	83.51	20.62	101.55
家具占比	30.57	90.68	24.91	97.03	32.11	90.63
华东						
办公用品	1010265.452	7.14	604751.007	7.11	1616905.143	6.99
技术	699918.05	6.21	357728.026	6.48	1009265.061	6.22
家具	775669.447	5.89	365333.689	6.21	1099957.866	6.31
办公用品占比	40.64	110.11	45.54	106.24	43.39	106.25
技术占比	28.16	95.7	26.94	96.81	27.09	94.54
家具占比	31.2	90.71	27.51	92.84	29.52	95.83
西北						
办公用品	234042.116	7.22	87308.284	9.11	388399.662	6.69
技术	142652.545	7.15	40798.576	6.82	224939.764	6.91
家具	64790.446	6.37	108351.096	4.56	227494.267	5.41
办公用品占比	53.01	102.15	36.92	137.41	46.19	104.48
技术占比	32.31	101.02	17.25	102.9	26.75	108
家具占比	14.68	89.99	45.82	68.79	27.06	84.44
西南						
办公用品	429290.484	6.26	201797.456	7.86	469465.108	7.6
技术	199629.976	6.19	140151.842	5.99	347085.863	6.04
家具	325045.147	5.48	187449.052	6.46	308761.222	6.7
办公用品占比	45	104.71	38.12	114.38	41.72	110.62
技术占比	20.93	103.49	26.47	87.27	30.84	87.94
家具占比	34.07	91.66	35.41	94.04	27.44	97.41
中南						
办公用品	1030550.554	6.92	695874.527	6.47	1603791.285	7.61
技术	668425.492	6.43	373257.444	5.76	1060511.961	6.14
家具	741053.929	5.79	460631.785	6	1035206.249	6.29
办公用品占比	42.24	107.43	45.49	105.12	43.35	111.58
技术占比	27.39	99.82	24.4	93.57	28.67	90.02
家具占比	30.37	89.83	30.11	97.51	27.98	92.28

图 5-18　在透视表中添加计算项

5.4　数据透视表显示

在Excel中，用户可以对创建的数据透视表中的标签和数值样式进行设置。具体方法是，首先选择需要设置样式的数值，然后就可以对其进行设置。此外，在创建数据透视表时，字段将显示在"数据透视表字段"窗格中，用户也可以根据需要对窗格中字段列表的显示进行设置。

5.4.1　在数据透视表中添加货币符号

下面介绍设置数据透视表中的文字样式的操作方法，比如在数据透视表中添加货币符号，操作步骤如下：

01 启动Excel并打开数据透视表，选择数据透视表中的任意一个单元格，依次选择"数据透视表分析"|"操作"|"选择"|"整个数据透视表"。

02 右击选择的数据，在关联菜单中选择"设置单元格格式"命令，打开"设置单元格格式"对话框。在对话框中选择"分类"列表中的"货币"选项，在右侧设置数字显示的格式。单击"确定"按钮关闭该对话框，选择数值的样式发生改变，如图5-19所示。

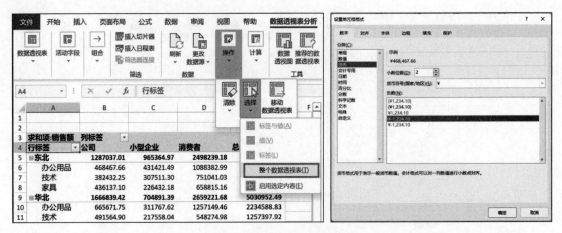

图 5-19　设置单元格格式

03 单击"确定"按钮关闭该对话框，数据透视表中的数值样式将发生改变，都加上了人民币的货币符号，如图5-20所示。

求和项:销售额	列标签			
行标签	公司	小型企业	消费者	总计
⊟东北	¥1,287,037.01	¥965,364.97	¥2,498,239.18	¥4,750,641.16
办公用品	¥468,467.66	¥431,421.49	¥1,088,382.99	¥1,988,272.15
技术	¥382,432.25	¥307,511.30	¥751,041.03	¥1,440,984.58
家具	¥436,137.10	¥226,432.18	¥658,815.16	¥1,321,384.44
⊟华北	¥1,666,839.42	¥704,891.39	¥2,659,221.68	¥5,030,952.49
办公用品	¥665,671.75	¥311,767.62	¥1,257,149.46	¥2,234,588.83
技术	¥491,564.90	¥217,558.04	¥548,274.98	¥1,257,397.92
家具	¥509,602.77	¥175,565.73	¥853,797.25	¥1,538,965.74
⊟华东	¥2,485,852.95	¥1,327,812.72	¥3,726,128.07	¥7,539,793.74
办公用品	¥1,010,265.45	¥604,751.01	¥1,616,905.14	¥3,231,921.60
技术	¥699,918.05	¥357,728.03	¥1,009,265.06	¥2,066,911.14
家具	¥775,669.45	¥365,333.69	¥1,099,957.87	¥2,240,961.00
⊟西北	¥441,485.11	¥236,457.96	¥840,833.69	¥1,518,776.76
办公用品	¥234,042.12	¥87,308.28	¥388,399.66	¥709,750.06
技术	¥142,652.55	¥40,798.58	¥224,939.76	¥408,390.89
家具	¥64,790.45	¥108,351.10	¥227,494.27	¥400,635.81
⊟西南	¥953,965.61	¥529,398.35	¥1,125,312.19	¥2,608,676.15
办公用品	¥429,290.48	¥201,797.46	¥469,465.11	¥1,100,553.05
技术	¥199,629.98	¥140,151.84	¥347,085.86	¥686,867.68
家具	¥325,045.15	¥187,449.05	¥308,761.22	¥821,255.42
⊟中南	¥2,440,029.98	¥1,529,763.76	¥3,699,509.50	¥7,669,303.23
办公用品	¥1,030,550.55	¥695,874.53	¥1,603,791.29	¥3,330,216.37
技术	¥668,425.49	¥373,257.44	¥1,060,511.96	¥2,102,194.90
家具	¥741,053.93	¥460,631.79	¥1,035,206.25	¥2,236,891.96
总计	¥9,275,210.07	¥5,293,689.15	¥14,549,244.31	¥29,118,143.53

图 5-20　在添加货币符号的效果

5.4.2　透视表字段列表的设置

下面介绍创建数据透视表时字段列表的设置方法。
操作步骤如下：

01 在"分析"选项卡的"数据透视表"组中单击"选项"按钮，打开"数据透视表选项"对话框，在该对话框的"显示"选项卡中选择"升序"单选按钮，完成设置后，单击"确定"按钮关闭对话框。此时"数据透视表字段"窗格中的字段将按照升序排列，如图5-21

所示。在默认情况下，创建数据透视表时字段在"数据透视表字段"窗格中将按照数据源中的顺序排序。

02 在"数据透视表字段"窗格中，单击"选择要添加到报表的字段"右侧的"工具"按钮，在打开的列表中选择相应的选项可以更改字段列表的布局，例如这里选择"字段节和区域节并排"选项，此时窗格中的字段列表和各个区域列表将并排排列，这样将更有利于对字段的操作，如图5-22所示。

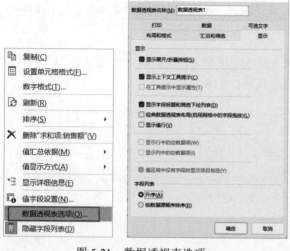

图 5-21　数据透视表选项

图 5-22　字段节和区域节并排排列

5.5　动手练习：财政税收收入结构分析

在近年对财政精细化管理要求不断提高的大背景下，财政预算、国库等部门在完成琐碎的资金管理、核算工作后，还面临着大量、多口径、多角度的数据统计分析工作。充分利用财政管理信息系统内置的Excel表导出功能，经过再加工整理，采用SQL与透视表相结合，生成所需的数据不失为一种便捷的方法。

Excel功能强大，在一般数据量不大的情况下，使用Excel自带的函数公式可以满足数据汇总、分析的需求，但如果数据源中的数据有成千上万行，使用数据透视表是首选方案，特别是多个区域数据源时，灵活应用SQL配合数据透视表必将大幅度提升日常工作效率。

SQL与透视表相结合扩展了Excel内置的数据透视表功能。SQL是数据库中的标准数据查询语言。下面以union语句在高新区历年财政税收收入结构分析中的应用为例，就SQL与透视表相结合，辅助财政管理信息系统，及时、准确地提供多口径、多角度、跨年度的分析数据。

历年税收收入结构分析需要收集历年税收收入数据，汇总归类后进行多角度比较分析。采用单一的数据透视表方法，需将多年的财政税收收入数据集中在一张Excel工作表上，存在数据量过大、数据更新不方便等问题。采用SQL的union语句与透视表相结合，可以很好地规避以上问题，及时、准确、方便地提取需要汇总、分析的数据。

5.5.1 union 语句在财政历年税收收入结构分析中的应用

1. 收集历年税收收入数据

01 从财政管理信息系统中，分别查询导出2019年、2020年、2021年的财政税收收入明细数据。

02 建立一个工作簿，在工作簿中建立3个年度工作表，按年度命名工作表。

03 将查询导出的各年财政税收收入数据分年度移入工作簿各年度工作表中。此工作簿将作为下一步创建的数据透视表的数据源。

历年财政税收收入明细数据信息字段主要有：征收单位、日期、收入分类编码、收入分类名称、本日金额、累计金额、所属月份、所属年份等，如图5-23所示。

	A	B	C	D	E	F	G	H	I	J	K
1	序号	状态	征收单位	日期	收入分类编码	收入分类名称	收入资金性质	本日金额	累计金额	所属月份	所示年度
2	440	已生成凭证	高新地税	2021/10/9	1010803	一般营业税	一般预算	15.86	2058.00	10	2021
3	400	已生成凭证	省地税直征	2021/10/10	1020102	其他个人所得税	一般预算	4.98	456.12	10	2021
4	365	已生成凭证	省地税直征	2021/10/11	1030382	一般营业税	一般预算	6.82	591.50	10	2021
5	366	已生成凭证	高新地税	2021/10/12	1070612	其他房产税	一般预算	1.68	84.00	10	2021
6	378	已生成凭证	高新地税	2021/10/13	1060103	教育费附加收入	一般预算	1.28	215.46	10	2021
7											

2019年 | 2020年 | 2021年

图 5-23　历年财政税收收入工作簿

2. 创建数据透视表

打开一个新的工作簿，光标放在A1单位格，单击"数据"｜"现有连接"，打开"现有连接"对话框，单击"浏览更多"按钮，打开"导入数据"对话框，然后选取数据源为"财政税收收入.xlsx"，如图5-24所示。

3. 使用 union 语句连接历年数据源

01 单击"属性"，选择"连接属性"菜单，在弹出的对话框中单击"定义"，在"命令文本"中输入union语句，语法结构为：

```
select 字段 from 表1 union all
select 字段 from 表2 union all
select 字段 from 表3 union all
```

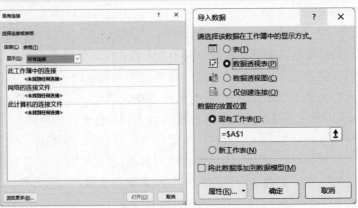

图 5-24　创建数据透视表

其中，select指查询；"字段"代表表格的每个栏位，在Excel中是表的每个列；from代表从……返回；"表"指返回数据的区域；union代表连接，union all表示连接返回所有记录。整个语句的含义是将多个区域中指定字段下的记录全部连接起来。在连接最后一段数据区域时不再使用union all。

02 在本案例中，合并2019年、2020年、2021年的财政税收收入数据，在"命令文本"中输入：

```
select * from ['2019年$']
union all
select * from ['2020年$']
union all
select * from ['2021年$']
```

如图5-25所示，单击"确定"按钮完成连接。

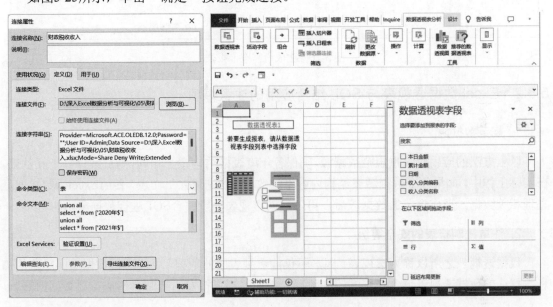

图 5-25　自定义设置连接属性

4. 生成所需查询的报表

单击数据透视表空白处，弹出"数据透视表字段"列表，根据数据分析的需要选择报表字段，并放到对应的位置上。例如需要查询国税、地税等征收机关近年税收征收情况，可以将"征收单位"字段拖入"行标签"区域，将"所属年度"字段拖入"列标签"区域，将"本日金额"字段拖入"值"区域，如图5-26所示。至此，汇总分析报表已经生成。

5. 刷新透视表数据

数据透视表与SQL结合，只需定义一次，就可以直接使用，可以有效提高数据的准确性和工作效率。本例中，增加、修改已有年度数据，可直接在相应年度工作表中进行编辑；增加新的对比年度，只需在工作簿中增加新年度工作表，在数据透视表"连接属性"定义中修改命令文本，增加新年度的连接命令。单击"数据"｜"全部刷新"，即可刷新透视表数据，得到最新的统计数据，及时、准确地为财政收入结构分析等提供依据。

图 5-26　生成所需查询报表

5.5.2　Excel 数据透视表与 SQL 结合应用的注意事项

1．规范数据源

以上方法的应用应注重规范数据源，确保各年度表格结构完全相同，为后续计算打好基础。在实际工作中，如果各个数据源表结构内容不一致，可以先建立工作表，使用 Excel 函数提取、整理相关数据，形成规范的数据源后，再用数据透视表功能结合 SQL 进行数据分析。

2．注重控制报表的安全等级

数据透视表之所以称为透视表，因其不仅能看到表面的数据，更能透析数据后面隐藏的信息。默认的数据透视表包含底层的明细数据，不加限制直接发出有时会造成重要数据泄漏。

3．命名工作表

在前期的数据整理过程中，建议按统一规则命名工作簿中的各个工作表，以便于在检查或者修改"命令文本"时，可以更加直观、便利。

4．数据刷新注意事项

数据录入完成后，需要关闭工作簿，才能操作数据透视表的数据刷新等功能。

5.5.3　小结

SQL 与透视表相结合扩展了 Excel 内置的数据透视表功能，在处理多个区域的数据，特别是海量数据汇总、分析时更能体现其功能强大。在实际工作中，在真正理解自己所面临的工作的前提下，灵活运用 SQL 与透视表相结合，能对高效、准确完成各项财政、财务管理、分析工作带来很大帮助。

5.6　实操练习

　　对销售员的业绩数据，使用数据透视表法，按月份分别汇总每个销售员的销售额，并汇总每个月的销售额。具体销售业绩数据如图5-27所示。

销售员	日期	销售额
李四	2021/1/1	95
孙七	2021/1/2	109
张三	2021/1/7	70
王五	2021/1/9	40
李四	2021/1/14	59
赵六	2021/1/18	28
张三	2021/1/19	84
张三	2021/1/23	21
张三	2021/1/29	54

图 5-27　销售业绩数据

第 6 章

Excel 数据清洗

数据清洗是对获取的数据去除冗余、清除噪音、消除错误和不一致的数据等的处理，包括对数据的删除、添加、分解、重组等，是将多余重复的数据筛选清除，将缺失的数据补充完整，并将错误的数据纠正或删除的过程。本章我们将介绍如何利用Excel进行数据清洗的各种技能。

6.1 重复数据检测与处理

在企业运营过程中，重复数据可能意味着重大运营规则问题，尤其当这些重复值出现在与企业经营等相关的业务场景时，例如重复的订单、重复的充值、重复的出库申请等。本节通过案例介绍重复值的检测与处理方法。

6.1.1 重复数据的检测

在工作中，录入的数据经常是不能重复的，如客户的订单是不能重复的。那么怎么判断录入的数据是否有重复的呢？下面介绍3种判断方法。

方法1：使用公式 "=IF(COUNTIF(B\$2:B2,B2)>1,"重复使用","")"。

使用COUNTIF(B\$2:B2,B2)统计截止记录录入时当前记录出现的次数，其中 "B\$2:B2" 是混合引用的方式，当公式向下复制时，就会变成 "B\$2:B3" "B\$2:B4" "B\$2:B5" 等，出现统计次数大于1的情况，就标记为 "重复使用"，如图6-1所示。

	A	B	C	D	E	F
1	序号	订单编号	是否重复			
2	1	CN-2021-103604	=IF(COUNTIF(B$2:B2,B2)>1,"重复使用","")			
3	2	CN-2021-103605				
4	3	CN-2021-103608				
5	4	CN-2021-103611				
6	5	CN-2021-103606				
7	6	CN-2021-103608	重复使用			
8	7	CN-2021-103615				
9	8	cn-2021-103616				
10	9	CN-2021-103617				
11	10	cn-2021-103608	重复使用			
12						

商品订单表

图 6-1　使用 COUNTIF 函数检测重复数据

方法2：使用公式“=IF(MATCH(B2,B$2:B2,0)=ROW(1:1),"","重复使用")”。

这里使用MATCH函数查找B2单元格的记录在B$2:B2区域中第一次出现的位置，然后与ROW(1:1)产生的从1开始的行号序数进行比较，因ROW(1:1)会随着公式向下复制而递增，重复查找的位置不会相符。通过判断当前行号是否是第一次出现的行号来确定是否重复，如图6-2所示。

	A	B	C	D	E	F
1	序号	订单编号	是否重复			
2	1	CN-2021-103604	'=IF(MATCH(B2,B$2:B2,0)=ROW(1:1),"","重复使用")			
3	2	CN-2021-103605				
4	3	CN-2021-103608				
5	4	CN-2021-103611				
6	5	CN-2021-103606				
7	6	CN-2021-103608	重复使用			
8	7	CN-2021-103615				
9	8	cn-2021-103616				
10	9	CN-2021-103617				
11	10	cn-2021-103608	重复使用			
12						

商品订单表

图 6-2　使用 MATCH 函数检测重复数据

方法3：使用公式“=IF(SUMPRODUCT(N(EXACT(B2,B$2:B2)))>1,"重复使用","")”。

前两种方法可以区分数字，但是不能区分大小写，第三种方法可以区分大小写。使用EXACT函数比较的数据要完全一致，并返回TRUE或FALSE，然后使用N函数将TRUE转换为1，将FALSE转换为0，来判断是否重复，如图6-3所示。

	A	B	C	D	E	F	G
1	序号	订单编号	是否重复				
2	1	CN-2021-103604	=IF(SUMPRODUCT(N(EXACT(B2,B$2:B2)))>1,"重复使用","")				
3	2	CN-2021-103605					
4	3	CN-2021-103608					
5	4	CN-2021-103611					
6	5	CN-2021-103606					
7	6	CN-2021-103608	重复使用				
8	7	CN-2021-103615					
9	8	cn-2021-103616					
10	9	CN-2021-103617					
11	10	cn-2021-103608					
12							

商品订单表

图 6-3　使用 EXACT 函数检测重复数据

6.1.2 重复数据的处理

发现存在重复数据,我们就可以使用Excel来将重复数据删除,确保每条数据只保留一条。删除重复数据最简单的方法就是使用Excel自带的"删除重复项"功能。操作步骤如下:

01 首先选择数据,然后依次选择"数据"|"数据工具"|"删除重复值",弹出"删除重复值"对话框。

02 由于这里重复值数据位于"订单编号"中,需要取消选择"序号"字段,然后单击"确定"按钮,Excel会删除所有重复数据,并弹出提示信息对话框,再单击"确定"按钮即可,删除序号为6和10的重复数据,如图6-4所示。

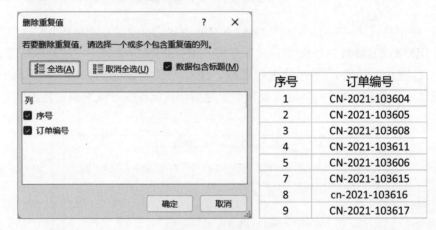

图 6-4 重复值处理

6.2 缺失数据检测与处理

数据缺失常发生在数据的采集、运输、存储等过程中,例如存在一些数据无法获取或者人工操作不当而丢失的情况,在数据传输、存储等转移过程中也可能出现丢失。本节通过案例介绍缺失值的检测与处理方法。

6.2.1 缺失数据的检测

缺失值即数据值为空,或为NULL等,寻找缺失值有很多方法,这里提供筛选和定位空值两个思路。

方法1:筛选空值。

比如,客户信息数据的"学历"字段中有空值,一是直接筛选,对于数据量较少的情况,这是很有效的一个方法;另一种方法是,依次选择"数据"|"排序和筛选"|"筛选",筛选的快捷键是Ctrl+Shift+L,然后在"学历"字段中筛选空值,如图6-5所示。

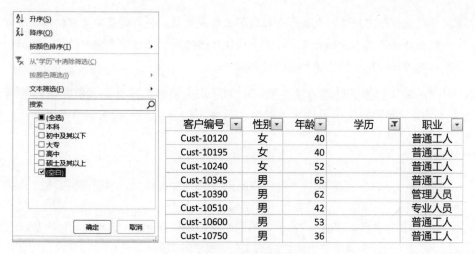

图 6-5　筛选空值

方法2：定位空值。

依次选择"开始"|"编辑"|"查找和选择"|"定位条件"，选择定位"空值"，可以筛选出所有空值，如图6-6所示。

图 6-6　定位空值

6.2.2　缺失数据的处理

对于寻找到的缺失值该如何处理呢？这要看实际的数据和业务需求了，一般来说有以下3种处理方式：

- 直接删除：直接删除的优点是删除以后整个数据集都变得完美了，剩下的都是有完整记录的数据，缺点是缺少了部分样本可能导致整体结果的偏差。对于有大量缺失值的数据集，在衡量利弊的情况下建议直接删除，因为缺失了大量关键数据的数据集统计起来也没有什么意义。

- 保留：保留缺失值，优点是保证了样本的完整，缺点是你得知道为什么要保留，保留它的意义是什么，是什么原因导致了值的缺失，是系统的原因还是人为的原因，这种保留建立在缺失单个数据的情况下，且缺失值是有明确意义的。

- 寻找替代值：如用均值、众数、中位数等代替缺失值，优点是简单且有依据，缺点是可能会使缺失值失去其本身的含义。对于寻找替代值的除了统计学中常用的描述数据的值以外，还可以人为地去赋予缺失值一个具体的值。

在Excel中，缺失数据的处理方法主要有：删除缺失值和数据补齐（例如特殊值填充、平均值填充等）。由于删除缺失值操作比较简单，这里不再介绍。下面介绍填充"学历"字段缺失值数据的方法。

操作步骤如下：

01 依次选择"开始"|"编辑"|"查找和选择"|"定位条件"，需要选择定位"空值"，再单击"确定"按钮，即可检测到所有空值。

02 输入"数据缺失"，如图6-7所示，再同时按Ctrl和Enter键，这样就可以一键全部将"学历"字段中的缺失值填充为"数据缺失"，如图6-7所示。

	A	B	C	D	E
1	客户编号	性别	年龄	学历	职业
2	Cust-10015	男	34	高中	普通工人
3	Cust-10030	男	54	硕士及其以上	技术工人
4	Cust-10045	男	37	高中	普通工人
5	Cust-10060	女	60	初中及其以下	普通工人
6	Cust-10075	男	28	本科	公司白领
7	Cust-10090	女	36	高中	普通工人
8	Cust-10105	女	27	大专	普通工人
9	Cust-10120	女	40	数据缺失	普通工人
10	Cust-10135	女	40	本科	公司白领
11	Cust-10150	女	48	大专	普通工人
12	Cust-10165	女	19	高中	普通工人
13	Cust-10180	男	27	高中	普通工人
14	Cust-10195	女	40		普通工人
15	Cust-10210	女	55	高中	普通工人
16	Cust-10225	女	39	高中	普通工人
17	Cust-10240	女	52		普通工人
18	Cust-10255	女	27	大专	普通工人

	A	B	C	D	E
1	客户编号	性别	年龄	学历	职业
2	Cust-10015	男	34	高中	普通工人
3	Cust-10030	男	54	硕士及其以上	技术工人
4	Cust-10045	男	37	高中	普通工人
5	Cust-10060	女	60	初中及其以下	普通工人
6	Cust-10075	男	28	本科	公司白领
7	Cust-10090	女	36	高中	普通工人
8	Cust-10105	女	27	大专	普通工人
9	Cust-10120	女	40	数据缺失	普通工人
10	Cust-10135	女	40	本科	公司白领
11	Cust-10150	女	48	大专	普通工人
12	Cust-10165	女	19	高中	普通工人
13	Cust-10180	男	27	高中	普通工人
14	Cust-10195	女	40	数据缺失	普通工人
15	Cust-10210	女	55	高中	普通工人
16	Cust-10225	女	39	高中	普通工人
17	Cust-10240	女	52	数据缺失	普通工人
18	Cust-10255	女	27	大专	普通工人

图 6-7 填充缺失值

6.3 异常数据的检测与处理

异常值是处于特定分布区域或范围之外的数据，产生数据异常值的原因有很多，例如业务运营操作、数据采集问题、数据同步问题等。对异常数据进行处理之前，需要先辨别出到底哪些是真正的异常。本节通过案例介绍异常值的检测与处理方法。

6.3.1 异常数据的检测

对异常值的判断除了依靠统计学常识以外，就是对业务的理解。如果某个类别的变量出现的频率非常低，或者某数值型变量相对业务来说太异常，则可以判断为异常值，对异常值的处理直接删除就好了。下面是一个检测客户信息表中年龄字段是否存在异常值的方法。

在客户信息中，我们对客户年龄进行升序排列时，发现存在小于10和大于100的客户，根据学历和职业等信息，可以认为这不符合常识，被判断为异常值，如图6-8所示。

客户编号	性别	年龄	学历	职业
Cust-10660	男	5	初中及其以下	普通工人
Cust-10405	女	7	硕士及其以上	技术工人
Cust-10885	男	105	初中及其以下	普通工人

图 6-8　检测异常值

6.3.2　异常数据的处理

在Excel中异常数据的处理方法主要有删除含有异常值的记录、将异常值视为缺失值、用平均值来修正等，如何判定和处理异常值，需要结合业务实际。下面是一个客户"年龄"异常值的处理方法。

从6.3.1节可知，有3条异常值数据，在客户信息表中，总共有790名客户，异常值的占比为0.38%，因此可以直接删除含有异常值的3条记录进行处理。

6.4　数据清洗的其他方法

除了前面介绍的数据清洗方法外，本节我们再介绍几种比较常用的数据清洗方法，以供读者在实际工作中灵活运用。

6.4.1　快速实现数据分列

有时候我们在做表格时，一组数据在同一列中，怎样将它们分为两列，要求批量编辑。下面我们来看具体的操作方法。

如图6-9所示，示例表格里的内容，"品牌-产品-颜色"对应的列，如何将其分开为3列，既快速又准确呢？这里如果采用复制一列再编辑，显然要逐行去操作，当这一列的数据非常之多时，显然是非常不现实的。在Excel中，我们可以使用"分列"功能来实现。

操作步骤如下：

01 在需要分列的那一列，依次选择"数据"|"数据工具"|"分列"，在弹出的对话框中，利用分列中的分隔符号来实现，如图6-9所示。

02 对话框下方可以预览分列的情况，单击"下一步"按钮，会出现"文本分列向导–第3步"，按图6-10中所示的设置，使用"常规"目标区域和数据预览来设置各列，单击"完成"按钮。这样就把"品牌-产品-颜色"区分开了，在一定程度上可以提高办公效率。

图 6-9　设置分隔符号

产品编号	品牌	产品	颜色
Prod-10000649	Eldon	闹钟	黑色
Prod-10000678	Accos	按钉	银色
Prod-10000883	Rubvermaid	框架	白色
Prod-10003434	rogers	锁柜	银色
Prod-10003567	Logitech	鼠标	黑色
Prod-10004142	Accos	按钉	蓝色
Prod-10004173	bush	搁架	白色
Prod-10004228	Enermax	键盘	黑色
Prod-10004678	Eldon	闹钟	紫色
Prod-10004787	canon	墨水	红色

图 6-10　设置数据格式

6.4.2　更改文本的大小写

有时文本格式混乱，尤其是文本大小写不统一等。 此时，使用Excel的函数可以解决这个问题。Excel提供了3种函数，可将文本转换为小写字母（如电子邮件地址）、大写字母（如产品代码）或首字母大写（如姓名或书名）。下面介绍相关的函数。

1. 使用 LOWER 函数

功能：该函数可以将一个文本字符串中的所有大写字母转换为小写字母。

语法：LOWER(文本)。

函数中的"文本"是必需的，指要转换为小写字母的文本，LOWER不改变文本中的非字母字符。

例如，可以通过LOWER函数将"品牌-产品-颜色"字段的品牌信息中的首字母转换为小写，如图6-11所示。

产品编号	品牌-产品-颜色	首字母转换为小写
Prod-10000649	Eldon-闹钟-黑色	eldon-闹钟-黑色
Prod-10000678	Accos-按钉-银色	accos-按钉-银色
Prod-10000883	Rubvermaid-框架-白色	rubvermaid-框架-白色
Prod-10003434	rogers-锁柜-银色	rogers-锁柜-银色
Prod-10003567	Logitech-鼠标-黑色	logitech-鼠标-黑色
Prod-10004142	Accos-按钉-蓝色	accos-按钉-蓝色
Prod-10004173	bush-搁架-白色	bush-搁架-白色
Prod-10004228	Enermax-键盘-黑色	enermax-键盘-黑色
Prod-10004678	Eldon-闹钟-紫色	eldon-闹钟-紫色
Prod-10004787	canon-墨水-红色	canon-墨水-红色

图 6-11　首字母转换为小写

2. 使用 PROPER 函数

功能：该函数将文本字符串的首字母以及文字中任何非字母字符之后的任何其他字母转换成大写，将其余字母转换为小写。

语法：PROPER(文本)。

函数中的"文本"是必需的，指用引号引起来的文本、返回文本值的公式，或者对要进行部分大写转换文本的单元格的引用。

例如，可以通过PROPER函数将"品牌-产品-颜色"字段的品牌信息中的首字母转换为大写，如图6-12所示。

产品编号	品牌-产品-颜色	首字母转换为小写	首字母转换为大写
Prod-10000649	Eldon-闹钟-黑色	eldon-闹钟-黑色	Eldon-闹钟-黑色
Prod-10000678	Accos-按钉-银色	accos-按钉-银色	Accos-按钉-银色
Prod-10000883	Rubvermaid-框架-白色	rubvermaid-框架-白色	Rubvermaid-框架-白色
Prod-10003434	rogers-锁柜-银色	rogers-锁柜-银色	Rogers-锁柜-银色
Prod-10003567	Logitech-鼠标-黑色	logitech-鼠标-黑色	Logitech-鼠标-黑色
Prod-10004142	Accos-按钉-蓝色	accos-按钉-蓝色	Accos-按钉-蓝色
Prod-10004173	bush-搁架-白色	bush-搁架-白色	Bush-搁架-白色
Prod-10004228	Enermax-键盘-黑色	enermax-键盘-黑色	Enermax-键盘-黑色
Prod-10004678	Eldon-闹钟-紫色	eldon-闹钟-紫色	Eldon-闹钟-紫色
Prod-10004787	canon-墨水-红色	canon-墨水-红色	Canon-墨水-红色

图 6-12　首字母转换为大写

3. 使用 UPPER 函数

功能：该函数将文本中的所有字母都转换为大写字母。

语法：UPPER(文本)。

函数中的"文本"是必需的，指要转换为大写字母的文本，文本可以是引用或文本字符串。

例如，可以通过UPPER函数将"品牌-产品-颜色"字段的品牌信息中的所有小写字母都转换为大写，如图6-13所示。

产品编号	品牌-产品-颜色	首字母转换为小写	首字母转换为大写	所有字母转换为大写
Prod-10000649	Eldon-闹钟-黑色	eldon-闹钟-黑色	Eldon-闹钟-黑色	ELDON-闹钟-黑色
Prod-10000678	Accos-按钉-银色	accos-按钉-银色	Accos-按钉-银色	ACCOS-按钉-银色
Prod-10000883	Rubvermaid-框架-白色	rubvermaid-框架-白色	Rubvermaid-框架-白色	RUBVERMAID-框架-白色
Prod-10003434	rogers-锁柜-银色	rogers-锁柜-银色	Rogers-锁柜-银色	ROGERS-锁柜-银色
Prod-10003567	Logitech-鼠标-黑色	logitech-鼠标-黑色	Logitech-鼠标-黑色	LOGITECH-鼠标-黑色
Prod-10004142	Accos-按钉-蓝色	accos-按钉-蓝色	Accos-按钉-蓝色	ACCOS-按钉-蓝色
Prod-10004173	bush-搁架-白色	bush-搁架-白色	Bush-搁架-白色	BUSH-搁架-白色
Prod-10004228	Enermax-键盘-黑色	enermax-键盘-黑色	Enermax-键盘-黑色	ENERMAX-键盘-黑色
Prod-10004678	Eldon-闹钟-紫色	eldon-闹钟-紫色	Eldon-闹钟-紫色	ELDON-闹钟-紫色
Prod-10004787	canon-墨水-红色	canon-墨水-红色	Canon-墨水-红色	CANON-墨水-红色

图 6-13　所有小写字母都转换为大写

6.5　动手练习：Excel指纹考勤数据处理

指纹打卡系统是各单位为营造良好的办公氛围,规范办公秩序而通过指纹录入记录考勤时间的管理系统。由于各单位制定考勤的规则不同,且随着员工数量的增多以及用户行为的增加,数据往往呈现"爆炸式"的增长,具有"多、乱、脏"的特点。

传统的人工统计方式不仅费时费力,而且效率低下。因此,如何快速地对考勤数据进行自动化统计是相关业务人员的一项难题。本节介绍一种基于Excel的考勤数据处理统计方法,该方法适用于办公人员快速学习,从而节约时间,提高工作效率。

某部门为加强办公秩序,方便员工打卡,在办公楼前东西两侧安装了两部指纹机,规定上午08：30之前打卡,为正常签到,晚于08：30打卡算迟到,上午考勤即为无效考勤,下午17：30之后打卡为正常下班,早于17：30打卡即为早退,即下午考勤无效。

公司每月集中进行一次数据采集,并统计和备份员工当月有效的考勤数据,用于当月和当年的考评。数据采集后的考勤表实际就是一张Excel数据清单,如图6-14所示。

部门名称	姓名	性别	年龄	职工编号	指纹登记号	刷卡日期	刷卡时间
财务部	邢宁	男	34	N3000112865	Z10015	2022/3/29	08:13,17:40
财务部	彭博	男	54	N2000110995	Z10016	2022/3/29	08:23,17:41
财务部	薛磊	男	37	N2000110625	Z10017	2022/3/29	08:24,17:31
财务部	洪毅	女	60	N3000103045	Z10018	2022/3/29	08:25,17:32
财务部	黄丽	男	28	N3000119685	Z10019	2022/3/29	08:22,17:39
财务部	白婵	女	36	N3000113665	Z10020	2022/3/29	08:27,
财务部	彭丽雪	女	27	N3000112765	Z10021	2022/3/29	08:11,
财务部	佘宁	女	40	N3000113195	Z10022	2022/3/29	08:27,17:53
财务部	邵伟	女	40	N3000103895	Z10023	2022/3/29	08:11,17:45
财务部	陶丽雪	女	48	N3000119865	Z10024	2022/3/29	08:21,
财务部	钟松	女	19	N3000109995	Z10025	2022/3/29	08:28,17:25
财务部	徐虹	男	27	N3000113295	Z10026	2022/3/29	08:13,
财务部	戴虎	女	40	N3000105435	Z10027	2022/3/29	08:24,17:25
财务部	贾松	女	55	N3000110375	Z10028	2022/3/29	08:23,17:52
财务部	尹凤	女	39	N3000113205	Z10029	2022/3/29	08:16,17:28
财务部	贺鹏	女	52	N3000113995	Z10030	2022/3/29	08:28,
财务部	涂博	女	27	N3000106575	Z10031	2022/3/29	08:21,17:43
财务部	万达侠	女	38	N2000107055	Z10032	2022/3/29	08:14,17:28
财务部	葛乐	女	32	N3000113615	Z10033	2022/3/29	08:20,17:54

图 6-14　数据采集后的数据清单

对数据清单进行数据处理时需要把清单看作一个数据库。数据清单中的行相当于数据库中的记录，行标题相当于记录名；列相当于数据库中的字段，列标题相当于数据库中的字段名。字段的数据类型则是对应的单元格格式类型。

Excel 中单元格的格式有很多种，但最终可以把数据类型归纳为数值、文本、日期时间以及逻辑型数据 4 类。在考勤清单中，标题栏的"部门名称""姓名""职工编号""指纹登记号""刷卡日期""刷卡时间"为字段，数据类型分别是文本型、文本型、数值型、数值型和日期时间型。每个人每天的打卡数据则为记录。

对两部卡机的数据清单合并（字段、记录格式相同，只需简单地全选、复制、粘贴即可合并）后进行数据分析，发现个人用户存在有时候上午和下午分别在不同卡机上打卡，且由于卡机原因，有时会有重复记录的情况，如图 6-15 所示。

部门名称	姓名	性别	年龄	职工编号	指纹登记号	刷卡日期	刷卡时间
财务部	邢宁	男	34	N3000112865	Z10015	2022/3/29	08:13,17:40
财务部	彭博	男	54	N2000110995	Z10016	2022/3/29	08:23,17:41
财务部	薛磊	男	37	N2000110625	Z10017	2022/3/29	08:24,17:31
财务部	洪毅	女	60	N3000103045	Z10018	2022/3/29	08:25,17:32
财务部	黄丽	男	28	N3000119685	Z10019	2022/3/29	08:22,17:39
财务部	**白婵**	**女**	**36**	**N3000113665**	**Z10020**	**2022/3/29**	**08:27,**
财务部	**白婵**	**女**	**36**	**N3000113665**	**Z10020**	**2022/3/29**	**17:50,**
财务部	彭丽雪	女	27	N3000112765	Z10021	2022/3/29	08:11,
财务部	佘宁	女	40	N3000113195	Z10022	2022/3/29	08:27,17:53
财务部	邵伟	女	40	N3000103895	Z10023	2022/3/29	08:11,17:45
财务部	**陶丽雪**	**女**	**48**	**N3000119865**	**Z10024**	**2022/3/29**	**08:21,**
财务部	**陶丽雪**	**女**	**48**	**N3000119865**	**Z10024**	**2022/3/29**	**17:39,**
财务部	钟松	女	19	N3000109995	Z10025	2022/3/29	08:28,17:25
财务部	徐虹	男	27	N3000113295	Z10026	2022/3/29	08:13,
财务部	戴虎	女	40	N3000105435	Z10027	2022/3/29	08:24,17:25
财务部	贾松	女	55	N3000110375	Z10028	2022/3/29	08:23,17:52
财务部	尹凤	女	39	N3000113205	Z10029	2022/3/29	08:16,17:28
财务部	贺鹏	女	52	N3000113995	Z10030	2022/3/29	08:28,
财务部	涂博	女	27	N3000106575	Z10031	2022/3/29	08:21,17:43

图 6-15　数据汇总后的分析表

考勤数据的统计其实就是对 F 列中当天有价值的数据的统计，需要对数据进行清洗。对于表中重复的记录，数据处理时必须删除相同的记录；同一天的不同卡机上产生的不同数据记录则需要保留；F 列字段中的数据需要进行有价值数据的提取，即数据抽取。

1. 记录的数据清洗

Excel 中对重复项的删除方法有菜单操作、排序删除以及筛选删除三种方法，但对重复记录的删除则需要排序、公式、筛选相结合，具体操作步骤如下：

01 对记录通过姓名和刷卡时间排序。通过排序，可以快速排列相同的记录以及个人同一天内的不同卡机考勤记录，以便于判断哪些记录重复需要筛除，哪些记录保留。

02 添加 G 列，设置字段名为"筛重"，用于判断筛选出的每条不重复的记录。对于考勤记录表中重复的记录去重，可以利用内置的 IF 函数进行判断，返回值为文本型数据"重复"或"不重复"。

在 G2 单元格中添加公式"=IF(AND(E2=E1,C2=C1,F2=F1),"重复","不重复")"，经过排序

之后，个人同一天的相同记录以及不同卡机产生的记录都有序地排在一起，只需判断下一条记录的职工编号、刷卡时间、刷卡记录这三个字段是否一样，即可判断记录是否与上一条记录重复，如果重复，则返回值为重复，否则返回不重复。

03 利用公式的复制向下拖曳填充柄，判断每条记录是否与上一条记录重复，如图6-16所示。

部门名称	姓名	性别	年龄	职工编号	指纹登记号	刷卡日期	刷卡时间	是否重复
财务部	邢宁	男	34	N3000112865	Z10015	2022/3/29	08:13,17:40	不重复
财务部	彭博	男	54	N2000110995	Z10016	2022/3/29	08:23,17:41	不重复
财务部	薛磊	男	37	N2000110625	Z10017	2022/3/29	08:24,17:31	不重复
财务部	薛磊	男	37	N2000110625	Z10017	2022/3/29	08:24,17:31	重复
财务部	洪毅	女	60	N3000103045	Z10018	2022/3/29	08:25,17:32	不重复
财务部	黄丽	男	28	N3000119685	Z10019	2022/3/29	08:22,17:39	不重复
财务部	白婵	女	36	N3000113665	Z10020	2022/3/29	08:27,	不重复
财务部	白婵	女	36	N3000113665	Z10020	2022/3/29	17:50,	不重复
财务部	彭丽雪	女	27	N3000112765	Z10021	2022/3/29	08:11,	不重复
财务部	佘宁	女	40	N3000113195	Z10022	2022/3/29	08:27,17:53	不重复
财务部	佘宁	女	40	N3000113195	Z10022	2022/3/29	08:27,17:53	重复
财务部	邵伟	女	40	N3000103895	Z10023	2022/3/29	08:11,17:45	不重复
财务部	陶丽雪	女	48	N3000119865	Z10024	2022/3/29	08:21,	不重复
财务部	陶丽雪	女	48	N3000119865	Z10024	2022/3/29	17:39,	不重复
财务部	钟松	女	19	N3000109995	Z10025	2022/3/29	08:28,17:25	不重复
财务部	徐虹	男	27	N3000113295	Z10026	2022/3/29	08:13,	不重复
财务部	戴虎	女	40	N3000105435	Z10027	2022/3/29	08:24,17:25	不重复
财务部	贾松	女	55	N3000110375	Z10028	2022/3/29	08:23,17:52	不重复
财务部	尹凤	女	39	N3000113205	Z10029	2022/3/29	08:16,17:28	不重复

图 6-16　公式复制后

04 利用数据筛选功能对记录进行"无重复"数据筛选，筛选出真正需要统计的有效记录表。

2. 记录的回收

筛选出不重复的记录之后，并不能直接进行数据处理。因为筛选实际只是把重复的记录隐藏，如图6-17所示。要进行数据处理，需要将真正的记录提取出来，回收到一张新的数据表中。

部门名称	姓名	性别	年龄	职工编号	指纹登记号	刷卡日期	刷卡时间	是否重复
财务部	邢宁	男	34	N3000112865	Z10015	2022/3/29	08:13,17:40	不重复
财务部	彭博	男	54	N2000110995	Z10016	2022/3/29	08:23,17:41	不重复
财务部	薛磊	男	37	N2000110625	Z10017	2022/3/29	08:24,17:31	不重复
财务部	洪毅	女	60	N3000103045	Z10018	2022/3/29	08:25,17:32	不重复
财务部	黄丽	男	28	N3000119685	Z10019	2022/3/29	08:22,17:39	不重复
财务部	白婵	女	36	N3000113665	Z10020	2022/3/29	08:27,	不重复
财务部	白婵	女	36	N3000113665	Z10020	2022/3/29	17:50,	不重复
财务部	彭丽雪	女	27	N3000112765	Z10021	2022/3/29	08:11,	不重复
财务部	佘宁	女	40	N3000113195	Z10022	2022/3/29	08:27,17:53	不重复
财务部	邵伟	女	40	N3000103895	Z10023	2022/3/29	08:11,17:45	不重复
财务部	陶丽雪	女	48	N3000119865	Z10024	2022/3/29	08:21,	不重复
财务部	陶丽雪	女	48	N3000119865	Z10024	2022/3/29	17:39,	不重复
财务部	钟松	女	19	N3000109995	Z10025	2022/3/29	08:28,17:25	不重复
财务部	徐虹	男	27	N3000113295	Z10026	2022/3/29	08:13,	不重复
财务部	戴虎	女	40	N3000105435	Z10027	2022/3/29	08:24,17:25	不重复
财务部	贾松	女	55	N3000110375	Z10028	2022/3/29	08:23,17:52	不重复
财务部	尹凤	女	39	N3000113205	Z10029	2022/3/29	08:16,17:28	不重复
财务部	贺鹏	女	52	N3000113995	Z10030	2022/3/29	08:28,	不重复
财务部	涂博	女	27	N3000106575	Z10031	2022/3/29	08:21,17:43	不重复

图 6-17　筛选后的数据清单

3. 段的数据抽取

最终的数据统计是统计F列字段中的有效数据。筛选后的有效记录并不是真正的"数据"，对于指纹数据，有价值的数据是个人每天每次符合规则的数据，即上午"08：30"之前的一次有效数据，与下午"17：30"以后的一次有效数据，需要把价值数据抽取出来。

数据抽取是指保留原数据表中某些字段的部分信息，组合为一个新字段。可以是截取某一字段的部分信息（字段分列），也可以是将某几个字段合并为一个新字段（字段合并），还可以是将原数据表没有但其他数据表中有的字段有效地匹配过来（字段匹配）。对F列中的指纹"价值数据"进行抽取是截取字段中的部分信息，即字段分列。

01 选中F列，对考勤数据时间以"，"进行分列，完成对有效数据的分列，如图6-18所示。

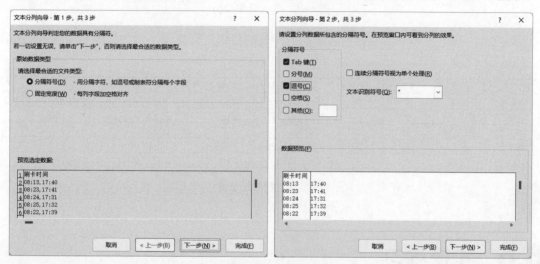

图 6-18 设置分隔符

02 员工"刷卡时间"被分隔为上午刷卡时间和下午刷卡时间，如图6-19所示。

部门名称	姓名	性别	年龄	职工编号	指纹登记号	刷卡日期	刷卡时间	
财务部	邢宁	男	34	N3000112865	Z10015	2022/3/29	8:13	17:40
财务部	彭博	男	54	N2000110995	Z10016	2022/3/29	8:23	17:41
财务部	薛磊	男	37	N2000110625	Z10017	2022/3/29	8:24	17:31
财务部	洪毅	女	60	N3000103045	Z10018	2022/3/29	8:25	17:32
财务部	黄丽	男	28	N3000119685	Z10019	2022/3/29	8:22	17:39
财务部	白婵	女	36	N3000113665	Z10020	2022/3/29	8:27	
财务部	白婵	女	36	N3000113665	Z10020	2022/3/29	17:50	
财务部	彭丽雪	女	27	N3000112765	Z10021	2022/3/29	8:11	
财务部	佘宁	女	40	N3000113195	Z10022	2022/3/29	8:27	17:53
财务部	邵伟	男	40	N3000103895	Z10023	2022/3/29	8:11	17:45
财务部	陶丽雪	女	48	N3000119865	Z10024	2022/3/29	8:21	
财务部	陶丽雪	女	48	N3000119865	Z10024	2022/3/29	17:39	
财务部	钟松	女	19	N3000109995	Z10025	2022/3/29	8:28	17:25
财务部	徐虹	男	27	N3000113295	Z10026	2022/3/29	8:13	
财务部	戴虎	女	40	N3000105435	Z10027	2022/3/29	8:24	17:25
财务部	贾松	女	55	N3000110375	Z10028	2022/3/29	8:23	17:52
财务部	尹凤	女	39	N3000113205	Z10029	2022/3/29	8:16	17:28
财务部	贺鹏	女	52	N3000113995	Z10030	2022/3/29	8:28	
财务部	涂博	女	27	N3000106575	Z10031	2022/3/29	8:21	17:43

图 6-19 分隔刷卡时间

03 在最后一列，筛选员工打卡为空的异常数据，如图6-20所示。

部门名▼	姓名▼	性别▼	年龄▼	职工编号▼	指纹登记▼	刷卡日期▼	刷卡时间▼	▼
财务部	白婵	女	36	N3000113665	Z10020	2022/3/29	8:27	
财务部	白婵	女	36	N3000113665	Z10020	2022/3/29	17:50	
财务部	彭丽雪	女	27	N3000112765	Z10021	2022/3/29	8:11	
财务部	陶丽雪	女	48	N3000119865	Z10024	2022/3/29	8:21	
财务部	陶丽雪	女	48	N3000119865	Z10024	2022/3/29	17:39	
财务部	徐虹	男	27	N3000113295	Z10026	2022/3/29	8:13	
财务部	贺鹏	女	52	N3000113995	Z10030	2022/3/29	8:28	

图 6-20　筛选异常数据

对同一人在上班和下班的刷卡时间在同一列的数据进行处理，例如白婵和陶丽雪，如图6-21所示。

部门名▼	姓名▼	性别▼	年龄▼	职工编号▼	指纹登记▼	刷卡日期▼	刷卡时间▼	▼
财务部	白婵	女	36	N3000113665	Z10020	2022/3/29	8:27	17:50
财务部	彭丽雪	女	27	N3000112765	Z10021	2022/3/29	8:11	
财务部	陶丽雪	女	48	N3000119865	Z10024	2022/3/29	8:21	17:39
财务部	徐虹	男	27	N3000113295	Z10026	2022/3/29	8:13	
财务部	贺鹏	女	52	N3000113995	Z10030	2022/3/29	8:28	

图 6-21　数据处理后

6.6　实操练习

如图6-22所示的数据集是某平台2021年母婴商品的用户购买数据，包括用户ID、商品ID、商品类别、商品根类别、购买数量、购买时间、性别，通过Excel对数据进行清洗。

用户ID	商品ID	商品类别	商品根类别	购买数量	购买时间	性别
191039747	7984139502	50008859	28	1	2021/12/31	0
419554296	37829194505	50024153	28	1	2021/12/31	1
730452910	35594802518	50152021	28	1	2021/12/31	0
2122143464	40963468736	50012564	50014815	1	2021/12/31	0
750966815	24670744809	211122	38	3	2021/12/31	1
27899923	38892785409	50023722	28	1	2021/12/31	0
793079132	41600225054	121424027	50008168	1	2021/12/31	1
823167418	40791039747	50011993	28	1	2021/12/31	1
726263452	8641516812	50015727	50014815	1	2021/12/31	1

图 6-22　某平台 2021 年母婴商品的用户购买数据

第 7 章

Excel 基本统计分析

前面几章我们介绍了一些Excel常用的数据分析方法，如分类、汇总、排序等，作为一款广泛使用的数据分析软件，Excel的数据分析功能是十分强大的，其中包含很多专业的数据分析与统计工具，如描述性统计、相关分析、方差分析、模拟分析等，可以直接用于企业生产实践。

对于专业的数据分析人员来说，掌握这些分析工具不仅可以解决更多复杂的问题，还可以让你的工作如虎添翼。本章我们开始介绍这些分析工具的使用方法。

7.1 描述性统计

描述性统计分析是数据分析的第一步，是了解和认识数据基本特征和结构的方法，只有在完成了描述性统计分析，充分了解和认识数据的特征后，才能更好地开展后续变量间相关性等复杂的数据分析，如选择分析方法、解读分析结果、分析异常结果原因等。

7.1.1 描述性统计概述

描述性统计是指运用制表和分类、图形以及计算概括性数据来描述数据特征的各项活动。描述性统计分析要对调查总体所有变量的有关数据进行统计性描述，主要包括数据的频数分析、集中趋势分析、离散程度分析，从而了解数据的分布以及获取统计图形。

- 数据的频数分析：指数据的预处理，利用频数分析和交叉频数分析可以检验异常值。
- 数据的集中趋势分析：用来反映数据的一般水平，常用的指标有平均值、中位数和众数等。
- 数据的离散程度分析：主要是用来反映数据之间的差异程度，常用的指标有方差和标准差。

在数据分析中，最基本的分析便是描述性统计分析，可以了解平均值、方差等，揭示数据的分布特性等。

如果使用Excel进行描述性分析，首先需要加载数据分析的功能，依次选择"文件"｜"选项"｜"加载项"，选择"Excel加载项"选项进行加载，单击"转到"按钮。在"加载项"页面的"可用加载宏"列表中选择"分析工具库"，如图7-1所示。

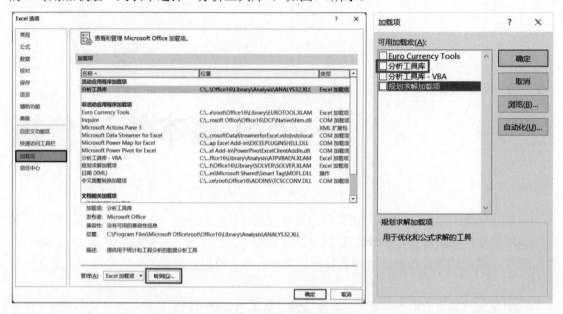

图 7-1　加载"分析工具库"

使用数据分析工具进行操作，在Excel中依次选择"数据"｜"分析"｜"数据分析"，然后单击"描述统计"选项，再单击"确定"按钮，如图7-2所示，最后进行输出选项的设置即可。

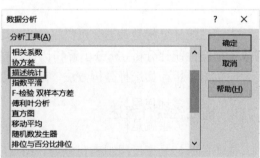

图 7-2　描述统计

7.1.2　主要描述性指标

1. 平均值

平均值是一个比较重要的表示集中趋势的统计量。根据所掌握资料的表现形式不同，算数平均数有简单算数平均数和加权算数平均数两种。

简单算数平均数是将总体各单位每一个标志值加总得到的标志总量除以单位总量而求出的平均指标。其计算方法如下：

$$\bar{X} = \frac{X_1 + X_2 + \ldots + X_n}{n} = \frac{\sum X}{n}$$

简单算数平均数适用于总体单位数较少的未分组资料。如果所给的资料是已经分组的次数分布数列，则算数平均数的计算应采用加权算数平均数的形式。

加权算数平均数是首先用各组的标志值乘以相应的各组单位数求出各组标志总量，并加总求得总体标志总量，而后再将总体标志总量和总体单位总量对比。其计算过程如下：

$$\bar{X} = \frac{f_1 X_1 + f_2 X_2 + \ldots + f_n X_n}{f_1 + f_2 + \ldots + f_n} = \frac{\sum fX}{\sum f}$$

其中，f_n 表示各组的单位数，或者说是频数和权数。

2. 中位数

中位数也是一个比较重要的表示集中趋势的统计量。它是将总体单位某一变量的各个变量值按大小顺序排列，处在数列中间位置的那个变量值就是中位数。

计算步骤为：将各变量值按大小顺序排列，当 n 为奇数项时，则中位数就是居于中间位置的那个变量值；当 n 为偶数项时，则中位数是位于中间位置的两个变量值的算数平均数。

3. 方差

方差是一个比较重要的表示离中趋势的统计量。它是总体各单位变量值与其算数平均数的离差平方的算数平均数，用 δ^2 表示。

方差的计算公式如下：

$$\sigma^2 = \frac{\sum (X - \bar{X})^2}{n}$$

4. 标准差

标准差是另一个比较重要的表示离中趋势的统计量。与方差不同的是，标准差是具有量纲的，它与变量值的计量单位相同，其实际意义要比方差清楚。因此，在对社会经济现象进行分析时，往往更多地使用标准差。

方差的平方根就是标准差，标准差的计算公式如下：

$$\sigma = \sqrt{\frac{\sum (X - \bar{X})^2}{n}}$$

5. 百分位数

如果将一组数据排序，并计算相应的累计百分位，则某一百分位所对应数据的值就称为这一百分位的百分位数。常用的有四分位数，指的是将数据分为 4 等份，分别位于 25%、50% 和 75% 处的分位数。

百分位数适用于定序数据，不能用于定类数据，它的优点是不受极端值的影响。

6. 变异系数

变异系数是将标准差或平均差与其平均数对比所得的比值，又称离散系数，计算公式如下：

$$V_\sigma = \frac{\sigma}{\bar{X}}$$

V_σ 分别表示标准差。变异系数是一个无名数的数值，可用于比较不同数列的变异程度。其中，最常用的变异系数就是标准差系数。

7. 偏度

偏度是对分布偏斜方向及程度的测度。常用三阶中心矩除以标准差的三次方表示数据分布的相对偏斜程度，用 a_3 表示。其计算公式如下：

$$a_3 = \frac{\sum f(X - \bar{X})^3}{\sigma^3 \sum f}$$

在公式中，为正表示分布为右偏，为负表示分布为左偏。

8. 峰度

峰度是频数分布曲线与正态分布相比较，顶端的尖峭程度。统计上常用四阶中心矩测定峰度，其计算公式如下：

$$a_4 = \frac{\sum f(X - \bar{X})^4}{\sigma^4 \sum f}$$

当 a_4=3时，分布曲线为正态分布。
当 a_4<3时，分布曲线为平峰分布。
当 a_4>3时，分布曲线为尖峰分布。

7.1.3 描述性统计分析实例

为了对企业2021年12个月的商品订单量数据进行初步描述，我们可以通过Excel中的描述性统计分析功能实现，Excel案例数据集的第A列是月份，第B列是办公类，第C列是技术类，第D列是家具类，如表7-1所示。

表 7-1 商品订单量

月　　份	办　公　类	技　术　类	家　具　类
1 月	111	44	45
2 月	114	37	46
3 月	119	47	67
4 月	128	34	54
5 月	193	79	73

（续表）

月　　份	办 公 类	技 术 类	家 具 类
6 月	183	60	76
7 月	112	46	39
8 月	209	70	78
9 月	203	72	101
10 月	243	70	103
11 月	190	88	77
12 月	254	74	80

示例7-1：不同类型商品订单量的描述性统计

操作步骤如下：

依次选择"数据"|"分析"|"数据分析"，然后单击"描述统计"选项，再单击"确定"按钮。在"描述统计"对话框中设置"输入区域"为"$B$1:$D$13"、"分组方式"为"逐列"，选择"标志位于第一行"选项，还可以根据需要选择统计量，例如"汇总统计"，最后单击"确定"按钮后，得到如图7-3所示的统计结果。

办公类		技术类		家具类	
平均	171.5833	平均	60.08333	平均	69.91667
标准误差	15.17796	标准误差	5.157311	标准误差	5.989205
中位数	186.5	中位数	65	中位数	74.5
众数	#N/A	众数	70	众数	#N/A
标准差	52.57801	标准差	17.86545	标准差	20.74722
方差	2764.447	方差	319.1742	方差	430.447
峰度	-1.48167	峰度	-1.41186	峰度	-0.76714
偏度	0.129097	偏度	-0.08369	偏度	0.068977
区域	143	区域	54	区域	64
最小值	111	最小值	34	最小值	39
最大值	254	最大值	88	最大值	103
求和	2059	求和	721	求和	839
观测数	12	观测数	12	观测数	12

图 7-3　设置描述统计

7.2　相关分析

相关分析用于研究定量数据之间的关系，包括是否有关系、关系紧密程度等，通常用于回归分析过程之前。在相关分析中，常用的相关系数主要有皮尔逊（Pearson）相关系数、斯皮尔曼（Spearman）相关系数、肯德尔（Kendall）相关系数和偏相关系数。

7.2.1　皮尔逊相关系数

皮尔逊相关系数用来反映两个连续性变量之间的线性相关程度。

用于总体（Population）时，相关系数记作ρ，公式为：

$$\rho_{X,Y} = \frac{\text{cov}(X,Y)}{\sigma_X \sigma_Y}$$

其中，cov(X,Y)是X、Y的协方差，δ_X 是X的标准差，δ_Y 是Y的标准差。

用于样本（Sample）时，相关系数记作r，公式为：

$$r = \frac{\sum_{i=1}^{n}(X_i - \bar{X})(Y_i - \bar{Y})}{\sqrt{\sum_{i=1}^{n}(X_i - \bar{X})^2}\sqrt{\sum_{i=1}^{n}(Y_i - \bar{Y})^2}}$$

其中，n 是样本数量，X_i 和 Y_i 是变量 X、Y 对应的 i 点的观测值，$\bar{X}$ 是 X 的样本平均数，$\bar{Y}$ 是 Y 的样本平均数。

要理解皮尔逊相关系数，首先要理解协方差。协方差可以反映两个随机变量之间的关系，如果一个变量跟随着另一个变量一起变大或者变小，这两个变量的协方差就是正值，表示这两个变量之间呈正相关关系，反之相反。

由公式可知，皮尔逊相关系数是用协方差除以两个变量的标准差得到的，如果协方差的值是一个很大的正数，我们可以得到两个可能的结论：

- 两个变量之间呈很强的正相关性，这是因为 X 或 Y 的标准差相对很小。
- 两个变量之间并没有很强的正相关性，这是因为 X 或 Y 的标准差很大。

当两个变量的标准差都不为零时，相关系数才有意义，皮尔逊相关系数适用于：

- 两个变量之间是线性关系，都是连续数据。
- 两个变量的总体呈正态分布，或接近正态的单峰分布。
- 两个变量的观测值是成对的，每对观测值之间相互独立。

应该注意的是，简单相关系数所反映的并不是任何一种确定关系，而仅仅是线性关系。另外，相关系数所反映的线性关系并不一定是因果关系。

示例7-2：计算办公类和技术类商品的相关系数

通过研究商品销售数据，将不同类型商品的订单量进行相关分析，其中相关系数就可以反映商品之间的相关程度大小。下面计算商品订单量之间的相关系数。

在Excel中计算相关系数有两种方式：函数法和工具法。

（1）函数法

可以直接利用Excel中的相关系数CORREL()函数，也可以使用皮尔逊相关系数PEARSON()函数计算相关系数，例如办公类商品和技术类商品订单量的相关系数为0.82，计算公式如图7-4所示。

月份	办公类	技术类	家具类	办公类和技术类相关系数
1月	111	44	45	=CORREL(B2:B13,C2:C13)
2月	114	37	46	=PEARSON(B2:B13,C2:C13)
3月	119	47	67	
4月	128	34	54	
5月	193	79	73	
6月	183	60	76	
7月	112	46	39	
8月	209	70	78	
9月	203	72	101	
10月	243	70	103	
11月	190	88	77	
12月	254	74	80	

图 7-4　函数法计算相关系数

（2）工具法

使用数据分析工具进行操作，在"数据分析"对话框找到相关系数选项，然后单击"确定"按钮，如图7-5所示。在"相关系数"对话框中，设置"输入区域"为"$B$1:$C$13""分组方式"为"逐列"，并选择"标志位于第一行"选项。

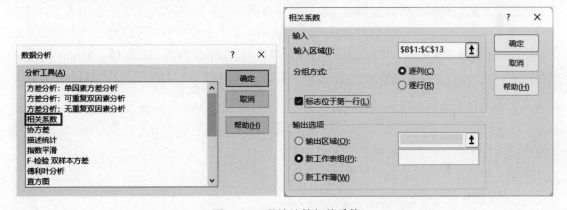

图 7-5　工具法计算相关系数

7.2.2　斯皮尔曼相关系数

斯皮尔曼相关系数用希腊字母ρ表示，它利用单调方程评价两个统计变量的相关性，是衡量两个定序变量的依赖性的非参数指标。如果数据中没有重复值，并且两个变量完全单调相关，斯皮尔曼相关系数就为+1或−1，计算公式为：

$$\rho = 1 - \frac{6\sum_{i=1}^{N} d_i^2}{N(N^2 - 1)}$$

其中，N为变量X、Y的元素个数，第i（$1 \leqslant i \leqslant N$）个值分别用$X_i$、$Y_i$表示。

首先对X、Y进行排序（同时为升序或者降序），得到两个元素的排名集合，其中元素x_i、y_i分别为X_i在X中的排行和Y_i在Y中的排行，将集合中的元素对应相减得到一个排行差分集合$d_i = x_i - y_i$。

斯皮尔曼相关系数表明 X（独立变量）和 Y（依赖变量）的相关方向。当 X 增加时，Y 趋向于增加，斯皮尔曼相关系数为正；当 X 增加时，Y 趋向于减少，斯皮尔曼相关系数为负。斯皮尔曼相关系数为0时，表明当 X 增加时，Y 没有任何趋向性。当 X 和 Y 越来越接近完全的单调相关时，斯皮尔曼相关系数会在绝对值上增加。当 X 和 Y 完全单调相关时，斯皮尔曼相关系数的绝对值为1。

斯皮尔曼相关系数主要用于解决名称数据和顺序数据相关的问题，适用于两列变量，而且具有等级变量的性质和线性关系的资料。该系数由英国心理学家、统计学家斯皮尔曼根据积差相关的概念推导而来。

7.2.3　肯德尔相关系数

肯德尔相关系数是以Maurice Kendall命名的，并经常用希腊字母 τ（Tau）表示其值。肯德尔相关系数是一个用来测量两个随机变量相关性的统计值。肯德尔检验是一个无参数假设检验，它使用计算而得的相关系数来检验两个随机变量的统计依赖性。肯德尔相关系数的取值范围为 $-1\sim1$。当 τ 为1时，表示两个随机变量拥有一致的等级相关性；当 τ 为-1时，表示两个随机变量拥有完全相反的等级相关性；当 τ 为0时，表示两个随机变量是相互独立的。

假设两个随机变量分别为 X 和 Y（也可以看成两个集合），它们的元素个数均为 N，两个随机变量取的第 $i(1\leqslant i\leqslant N)$ 个值分别用 X_i、Y_i 表示。X 与 Y 中的对应元素组成一个元素对集合 XY，其包含的元素为 (X_i, Y_i) $(1\leqslant i\leqslant N)$。当集合 XY 中任意两个元素 (X_i, Y_i) 与 (X_j, Y_j) 的排行相同时（也就是说出现情况1或2时：情况1：$X_i > X_j$ 且 $Y_i > Y_j$，情况2：$X_i < X_j$ 且 $Y_i < Y_j$），这两个元素就被认为是一致的。当出现情况3或4时（情况3：$X_i > X_j$ 且 $Y_i < Y_j$；情况4：$X_i < X_j$ 且 $Y_i > Y_j$），这两个元素被认为是不一致的。当出现情况5或6时（情况5：$X_i = X_j$；情况6：$Y_i = Y_j$），这两个元素既不是一致的又不是不一致的。

肯德尔相关系数的计算公式如下：

（1）当变量中不存在相同的元素时：

$$\text{Tau}_a = \frac{2(C-D)}{N(N-1)}$$

其中，C 表示 XY 中拥有一致性的元素对数（两个元素为一对），D 表示 XY 中拥有不一致性的元素对数。

（2）当变量中存在相同的元素时：

$$\text{Tau}_b = \frac{C-D}{\sqrt{(N_3-N_1)(N_3-N_2)}}$$

其中：

$$N_1 = \sum_{i=1}^{s} \frac{1}{2} U_i (U_i - 1)$$

$$N_2 = \sum_{i=1}^{t} \frac{1}{2} V_i \left(V_i - 1 \right)$$

$$N_3 = \frac{1}{2} N \left(N - 1 \right)$$

其中，N_1、N_2 分别是针对集合 X、Y 计算的。下面以计算 N_1 为例，给出 N_1 的由来：将 X 中的相同元素分别组合成小集合，s 表示集合 X 中拥有的小集合数（例如 X 包含元素：1 2 3 4 3 3 2，那么这里得到的 s 为2，因为只有2、3有相同元素），U_i 表示第 i 个小集合所包含的元素数。N_2 是在集合 Y 的基础上计算而来的。

可以看出：相关系数有皮尔逊相关系数、斯皮尔曼相关系数和肯德尔相关系数三类，它们均用于描述相关关系的程度，判断标准也基本一致，通常相关系数绝对值大于0.7认为两个变量之间表现出非常强的相关关系，绝对值大于0.4认为有着强相关关系，绝对值小于0.2表示相关关系较弱。

7.3　模拟分析

模拟分析是在Excel单元格中更改值以查看这些更改将如何影响工作表中公式结果的过程，通过使用Excel中的模拟分析工具，可以在一个或多个公式中试用几组数据来分析所有不同的结果。本节介绍单变量求解模拟、单变量模拟运算、双变量模拟运算。

7.3.1　单变量求解模拟

单变量求解是解决假定一个公式要取某一结果值，其中变量的引用单元格应取值为多少的问题。单变量求解通俗解释就是解一元方程。

虽然单变量求解使用起来很方便，但它有一些注意事项。

（1）问题无解

单变量求解的运算次数取决于设置的迭代次数，当在迭代次数内没有计算出结果时，Excel会自动放弃计算，不返回结果。解决办法是设置迭代次数：通过"文件"｜"选项"｜"公式"｜"启用迭代计算"设置。

（2）结果精度

单变量求解的结果精度取决于最大误差，如果误差设置得过大，则会导致求解结果不够准确；相反，如果误差设置得过小，则会导致求解时间延长。设置最大误差的方法：通过"文件"｜"选项"｜"公式"｜"启用迭代计算"设置。

（3）多解问题

如果问题本身有多个解，单变量求解只会返回与初始值最接近的一个解，而不会同时返回其他解。

例如，某同学期末测试成绩已经有三科成绩出来，其中语文是80分，数学是85分，英语是79分，物理还没考，如果该同学希望平均分是81分，物理应该考多少分？

数学中的解法如下：

设该同学的平均分为Y，物理成绩为X，则平均分 $Y = (X + 80 + 85 + 79)/4$，如果 $Y = 81$，那么 $X = 81 \times 4 - 80 - 85 - 79 = 80$。

上述问题就可以用Excel中单变量求解的方法进行解决。

像以上的简单计算案例，还未能发挥单变量求解的功能，下面通过介绍一个更加复杂的案例来发掘它的魅力。

示例7-3：计算企业月度销售额的复合增长率

已知企业2022年第1个月销售额为150万，企业预期的销售额目标为3000万，请问该企业的月度复合增长率是多少？

假定月度复合增长率位于B15，那么B3=\$B\$2*(1+\$B\$15)^(A3 − 1)，B4=\$B\$2*(1+\$B\$15)^(A4−1)，B5=\$B\$2*(1+\$B\$15)^(A5−1)，…，B13=\$B\$2*(1+\$B\$15)^(A13−1)。

企业预期的销售额目标位于B15，计算公式为"B15=SUM(B2:B13)"。

01 依次选择"数据"|"预测"|"模拟分析"|"单变量求解"，弹出"单变量求解"对话框，设置目标单元格、目标值、可变单元格等参数，如图7-6所示。

02 单击"确定"按钮，得到结果，当复合增长率为0.088825时，总收入为2999.999807（无限接近3000），为最优解，如图7-7所示。

月份	销售额
1	150
2	150
3	150
4	150
5	150
6	150
7	150
8	150
9	150
10	150
11	150
12	150
总销售额	1800
复合增长率	

图 7-6　单变量求解设置

月份	销售额
1	150
2	163.3238
3	177.8311
4	193.627
5	210.826
6	229.5527
7	249.9428
8	272.1441
9	296.3174
10	322.6379
11	351.2964
12	382.5004
总销售额	3000
复合增长率	0.088825

图 7-7　单变量求解状态

7.3.2　双变量模拟运算

要使用Excel模拟计算表，首先要厘清两个概念：一个是已有的计算模型，另一个是变量。

- 已有的计算模型，可以理解为一个函数公式。
- 变量，可以理解为函数的参数。

在双变量模拟运算中，变量有两个，每个变量的取值都可以有多个。下面将通过案例讲解双变量模拟运算表的操作。

示例7-4：计算企业员工的加班费

假设在某公司，员工每小时的加班费等于基础工资×3%，员工的加班费等于员工每小时的加班费×加班时间。

01 按照图7-8把数据录入Excel中。其中，A1:A3存放的是变量的名称，B1:B3存放的是变量值。A2是常量，它的取值为3%，是恒定的；B1和B3是模型中影响加班工资的两个变量，在B1、B3中输入任意值均可。A7:A22中保存的是员工的基础工资取值，即第一个变量的变量值，B6:K6中保存的是加班时间取值，即第二个变量的变量值。

	A	B	C	D	E	F	G	H	I	J	K
1	基础工资	8000									
2	加班费系数	3%									
3	加班时长	1									
4											
5											
6		1	2	3	4	5	6	7	8	9	10
7	5000										
8	6000										
9	7000										
10	8000										
11	9000										
12	10000										
13	11000										
14	12000										
15	13000										
16	14000										
17	15000										
18	16000										
19	17000										
20	18000										
21	19000										
22	20000										

图 7-8 计算员工加班费

02 在A6中输入"=B1*B2*B3"，如图7-9所示，即为本案例中的计算模型。也就是说，员工的加班费是受基础工资和加班时间这两个变量影响的，这两个变量取值在本例中分别为5000～20000元和1～10小时。

注意 计算模型保存在两个变量值保存的单元格相交处的单元格中。

	A	B	C	D	E	F	G	H	I	J	K
1	基础工资	8000									
2	加班费系数	3%									
3	加班时长	1									
4											
5											
6	240	1	2	3	4	5	6	7	8	9	10
7	5000										
8	6000										
9	7000										
10	8000										
11	9000										
12	10000										
13	11000										
14	12000										
15	13000										
16	14000										
17	15000										
18	16000										
19	17000										
20	18000										
21	19000										
22	20000										

图 7-9 输入计算公式

03 选中A6:K22区域后，依次选择"数据"|"预测"|"模拟分析"|"模拟运算表"，弹出"模拟运算表"对话框，在"输入引用行的单元格"中输入"$B$3"，在"输入引用列的单元格"中输入"$B$1"，如图7-10所示。

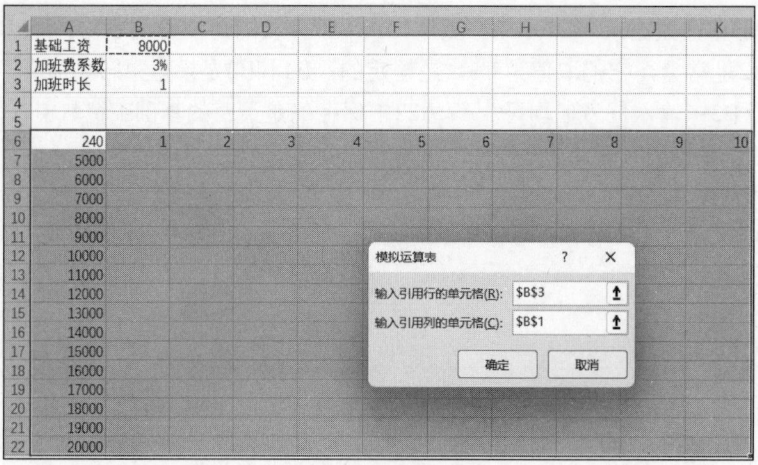

图 7-10　模拟运算表

注意 选中 A6:K22 区域，务必从含有计算模型的单元格（即 A6）开始选，直到选中最后一组变量取值所对应的单元格为止。

　　本例中，A6:A22为模拟运算表的区域。A6为计算模型（即公式）的存放位置，A7:A22为第一个变量"基础工资"的变量值的存放位置，B6:K6为第二个变量"加班时长"的变量值的存放位置。在"输入引用列的单元格"中输入$B$1，意思是变量$B$1依次取A7:A22这一列中的数据代入模型进行运算；在"输入引用行的单元格"中输入$B$3，意思是变量$B$3依次取B6:K6中的值代入模型进行运算。

04 单击"确定"之后，就可以在A6:K22区域中自动生成计算结果，如图7-11所示。双变量模拟运算表就完成了。

	A	B	C	D	E	F	G	H	I	J	K
1	基础工资	8000									
2	加班费系数	3%									
3	加班时长	1									
4											
5											
6	240	1	2	3	4	5	6	7	8	9	10
7	5000	150	300	450	600	750	900	1050	1200	1350	1500
8	6000	180	360	540	720	900	1080	1260	1440	1620	1800
9	7000	210	420	630	840	1050	1260	1470	1680	1890	2100
10	8000	240	480	720	960	1200	1440	1680	1920	2160	2400
11	9000	270	540	810	1080	1350	1620	1890	2160	2430	2700
12	10000	300	600	900	1200	1500	1800	2100	2400	2700	3000
13	11000	330	660	990	1320	1650	1980	2310	2640	2970	3300
14	12000	360	720	1080	1440	1800	2160	2520	2880	3240	3600
15	13000	390	780	1170	1560	1950	2340	2730	3120	3510	3900
16	14000	420	840	1260	1680	2100	2520	2940	3360	3780	4200
17	15000	450	900	1350	1800	2250	2700	3150	3600	4050	4500
18	16000	480	960	1440	1920	2400	2880	3360	3840	4320	4800
19	17000	510	1020	1530	2040	2550	3060	3570	4080	4590	5100
20	18000	540	1080	1620	2160	2700	3240	3780	4320	4860	5400
21	19000	570	1140	1710	2280	2850	3420	3990	4560	5130	5700
22	20000	600	1200	1800	2400	3000	3600	4200	4800	5400	6000

图 7-11　双变量模拟运算结果

7.4 方差分析

在试验中，我们将要考察的指标称为试验指标，影响试验指标的条件称为因素。因素可分为两类：一类是人们可以控制的；另一类是人们不能控制的。例如，原料成分、反应温度、溶液浓度等是可以控制的，而测量误差、气象条件等一般是难以控制的。

以下我们所说的因素都是可控因素，因素所处的状态称为该因素的水平。如果在一项试验中只有一个因素在改变，这样的试验称为单因素试验，使用单因素方差分析方法，如果多于一个因素在改变，就称为多因素试验，需要使用多因素方差分析方法。

7.4.1 单因素方差分析

单因素方差分析的一般数学模型为：因素 A 有 s 个水平 $A_1, A_2, \ldots, A_s$ ，在水平 $A_j(j=1,2,\ldots,s)$ 下进行 $n_j(n_j \geqslant 2)$ 次独立试验，得到如表7-2所示的结果。

表 7-2 单因素方差

	A_1	A_2	$\cdots$	A_s
水平观测值	x_{11}	x_{12}	$\cdots$	x_{1s}
	x_{21}	x_{22}	$\cdots$	x_{2s}
	$\cdots$	$\cdots$	$\cdots$	$\cdots$
	$x_{n_1 1}$	$x_{n_2 2}$	$\cdots$	$x_{n_s s}$
样本总和	$T_{\cdot 1}$	$T_{\cdot 2}$	$\cdots$	$T_{\cdot s}$
样本均值	$\overline{x}_{\cdot 1}$	$\overline{x}_{\cdot 2}$	$\cdots$	$\overline{x}_{\cdot s}$
总体均值	μ_1	μ_2	$\cdots$	μ_s

假定各水平 $A_j(j=1,2,\ldots,s)$ 下的样本 $x_{ij} \sim N(\mu_j, \sigma^2)$ ， $i=1,2,\ldots,n_j$ ， $j=1,2,\ldots,s$ ，且相互独立。

故 $x_{ij}-\mu_j$ 可看成随机误差，它们是试验中无法控制的各种因素所引起的，记 $x_{ij}-\mu_j=\varepsilon_{ij}$ ，则：

$$\begin{cases} x_{ij} = \mu_j + \varepsilon_{ij}, & i=1,2,\ldots,n_j, \ j=1,2,\ldots,s \\ \varepsilon_{ij} \sim N(0,\sigma^2) \\ \text{各} \varepsilon_{ij} \text{相互独立} \end{cases}$$

其中 μ_j 与 σ^2 均为未知参数，上式称为单因素试验方差分析的数学模型。

方差分析的任务是对于单因素方差模型，检验 s 个总体 $N(\mu_1,\sigma^2),\ldots,N(\mu_s,\sigma^2)$ 的均值是否相等，即检验假设：

$$\begin{cases} H_0 : \mu_1 = \mu_2 = \ldots = \mu_s \\ H_1 : \sigma_1, \sigma_2, \ldots, \sigma_s \text{不全相等} \end{cases}$$

下面计算总误差平方和（SST）、因素误差平方和（SSA）以及随机误差平方和（SSE），为后续构造检验统计量，其计算公式如下：

$$S_T = \sum_{j=1}^{s} \sum_{i=1}^{n_j} (x_{ij} - \overline{x})^2$$

这里 $\overline{x} = \dfrac{1}{n} \sum_{j=1}^{s} \sum_{i=1}^{n_j} x_{ij}$ ，S_T 能反映全部试验数据之间的差异，又称为总变差。

$$S_E = \sum_{j=1}^{s} \sum_{i=1}^{n_j} (x_{ij} - \overline{x}_{\bullet j})^2$$

S_E 称为误差平方和：

$$S_A = \sum_{j=1}^{s} \sum_{i=1}^{n_j} (\overline{x}_{\bullet j} - \overline{x})^2 = \sum_{j=1}^{s} n_j (\overline{x}_{\bullet j} - \overline{x})^2$$

S_A 称为因素 A 的效应平方和，于是：

$$S_T = S_E + S_A$$

对于给定的显著性水平 α （ $0 < \alpha < 1$ ），由于：

$$P\{F \geq F_\alpha (s-1, n-s)\} = \alpha$$

由此得出检验问题的拒绝域为：

$$F \geq F_\alpha (s-1, n-s)$$

由样本值计算 F 的值，若 $F \geq F_\alpha$ ，则拒绝 H_0 ，即认为水平的改变对指标有显著性的影响；若 $F < F_\alpha$ ，则接受原假设H0，即认为水平的改变对指标无显著影响。

上面的分析结果可排成表7-3的形式，称为方差分析表。

表 7-3　方差分析表

方差来源	平 方 和	自 由 度	均 方 和	F 比
因素 A	S_A	$s-1$	$\overline{S}_A = \dfrac{S_A}{s-1}$	$F = \overline{S}_A / \overline{S}_E$
误差	S_E	$n-s$	$\overline{S}_E = \dfrac{S_E}{n-s}$	
总和	S_T	$n-1$		

当 $F \geq F_{0.05}(s-1, n-s)$ 时，称为显著，当 $F \geq F_{0.01}(s-1, n-s)$ 时，称为高度显著。

单因素方差分析的基本原理而言，其主要的计算过程还是集中在各离差平方和、自由度以及均方上，确定各个水平之间的总体以及样本容量，并构造统计模型，如果模型存在设定上的误差，则需要将未出现的重要因素归纳到随机误差项中，确保影响因素变化存在差异性，提高实验数据的准确性以及有效性，提高数据计算值的参考价值。

示例7-5：不同类型的商品在不同地区是否存在显著性差异

为了对3种商品类型在6个不同地区的订单结果进行判断，采用显著性差异作为标准进行结果分析，单因素方差比较适合，直接是针对数据进行分析，判断原假设。

操作步骤如下：

01 通过数据透视表统计2021年各地区不同商品类型的订单量，其中第A列是地区、第B列是办公类、第C列是技术类、第D列是家具类。

02 依次选择"数据"|"分析"|"数据分析"，然后单击"方差分析：单因素方差分析"选项，再单击"确定"按钮，如图7-12所示。

地区	办公类	技术类	家具类
东北	669	682	679
华北	715	726	721
华东	767	781	773
西北	517	531	523
西南	596	618	609
中南	636	653	648

图 7-12 单因素方差分析

03 在"方差分析：单因素方差分析"对话框中，设置"输入区域"为"$B$1:$D$7"，"分组方式"为"列"，选择"标志位于第一行"选项，输入显著性水平，默认为0.05，最后单击"确定"按钮后，得到如图7-13所示的统计结果。

方差分析：单因素方差分析

SUMMARY

组	观测数	求和	平均	方差
办公类	6	3900	650	7815.2
技术类	6	3991	665.1667	7554.967
家具类	6	3953	658.8333	7671.367

方差分析

差异源	SS	df	MS	F	P-value	F crit
组间	696.3333	2	348.1667	0.045331	0.955811	3.68232
组内	115207.7	15	7680.511			
总计	115904	17				

图 7-13 单因素方差分析设置

04 通过计算可得P = 0.955811，大于0.05，所以原假设成立，说明不同商品类型在不同地区的订单量不存在显著性差异。

7.4.2 双因素方差分析

进行某一项试验，当影响指标的因素不是一个而是多个时，要分析各因素的作用是否显著，就要用到多因素方差分析。本节就两个因素的方差分析进行简单介绍。当有两个因素时，除每个因素的影响之外，还有这两个因素的搭配问题。

总之，在进行分析时有两种情况：一是只考虑两个影响因素对因变量的单独影响，这时的方差分析称为无交互效应的双因素方差分析；二是除了两个影响因素外，还考虑两个影响因素的搭配对因变量产生的交互效应，这时的方差分析称为有交互效应的双因素方差分析。

图7-14中的两组试验结果都有两个因素A和B，每个因素取两个水平。

	A1	A2
B1	30	50
B2	70	90

（a）

	A1	A2
B1	30	50
B2	100	80

（b）

图 7-14　两组试验结果

图7-14（a）中，无论B是什么水平（B1还是B2），水平A2下的结果总比A1下的高20；同样，无论A是什么水平，B2下的结果总比B1下的高40。这说明A和B单独地各自影响结果，互相之间没有作用。

图7-14（b）中，当B为B1时，A2下的结果比A1的高，而且当B为B2时，A1下的结果比A2的高；类似地，当A为A1时，B2下的结果比B1的高70，而A为A2时，B2下的结果比B1的高30。这表明A的作用与B所取的水平有关，而B的作用也与A所取的水平有关，即A和B不仅各自对结果有影响，而且它们的搭配方式也有影响。我们把这种影响称作因素A和B的交互作用，记作A×B。在双因素试验的方差分析中，我们不仅要检验水平A和B的作用，还要检验它们的交互作用。

双因素方差分析用于观察两个因素的不同水平对所研究对象的影响是否存在明显的不同。根据是否考虑两个因素的交互作用，它又可以分为"可重复双因素方差分析"和"无重复双因素方差分析"。

示例7-6：小麦品种和施肥方式对产量的影响（可重复）

例如，假定有甲、乙两种施肥方式，3种小麦品种，搭配共有6种组合。如果选择30块地进行试验，则每种搭配进行5次试验，即对于施肥方式与小麦品种的组合都统计5次。小麦品种和施肥方式的实验数据如图7-15所示。

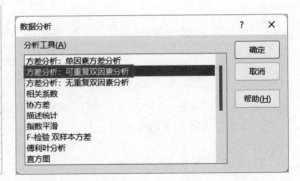

施肥方式	品种1	品种2	品种3
方式甲	81	71	76
方式甲	82	72	79
方式甲	79	72	77
方式甲	81	66	76
方式甲	78	72	78
方式乙	89	77	89
方式乙	92	81	87
方式乙	87	77	84
方式乙	85	73	87
方式乙	86	79	87

图 7-15　可重复双因素方差分析

Excel中使用"可重复双因素方差分析"可以检验以下：

（1）施用不同品种的小麦产量是否取自相同的基础样本总体，此分析忽略施肥方式。

（2）处于不同施肥方式中的小麦产量是否取自相同的基础样本总体，此分析忽略所使用的品种。

无论是否考虑上述不同品种之间差异的影响以及不同施肥方式之间差异的影响，代表所有{品种，施肥方式}值对的样本都取自相同的样本总体。另一种假设是除了基于品种或施肥方式单个因素的差异带来的影响之外，特定的{品种，施肥方式}值对也会有影响。

操作步骤如下：

01 选中工作表中的任意一个单元格，如B2单元格，切换至"数据"选项卡，然后在"分析"组中单击"数据分析"按钮，打开"数据分析"对话框，在"分析工具"列表框中选择"方差分析：可重复双因素分析"选项，然后单击"确定"按钮。

02 随后会打开"方差分析：可重复双因素分析"对话框，在"输入"列表区域设置输入区域为"$A$3:$F$9"，在"每一样本的行数"文本框中输入"5"，设置α的值为"0.05"。然后在"输出选项"列表区域中单击选中"新工作表组"单选按钮，并设置输出区域为"$A$11"单元格，最后单击"确定"按钮返回工作表，如图7-16所示。

03 单击"确定"按钮后，工作表中会显示"方差分析：可重复双因素分析"的分析结果。通过计算可得 P = 0.955811，大于0.05，所以原假设成立，说明不同商品类型在不同地区的订单量不存在显著性差异。

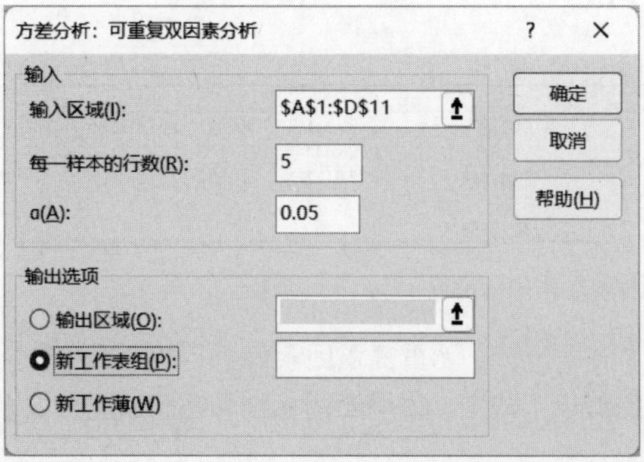

方差分析: 可重复双因素分析				
SUMMARY	品种1	品种2	品种3	总计
方式甲				
观测数	5	5	5	15
求和	401	353	386	1140
平均	80.2	70.6	77.2	76
方差	2.7	6.8	1.7	20.42857
方式乙				
观测数	5	5	5	15
求和	439	387	434	1260
平均	87.8	77.4	86.8	84
方差	7.7	8.8	3.2	29.14286
总计				
观测数	10	10	10	
求和	840	740	820	
平均	84	74	82	
方差	20.66667	19.77778	27.77778	

方差分析						
差异源	SS	df	MS	F	P-value	F crit
样本	480	1	480	93.20388	9.73E-10	4.259677
列	560	2	280	54.36893	1.22E-09	3.402826
交互	10.4	2	5.2	1.009709	0.379284	3.402826
内部	123.6	24	5.15			
总计	1174	29				

方差分析: 可重复双因素分析

输入	
输入区域(I):	$A$1:$D$11
每一样本的行数(R):	5
α(A):	0.05

输出选项
- ○ 输出区域(O):
- ● 新工作表组(P):
- ○ 新工作薄(W):

[确定] [取消] [帮助(H)]

图 7-16　可重复双因素方差分析设置

示例7-7：小麦品种和施肥方式对产量的影响（无重复）

例如，假定有甲、乙、丙3种施肥方式，3种小麦品种，搭配共有9种组合，小麦品种和施肥方式的实验数据如图7-17所示。

"无重复双因素方差分析"可用于当数据像可重复双因素那样按照两个不同维度进行分类时的情况，只是此工具假设每一对值只有一个观察值，例如上面的示例中的每个{化肥，温度}值对。下面通过示例说明如何进行无重复双因素方差分析。

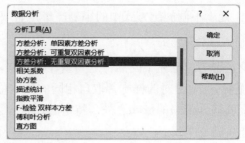

施肥方式	品种1	品种2	品种3
方式甲	82	70	75
方式乙	88	75	88
方式丙	85	78	86

图 7-17　无重复双因素方差分析

操作步骤如下：

01 选中工作表中的任意一个单元格，如A1单元格，切换至"数据"选项卡，然后在"分析"组中单击"数据分析"按钮，打开"数据分析"对话框，在"分析工具"列表框中选择"方差分析：无重复双因素分析"选项，然后单击"确定"按钮。

02 随后会打开"方差分析：无重复双因素分析"对话框，在"输入"列表区域设置输入区域为"$A$1:$D$4"，选择"标志"，设置α的值为"0.05"。然后在"输出选项"列表区域中单击选中"新工作表组"单选按钮，如图7-18所示。

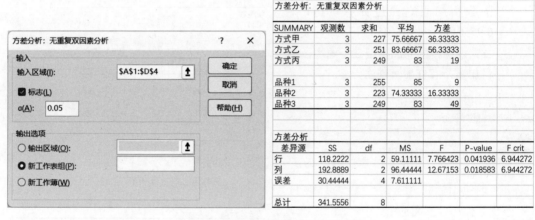

图 7-18　无重复双因素方差分析设置

03 单击"确定"按钮后，工作表中会显示"方差分析：无重复双因素分析"的分析结果。可以看出行和列的P值都小于0.05，所以原假设不成立，说明不同品种和不同施肥方式之间都存在显著性差异。

7.5　动手练习：企业投资决策敏感性分析

过去投资决策敏感性分析主要是运用因素分析法，但是在影响投资决策指标（如净现值、内含报酬率）的因素相当多时，因素分析法运用起来非常复杂，计算量较大。可以采用Excel设计并解决各因素单独变动时的投资决策敏感性分析问题。

对于"净现值为零"时的各因素临界值确定少有人研究，下面将探讨利用Excel的单变量求解功能来解决净现值为零时的各因素敏感性分析问题。

7.5.1　投资决策敏感性分析的分类

投资决策敏感性分析一般包括两种**方法**：

（1）"如果……会怎么样"，先假定一个因素变化而其他因素不变化，计算出该因素变化后的投资效益，分析该因素变化对投资效益的敏感程度，依次逐一分析各因素的敏感程度。

（2）在不改变某一投资指标决策结论的条件下，计算各因素变动的上下限，即分析影响投资项目效益的各因素变动的临界值。

本案例主要解决第二种方法下的投资决策敏感性分析问题。

7.5.2　敏感性分析的主要模板设计

例如，某公司正在考虑一项投资，初始投资额为12000万元，项目寿命为6年，预计净残值为零，按直线法计提折旧。第1~6年每年的销售收入为68000万元，年变动成本总额为44000万元，每年的固定成本总额为20000万元，其中折旧费为2000万元。

假定企业所得税税率为25%，资金成本为12%。要求以净现值为准，对该项目进行敏感分析，确定初始投资额、年销售收入、年变动成本总额、每年固定成本总额、折现率、项目年限的临界值。

分析：该投资各年的年经营现金流量和净现值计算如下：

$$\text{NCF}_{1\sim6} = (68000 - 44000 - 20000) \times (1 - 25\%) + 2000 = 5000 \text{（万元）}$$

$$\text{NPV} = 5000 \times (P/A, 12\%, 6) - 12000 = 8557.04 \text{（万元）}$$

从净现值指标看，这个项目可以投资，但是计算净现值所用的数据只是预计值，实际现金流量会发生偏差。下面通过敏感性分析依次检验净现值计算中所涉及的每一个因素，从而确定各因素预计值的变动对净现值的影响。

1. 盈亏平衡净现值方程式的设计

假定TR表示年销售收入，TVC表示年变动成本，TFC表示每年固定成本，TC表示初始投资额，N代表项目年限，i表示折现率，则净现值方程应为：

$$\text{NPV} = \big[(\text{TR} - \text{TVC} - \text{TFC}) \times (1 - 25\%) + \text{TC}/N\big] \times (P/A, i, N) - \text{TC}$$

令NPV=0，限定影响净现值的各因素只有一个因素变化，其他因素保持不变，可依次求得各因素的临界值。下面将该思路转化为Excel的模板设计。

2. 基础净现值计算模板的设计

先建好项目基础净现值计算模板，在单元格B3:B8中依次输入投资额、销售收入、变动成本、固定成本、折现率、项目年限6个影响净现值因素的具体数值。

这里的重点是各因素临界值计算模板单元格B9中净现值计算公式的设计，本文借助Excel的PV函数设计出的净现值公式为：

$$= PV(B7, B8, -((B4 - B5 - B6) * 0.75 + B3 / 6)) - B3$$

项目投资分析如图7-19所示。

项目投资分析	
项目	初速金额
投资额	12000
销售收入	68000
变动成本	44000
固定成本	20000
折现率	12.00%
项目年限	6
净现值	8557.04

图 7-19　净现值计算模板

3. 单变量求解的各因素临界值计算模板的设计

先建立各因素临界值计算的空白表，再把图7-18中单元格B3:B9的数值及公式依次粘贴到各因素临界值对应列中的相应位置。本例中有6个因素，总共需粘贴6次，粘贴后各因素临界值计算模板如图7-20所示，本模板是敏感性分析的核心。

项目投资分析		各因素的临界值					
项目	初速金额	投资额	销售收入	变动成本	固定成本	折现率	项目年限
投资额	12000	12000	12000	12000	12000	12000	12000
销售收入	68000	68000	68000	68000	68000	68000	68000
变动成本	44000	44000	44000	44000	44000	44000	44000
固定成本	20000	20000	20000	20000	20000	20000	20000
折现率	12.00%	12.00%	12.00%	12.00%	12.00%	12.00%	12.00%
项目年限	6	6	6	6	6	6	6
净现值	8557.04	8557.04	8557.04	8557.04	8557.04	8557.04	8557.04

图 7-20　各因素临界值计算模板

7.5.3　利用"单变量求解"功能分析各因素的临界值

在主菜单下，工具菜单下的对话框中启动单变量求解功能。

01 依次选择"数据"|"预测"|"模拟分析"|"单变量求解"，弹出"单变量求解"对话框。设置可变单元格、目标单元格及目标值。为了运用Excel的单变量求解功能，这里应分别把单元格D3、E4、F5、G6、H7、I8设置成投资额、销售收入、变动成本、固定成本、折现率、项目年限的可变单元格，把单元格D9、E9、F9、G9、H9、I9分别设置成对应的目标单元格，目标值全部设置为0，如图7-21所示。

图 7-21　单变量求解

02 以"投资额"为例，单击"单变量求解"对话框中的"确定"按钮，便可求出净现值为"零"时"投资额"的临界值。本例中求得的投资额的临界值为39185.44万元，如图7-22所示。

项目投资分析		各因素的临界值					
项目	初速金额	投资额	销售收入	变动成本	固定成本	折现率	项目年限
投资额	12000	39185.44	12000	12000	12000	12000	12000
销售收入	68000	68000	68000	68000	68000	68000	68000
变动成本	44000	44000	44000	44000	44000	44000	44000
固定成本	20000	20000	20000	20000	20000	20000	20000
折现率	12.00%	12.00%	12.00%	12.00%	12.00%	12.00%	12.00%
项目年限	6	6	6	6	6	6	6
净现值	8557.04	0.00	8557.04	8557.04	8557.04	8557.04	8557.04

图 7-22　计算投资额的临界值

03 重复第2步，可分别求得其他5个因素：销售收入、变动成本、固定成本、折现率、项目年限的临界值。6个因素的临界值如图7-23所示。

项目投资分析		各因素的临界值					
项目	初速金额	投资额	销售收入	变动成本	固定成本	折现率	项目年限
投资额	12000	**39185.44**	12000	12000	12000	12000	12000
销售收入	68000	68000	**65224.94**	68000	68000	68000	68000
变动成本	44000	44000	44000	**46775.06**	44000	44000	44000
固定成本	20000	20000	20000	20000	**22775.06**	20000	20000
折现率	12.00%	12.00%	12.00%	12.00%	12.00%	**34.69%**	12.00%
项目年限	6	6	6	6	6	6	**3**
净现值	8557.04	0.00	0.00	0.00	0.00	0.00	0.00

图 7-23　计算各因素的临界值

7.5.4　案例小结

利用图7-22中的分析结果，可以计算出各因素的变化率，计算公式为：因素变化率=(各因素临界值－初始值)/初始值，如表7-4所示。根据公式：敏感度系数=评价指标的变化率/因素的变化率，可知在评价指标变化率一定的情况下，因素变化率越大，敏感度越小，因此6个因素的敏感度由强到弱的顺序依次是销售收入、变动成本、固定成本、项目年限、资金成本（即折现率）、初始投资额（即投资额），排在前面的销售收入、变动成本等是将来需要重点控制的风险因素。

表 7-4　各因素变化率

项　　目	初　始　值	各因素临界值	各因素变化率
初始投资额（万元）	12000	39185.44	226.55%
销售收入（万元）	68000	65224.94	−4.08%
变动成本（万元）	44000	46775.06	6.31%
固定成本（万元）	20000	22775.06	13.88%
资金成本（%）	12.00%	34.69%	189.06%
项目年限（年）	6	3	−50.05%

可见，对于以净现值为零的投资决策敏感性分析，如果运用Excel的"单变量求解"，可以最大限度地减轻手工计算量，提高决策速度及质量，更好地服务于企业管理者。

7.6 实操练习

如图 7-24 所示的数据集给出了 4 种新型药物对白鼠胰岛素分泌水平影响的测量结果，数据为白鼠的胰岛质量。试用单因素方差分析检验 4 种药物对胰岛素水平的影响是否相同。

测量编号	胰岛质量	药物组
1	89.8	1
2	93.8	1
3	88.4	1
4	110.2	1
5	95.6	1
6	84.4	2
7	116.0	2
8	84.0	2
9	68.0	2

图 7-24　4 种新型药物对白鼠胰岛素分泌水平影响的测量结果

第 8 章

Excel 高级统计分析

在实际工作中，广泛使用的是用统计分析方法对收集来的大量数据进行分析，以求最大化地利用数据，从而发挥其商业价值。本章介绍几种常用的统计分析方法，包括回归分析、时间序列分析、假设检验等。

8.1 回归分析

回归分析是研究一个变量与另一个或几个变量的具体依赖关系的计算方法和理论。从一组样本数据出发，确定变量之间的数学关系式，利用所求的关系式，根据一个或几个变量的取值来预测或控制另一个特定变量的取值，同时给出这种预测或控制的精确程度。

8.1.1 线性回归简介

线性回归是利用回归方程（函数）对一个或多个自变量（特征值）和因变量（目标值）之间的关系进行建模的一种分析方式。线性回归就是能够用一个直线较为精确地描述数据之间的关系。这样当出现新的数据的时候，就能够预测出一个简单的值。线性回归中常见的就是房屋面积和房价的预测问题。只有一个自变量的情况称为一元回归，大于一个自变量的情况称为多元回归。

多元线性回归模型是日常工作中应用频繁的模型，公式如下：

$$y = \beta_0 + \beta_1 x_1 + \beta_2 x_2 + \ldots + \beta_k x_k + \varepsilon$$

其中，$x_1 \ldots x_k$ 是自变量，y 是因变量，β_0 是截距，$\beta_1 \ldots \beta_k$ 是变量回归系数，ε 是误差项的随机变量。

对于误差项有如下几个假设条件：

- 误差项 ε 是一个期望为 0 的随机变量。
- 对于自变量的所有值，ε 的方差都相同。
- 误差项 ε 是一个服从正态分布的随机变量，且相互独立。

如果想让我们的预测值尽量准确，就必须让真实值与预测值的差值最小，即让误差平方和最小，用公式来表达如下，具体推导过程可参考相关的资料。

$$J(\beta) = \sum(y - X\beta)^2$$

损失函数只是一种策略，有了策略，我们还要用适合的算法进行求解。在线性回归模型中，求解损失函数就是求与自变量相对应的各个回归系数和截距。有了这些参数，我们才能实现模型的预测（输入 x，输出 y）。

对于误差平方和损失函数的求解方法有很多，典型的如最小二乘法、梯度下降法等。因此，通过以上的异同点，总结如下：

最小二乘法的特点：

- 得到的是全局最优解，因为一步到位，直接求极值，所以步骤简单。
- 线性回归的模型假设，这是最小二乘法的优越性前提，否则不能推出最小二乘是最佳（方差最小）的无偏估计。

梯度下降法的特点：

- 得到的是局部最优解，因为是一步一步迭代的，而非直接求得极值。
- 既可以用于线性模型，又可以用于非线性模型，没有特殊的限制和假设条件。

在回归分析过程中，还需要进行线性回归诊断，回归诊断是对回归分析中的假设以及数据的检验与分析，主要的衡量值是判定系数和估计标准误差。

（1）判定系数

回归直线与各观测点的接近程度成为回归直线对数据的拟合优度。而评判直线拟合优度需要一些指标，其中一个就是判定系数。

我们知道，因变量 y 值有来自两个方面的影响：

- 来自 x 值的影响，也就是我们预测的主要依据。
- 来自无法预测的干扰项 ε 的影响。

如果一个回归直线预测非常准确，它就需要让来自 x 的影响尽可能大，而让来自无法预测干扰项的影响尽可能小，也就是说 x 影响占比越高，预测效果就越好。下面我们来看如何定义这些影响，并形成指标。

$$SST = \sum(y_i - \bar{y})^2$$

$$SSR = \sum(\hat{y_i} - \bar{y})^2$$

$$SSE = \sum(y_i - \hat{y})^2$$

- SST（总平方和）：变差总平方和。
- SSR（回归平方和）：由 x 与 y 之间的线性关系引起的 y 变化。
- SSE（残差平方和）：除 x 影响之外的其他因素引起的 y 变化。

总平方和、回归平方和、残差平方和三者之间的关系如图8-1所示。

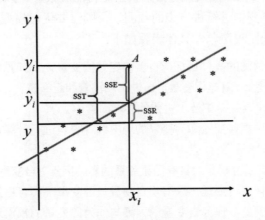

图 8-1　线性回归

它们之间的关系是：SSR越高，则代表回归预测越准确，观测点越靠近直线，即越大，直线拟合越好。因此，判定系数的定义就自然地引出来了，我们一般称为 R^2，其中：

$$R^2 = \frac{SSR}{SST} = 1 - \frac{SSE}{SST}$$

（2）估计标准误差

判定系数 R^2 的意义是由 x 引起的影响占总影响的比例来判断拟合程度的。当然，我们也可以从误差的角度去评估，也就是用SSE进行判断。估计标准误差是均方残差的平方根，可以度量实际观测点在直线周围散布的情况。

$$S_\varepsilon = \sqrt{\frac{SSE}{n-2}} = \sqrt{MSE}$$

估计标准误差与判定系数相反，S_ε 反映了预测值与真实值之间误差的大小。误差越小，说明拟合度越高；相反，误差越大，说明拟合度越低。

线性回归主要用来解决连续性数值预测的问题，它目前在经济、金融、社会、医疗等领域都有广泛的应用，例如我们要研究有关吸烟对死亡率和发病率的影响等。此外，还在以下诸多方面得到了很好的应用：

- 客户需求预测：通过海量的买家和卖家交易数据等对未来商品的需求进行预测。
- 电影票房预测：通过历史票房数据、影评数据等公众数据对电影票房进行预测。
- 湖泊面积预测：通过研究湖泊面积变化的多种影响因素构建湖泊面积预测模型。
- 房地产价格预测：利用相关历史数据分析影响商品房价格的因素并进行模型预测。
- 股价波动预测：公司在搜索引擎中的搜索量代表了该股票被投资者关注的程度。
- 人口增长预测：通过历史数据分析影响人口增长的因素对未来人口数进行预测。

8.1.2　线性回归建模

线性回归通过规定因变量和自变量来确定变量之间的因果关系，建立回归模型，并根据实测数据来求解模型的各个参数，然后评价回归模型是否能够很好地拟合实测数据，如果能够很好地拟合，就可以根据自变量进行进一步的预测，否则需要优化模型或者更换模型。

回归分析的建模过程比较简单，具体步骤如下：

01　确定变量。明确预测的具体目标，也就确定了因变量，例如预测具体目标是下一年度的销售量，那么销售量Y就是因变量。通过市场调查和查阅资料，寻找与预测目标相关的影响因素，即自变量，并从中选出主要的影响因素。

02　建立预测模型。依据自变量和因变量的历史统计资料进行计算，在此基础上建立回归分析方程，即回归分析预测模型。

03　进行相关分析。回归分析是对具有因果关系的影响因素（自变量）和预测对象（因变量）所进行的数理统计分析处理。只有当自变量与因变量确实存在某种关系时，建立的回归方程才有意义。因此，作为自变量的因素与作为因变量的预测对象是否有关、相关程度如何，以及判断这种相关程度的把握性多大，就成为进行回归分析必须要解决的问题。进行相关分析时，一般要求出相关系数，其大小用来判断自变量和因变量的相关程度。

04　计算预测误差。回归预测模型是否可用于实际预测，取决于对回归预测模型的检验和对预测误差的计算。回归方程只有通过各种检验，且预测误差较小，才能将回归方程作为预测模型进行预测。

05　确定预测值。利用回归预测模型计算预测值，并对预测值进行综合分析，从而确定最后的预测值。

回归分析的注意事项：

- 应用回归预测法时应首先选择合适的变量数据资料，并判断变量间的依存关系。
- 确定变量之间是否存在相关关系，如果不存在，就不能应用回归进行分析。
- 避免预测数值错误外推。根据一组观测值来计算观测范围以外同一对象近似值的方法称为外推法。

在Excel中可以使用数据分析工具进行线性回归分析，在"数据分析"对话框的"分析工具"下找到"回归"，然后单击"确定"按钮，如图8-2所示，最后添加相关指标数据即可。

图 8-2　工具法进行回归分析

8.1.3　回归模型案例

示例8-1：销售商汽车的销售价格回归预测

本案例我们将通过汽车销售商的销售数据预测汽车的销售价格，使用的是某汽车销售商销售的不同类型汽车的数据集，包括汽车的制造商、燃料类型、发动机的位置和类型等参数。

本案例中，我们使用汽车的马力（horsepower）、宽度（width）、高度（height）来预测汽车的价格（price），因此需要采集和整理price、horsepower、width和height变量，并且查看数据集的维数和各个字段的类型，如图8-3所示。

id	horsepower	width	height	price
1	111	64.1	48.8	13495
2	111	64.1	48.8	16500
3	154	65.5	52.4	16500
4	102	66.2	54.3	13950
5	115	66.4	54.3	17450
6	110	66.3	53.1	15250
7	110	71.4	55.7	17710
8	110	71.4	55.7	18920
9	140	71.4	55.9	23875
...	...	...	...	...

图 8-3　汽车数据集

在进行回归分析之前，首先查看相关系数矩阵，使用数据分析工具进行操作，在"数据分析"对话框的"分析工具"下找到"相关系数"选项，然后单击"确定"按钮。

在"相关分析"对话框中，需要设置输入区域、分组方式、输出选项等参数，设置完成后单击"确定"按钮，如图8-4所示。

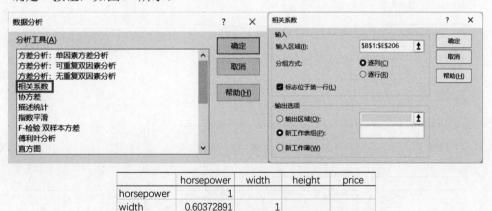

	horsepower	width	height	price
horsepower	1			
width	0.60372891	1		
height	-0.115454	0.27921	1	
price	0.68287243	0.695048	0.072803	1

图 8-4　相关系数设置

可以看出汽车价格与汽车的马力和宽度的相关系数都接近0.7，呈现高度相关，汽车的价格与汽车的高度相关系数为0.07，基本没有相关性。

接下来建立多元回归模型，依次选择"数据"|"分析"|"数据分析"，在"数据分析"对话框的"分析工具"下单击"回归"选项。

进入"回归"对话框，首先选择"Y值输入区域"，单击箭头处即可开始选择。用方框选中体重y下面的单元格，单击上方箭头处的图标即可。接着选择"X值输入区域"，单击箭头处即可开始选择X值。用方框选中身高x下面的单元格，单击上方箭头处的图标即可。选择"置信度"复选框，此处置信度为95%，如图8-5所示。

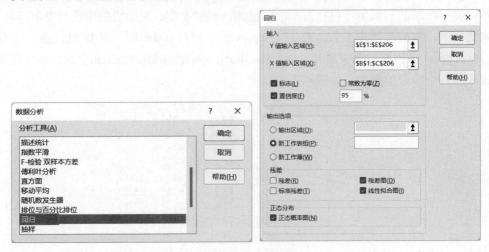

图 8-5　回归分析设置

单击"确定"按钮，即可开始回归分析，在界面上可以看到回归分析结果，如图8-6所示。在输出的三张表里可以看到回归分析效果，第一张表的调整 R^2（即Rquare为0.59214039），第二张表是模型的方差分析，第三张表是模型的参数估计及检验，由P-value可以看到参数都通过了显著性检验。

SUMMARY OUTPUT

回归统计	
Multiple R	0.76950659
R Square	0.59214039
Adjusted R	0.58810217
标准误差	5523.8538
观测值	205

方差分析

	df	SS	MS	F	Significance F
回归分析	2	8.948E+09	4.47E+09	146.6342	4.588E-40
残差	202	6.164E+09	30512961		
总计	204	1.511E+10			

	Coefficients	标准误差	t Stat	P-value	Lower 95%	Upper 95%	下限 95.0%	上限 95.0%
Intercept	-112776.29	14218.707	-7.93154	1.45E-13	-140812.4	-84740.162	-140812.41	-84740.16
horsepowe	83.1938528	11.320389	7.349028	4.85E-12	60.872566	105.51514	60.8725661	105.51514
width	1785.26105	226.15013	7.894141	1.83E-13	1339.3433	2231.17877	1339.34333	2231.1788

图 8-6　回归分析结果

残差图是有关实际值与预测值之间差距的图表，如果残差图中的散点在中轴上下两侧分布，那么拟合直线就是合理的，说明预测有时多些，有时少些，总体来说是符合趋势的，但如果都在上侧或下侧就不行了，这样存在倾向性，需要重新处理。残差图展示以残差为纵坐标，以汽车马力、宽度为横坐标的散点图，如图8-7所示。

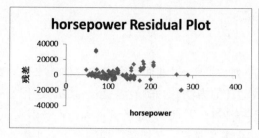
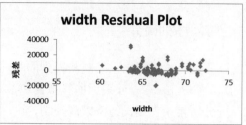

图 8-7　残差图

还可以用散点图展示拟合效果。在线性拟合图中可以看到,除了实际的数据点外,还有经过拟和处理的预测数据点,这些参数在以上的表格中也有显示,如图8-8所示。

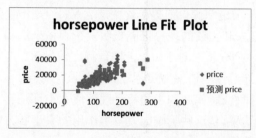
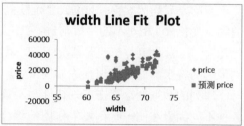

图 8-8　拟合效果

正态概率图一般用于检查一组数据是否服从正态分布,是实际数值和正态分布数据之间的函数关系散点图,如果这组数值服从正态分布,正态概率图将是一条直线,接着还可以查看汽车价格的预测值和残差,如图8-9所示。

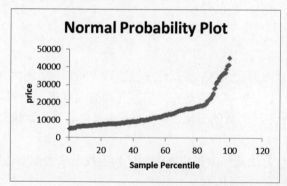

观测值	预测 price	残差
1	10893.46	2601.54
2	10893.46	5606.54
3	16970.16	-470.16
4	13893.77	56.23
5	15332.34	2117.66
6	14737.84	512.16
7	23842.68	-6132.68
8	23842.68	-4922.68
9	26338.49	-2463.49
...	...	...

图 8-9　正态概率图与预测值

8.2　时间序列分析

时间序列分析是一种历史数据的延伸预测,它根据时间序列所反映出来的发展过程、方向和趋势进行类推或延伸,借以预测下一段时间或以后若干年内可能达到的水平,内容包括:收集与整理历史数据、对这些数据进行排列、从中寻找规律模式、预测将来的情况。

8.2.1 时间序列简介

时间序列分析是根据系统观测得到的时间序列数据,通过曲线拟合和参数估计来建立数学模型的理论和方法。它一般采用曲线拟合和参数估计的方法(如非线性最小二乘法)进行预测。时间序列分析常用在国民经济宏观控制、区域综合发展规划、企业经营管理、市场潜量预测、气象预报、水温预报、地震前兆预报、农作物病虫灾害预报、环境污染控制、生态平衡、天文学和海洋学等方面。

时间序列分析法是根据过去的变化预测未来的发展,前提是假定事物的过去延续到未来。时间序列分析正是根据客观事物发展的连续规律性,运用过去的历史数据,通过统计分析进一步推测未来的发展趋势。事物的过去会延续到未来这个假设前提包含两层含义:一是不会发生突然的跳跃变化,以相对小的步伐前进;二是过去和当前的现象可能表明现在和将来活动的发展变化趋向。这就决定了在一般情况下,时间序列分析法对于短、近期预测比较显著,但如果延伸到更远的将来,就会出现很大的局限性,导致预测值偏离实际较大而使决策失误。

时间序列的数据变动存在着规律性与不规律性。时间序列中的每个观察值大小都是影响变化的各种不同因素在同一时刻发生作用的综合结果。从这些影响因素发生作用的大小和方向变化的时间特性来看,这些因素造成的时间序列数据的变动分为4种类型:

- 趋势性:某个变量随着时间进展或自变量变化,呈现一种比较缓慢而长期的持续上升、下降或停留的同性质变动趋向,但变动幅度可能不相等。
- 周期性:某个因素由于外部的影响,随着自然季节的交替出现高峰与低谷的规律。
- 随机性:个别为随机变动,整体呈现统计规律。
- 综合性:实际变化情况是几种变动的叠加或组合。预测时设法过滤不规则变动,突出反映趋势性和周期性变动。

时间序列的主要应用是对经济进行预测,预测主要以连续性原理作为依据。连续性原理是指客观事物的发展具有合乎规律的连续性,事物发展是按照它本身固有的规律进行的。在一定条件下,只要规律赖以发生作用的条件不产生质的变化,事物的基本发展趋势在未来就还会延续下去。

时间序列预测就是利用统计技术与方法从预测指标的时间序列中找出演变模式,建立数学模型,对预测指标的未来发展趋势做出定量估计。

例如,某一城市在1985—1994年,每年参加体育锻炼的人口数排列起来共有10个数据(构成一个时间序列)。我们希望用某个数学模型,根据这10个历史数据来预测1995年或以后若干年中每年的体育锻炼人数是多少,以便该城市领导人制订一个有关体育健身的发展战略或整个工作计划。

又例如,可提费用是人寿保险保费收入中重要的组成部分,是目前国内人寿保险公司运营的基本保证。它的变化规律对于保险公司的资金计划、预算管理以及发展规划等行为将起到至关重要的作用,因此合理、相对准确地预测可提费用对于保险公司在管理决策和发展规划方面具有重要的作用。

收集历史资料并加以整理,编成时间序列,根据时间序列绘成统计图。时间序列分析通常是把各种可能发生作用的因素进行分类,传统的分类方法是按各种因素的特点或影响效果分为4大类:长期趋势、季节变动、循环变动、不规则变动。

分析时间序列,时间序列中的每一时期的数值都是由许许多多不同的因素同时发生作用后的综合结果。

求时间序列的长期趋势(T)、季节变动(S)和不规则变动(I)的值,并选定近似的数学模式来代表它们。对于数学模式中的诸多未知参数,可使用合适的技术方法求出其值。

利用时间序列资料求出长期趋势、季节变动和不规则变动的数学模型后,就可以利用它来预测未来的长期趋势值T和季节变动值S,在可能的情况下,预测不规则变动值I,然后用以下模式计算出未来的时间序列预测值Y:

加法模式:T+S+I=Y。

乘法模式:T×S×I=Y。

如果不规则变动的预测值较难求得,那么可以只求长期趋势和季节变动的预测值,以两者相乘之积或相加之和为时间序列的预测值。如果经济现象本身没有季节变动或不需要预测分季、分月的资料,长期趋势的预测值就是时间序列的预测值,即T=Y。

时间序列中各项数据具有可比性,是编制时间序列的基本原则。此外,时间序列预测值只能反映未来的发展趋势,即使是很准确的趋势线,在按时间顺序观察方面所起的作用本质上也只是一个平均数的作用,实际值将围绕着它上下波动。

时间序列分解图通过使用季节趋势分解了解时间序列的组成部分。时间序列分析是根据过去的变化趋势预测未来的发展,它的前提是假定事物的过去延续到未来。

时间序列的构成要素:

- 长期趋势:现象在较长时期内受某种根本性因素作用而形成的总的变动趋势。
- 季节变动:现象在一年内随着季节的变化而发生的有规律的周期性变动。
- 循环变动:现象以若干年为周期所呈现出的波浪起伏形态的有规律的变动。
- 不规则变动:是一种无规律可循的变动,包括严格的随机变动和不规则的突发性影响很大的变动两种类型。

时间序列预测图(Time Series Forecasting Chart)使用指数平滑模型根据先前观察到的数值预测未来的值,使用今天的预测为明天进行优化。时间序列预测是使用模型根据先前观察到的数值预测未来的值。

时间序列模型是商务分析师用来预测需求和库存、预算、销售配额、营销活动和采购的主要工具之一。准确地预测可以做出更好的决策,该预测基于趋势和季节性模型,可以控制算法参数和视觉属性以适合用户的需求。

8.2.2　移动平均法及案例

Excel中的移动平均功能是一种简单的平滑预测技术,它可以平滑数据,消除数据的周期变动和随机变动的影响,显示出事件的发展方向与趋势。具体而言,它的计算方法是根据时间序列资料计算包含某几个项数的平均值,是反映数据的长期趋势方向的方法。

移动平均法是一种简单平滑预测技术，它的基本思想是：根据时间序列资料逐项推移，依次计算包含一定项数的序时平均值，以反映长期趋势的方法。因此，当时间序列的数值由于受周期变动和随机波动的影响起伏较大，不易显示出事件的发展趋势时，使用移动平均法可以消除这些因素的影响，显示出事件的发展方向与趋势（即趋势线），然后依趋势线分析预测序列的长期趋势。

1. 简单移动平均法

设有一时间序列 $y_1, y_2, \ldots, y_t, \ldots$，按照数据集的顺序逐点推移求出 N 个数的平均数，即可得到一次移动平均数：

$$M_t^{(1)} = \frac{y_t + y_{t-1} + \ldots + y_{t-N-1}}{N} = M_{t-1}^{(1)} + \frac{y_t - y_{t-N}}{N}$$

其中，t 需要大于等于 N，$M_t^{(1)}$ 为第 t 周期的一次移动平均数；y_t 为第 t 周期的观测值；N 为移动平均的项数，即求每一移动平均数使用的观察值的个数。

这个公式表明：当 t 向前移动一个时期，就增加一个新近数据，去掉一个远期数据，得到一个新的平均数。由于它不断地"吐故纳新"，逐期向前移动，所以称为移动平均法。

由于移动平均可以平滑数据，消除周期变动和不规则变动的影响，使得长期趋势显示出来，因此可以用于预测。其预测公式为：

$$\hat{y}_{t+1} = M_t^{(1)}$$

即以第 t 周期的移动平均数作为第 $t+1$ 周期的预测值。

2. 趋势移动平均法

当时间序列没有明显的趋势变动时，使用一次移动平均就能够准确地反映实际情况，直接用第 t 周期的移动平均数就可以预测第 $t+1$ 周期的值。但当时间序列出现线性变动趋势时，用移动平均数来预测就会出现滞后偏差。因此，需要进行修正，修正的方法是在一次移动平均的基础上再做二次移动平均，利用移动平均滞后偏差的规律找出曲线的发展方向和发展趋势，然后建立直线趋势的预测模型。故称为趋势移动平均法。

设一次移动平均数为 $M_t^{(1)}$，则二次移动平均数 $M_t^{(2)}$ 的计算公式为：

$$M_t^{(2)} = \frac{M_t^{(1)} + M_{t-1}^{(1)} + \ldots + M_{t-N+1}^{(1)}}{N} = M_{t-1}^{(2)} + \frac{M_t^{(1)} - M_{t-N}^{(1)}}{N}$$

再设时间序列 $y_1, y_2, \ldots, y_t, \ldots$，从某时期开始具有直线趋势，且认为未来时期亦按此直线趋势变化，则可设此直线趋势预测模型为：

$$\hat{y}_{t+T} = a_t + b_t \times T$$

式中，t 为当前时期数，T 为由当前时期数 t 到预测期的时期数，即 t 以后的模型外推的时间，$\hat{y}_{t+T}$ 为第 $t+T$ 期的预测值，a_t 为截距，b_t 为斜率，a_t 和 b_t 又称为平滑系数。

根据移动平均值可得截距 a_t 和斜率 b_t 的计算公式为：

$$a_t = 2M_t^{(1)} - M_t^{(2)} \qquad b_t = \frac{2\left(M_t^{(1)} - M_t^{(2)}\right)}{N-1}$$

在实际应用移动平均法时,移动平均项数 N 的选择十分关键,它取决于预测目标和实际数据的变化规律。

示例8-2:使用移动平均法预测2022年的企业销售额

已知某企业2010—2021年的年度销售额如图8-10所示(单位:百万元),试用Excel预测2022年该企业的销售额。

年份	销售额
2010	73.7
2011	75.9
2012	83.6
2013	80.3
2014	86.9
2015	92.4
2016	94.6
2017	95.7
2018	101.2
2019	104.5
2020	111.1
2021	117.7

图 8-10　移动平均分析工具

操作步骤如下:

01 依次选择"数据"|"分析"|"数据分析",然后选择"移动平均"选项,单击"确定"按钮,这时将弹出"移动平均"对话框。

02 在输入框中指定输入参数。在"输入区域"框中指定统计数据所在区域"$B$1:$B$13",因指定的输入区域包含标志行(即变量名称),所以选中"标志位于第一行"复选框;在"间隔"框内输入移动平均的项数3,这需要根据数据的变化规律决定,本案例选取移动平均项数 $N=3$。

03 在"输出选项"框内指定输出选项。可以选择输出到当前工作表的某个单元格区域、新工作表组或新工作簿。本例选定输出区域,并输入输出区域左上角的单元格地址"$C$2";选中"图表输出"复选框。如果需要输出实际值与一次移动平均值的差,还可以选中"标准误差"复选框,如图8-11所示。

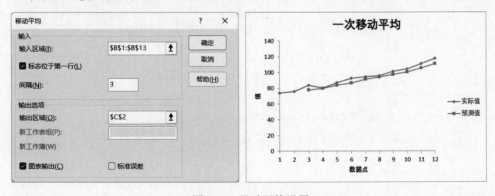

图 8-11　移动平均设置

04 单击"确定"按钮，这时Excel给出一次移动平均的计算结果及实际值与一次移动平均值的曲线图。

从图8-11可以看出，该商场的年销售额具有明显的线性增长趋势。因此，要进行预测，还必须先进行二次移动平均，再建立直线趋势的预测模型。

利用Excel提供的移动平均工具只能进行一次移动平均，所以在一次移动平均的基础上再进行移动平均即可，如图8-12所示。

年份	销售额	一次移动平均
2010	73.7	#N/A
2011	75.9	#N/A
2012	83.6	77.73
2013	80.3	79.93
2014	86.9	83.60
2015	92.4	86.53
2016	94.6	91.30
2017	95.7	94.23
2018	101.2	97.17
2019	104.5	100.47
2020	111.1	105.60
2021	117.7	111.10

图 8-12　二次移动平均设置

二次移动平均的方法同上，求出的二次移动平均值及实际值与二次移动平均值的拟合曲线如图8-13所示。

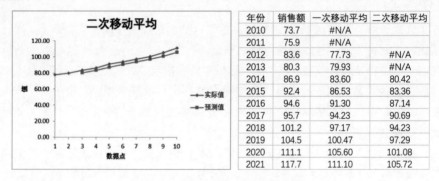

年份	销售额	一次移动平均	二次移动平均
2010	73.7	#N/A	
2011	75.9	#N/A	
2012	83.6	77.73	#N/A
2013	80.3	79.93	#N/A
2014	86.9	83.60	80.42
2015	92.4	86.53	83.36
2016	94.6	91.30	87.14
2017	95.7	94.23	90.69
2018	101.2	97.17	94.23
2019	104.5	100.47	97.29
2020	111.1	105.60	101.08
2021	117.7	111.10	105.72

图 8-13　二次移动平均拟合曲线

利用前面所讲的截距 a_t 和斜率 b_t 的计算公式可得：

$$a_{12} = 2M_{12}^{(1)} - M_{12}^{(2)} = 2 \times 111.10 - 105.72 = 116.48$$

$$b_{12} = \frac{2\left(M_{12}^{(1)} - M_{12}^{(2)}\right)}{3-1} = 111.10 - 105.72 = 5.38$$

于是可得 $t=12$ 时的直线趋势预测模型为：

$$\hat{y}_{12+T} = 116.48 + 5.38 \times T$$

预测2022年该企业的年销售额为：

$$\hat{y}_{2022} = \hat{y}_{12+1} = 116.48 + 5.38 = 121.86$$

8.2.3　指数平滑法及案例

指数平滑法是布朗最先提出的，他认为时间序列的态势具有稳定性或规则性，所以时间序列可被合理地顺势推延。布朗认为最近的过去态势在某种程度上会持续到最近的未来，所以将较大的权数放在最近的资料中。

指数平滑法是生产预测中常用的一种方法。简单的全期平均法是对时间数列的过去数据一个不漏地全部加以同等利用；移动平均法则不考虑较远的数据，并在加权移动平均法中给予近期资料更大的权重；而指数平滑法则兼顾了全期平均法和移动平均法所长，不舍弃过去的数据，仅给予逐渐减弱的影响程度，即随着数据的远离，赋予逐渐收敛为零的权数。

也就是说，指数平滑法是在移动平均法的基础上发展起来的一种时间序列分析预测法，它是通过计算指数平滑值，配合一定的时间序列预测模型对现象的未来进行预测的。其原理是任一期的指数平滑值都是本期实际观察值与前一期指数平滑值的加权平均。

按照模型参数的不同，指数平滑的形式可以分为一次指数平滑法、二次指数平滑法、三次指数平滑法。其中，一次指数平滑法针对没有趋势和季节性的序列，二次指数平滑法针对有趋势但是没有季节特性的时间序列，三次指数平滑法则可以预测具有趋势和季节性的时间序列，Holt-Winter指的是三次指数平滑，这里我们主要介绍一次指数平滑法。

1. 一次指数平滑法

一次指数平滑法根据本期的实际值和预测值，并借助平滑系数（α）进行加权平均计算，预测下一期的值。它是对时间序列数据给予加权平滑，从而获得其变化规律与趋势。

Excel中的一次指数平滑法需要使用阻尼系数（β），阻尼系数越小，近期实际值对预测结果的影响越大；反之，阻尼系数越大，近期实际值对预测结果的影响越小。

其中，$\beta = 1 - \alpha$。α 为平滑系数（$0 \leqslant \alpha \leqslant 1$），$\beta$ 为阻尼系数（$0 \leqslant \beta \leqslant 1$）。

在实际应用中，阻尼系数是根据时间序列的变化特性来选取的。

- 若时间序列数据的波动不大，比较平稳，则阻尼系数应取小一些，如 0.1～0.3。
- 若时间序列数据具有迅速且明显的变动倾向，则阻尼系数应取大一些，如 0.6～0.9。

根据具体时间序列数据的情况，我们可以大致确定阻尼系数（β）的取值范围，然后分别取几个值进行计算，比较不同值（阻尼系数）下的预测标准误差，选取预测标准误差较小的那个预测结果即可。

一次指数平滑法公式如下：

$$S_t = \alpha X_{t-1} + (1-\alpha) S_{t-1} = (1-\beta) X_{t-1} + \beta S_{t-1}$$

式中，S_t 为时间 t 的平滑值，X_{t-1} 为时间 $t-1$ 的实际值，S_{t-1} 为时间 $t-1$ 的平滑值，α 为平滑系数，β 为阻尼系数。

2. 二次指数平滑法

二次指数平滑法保留了平滑信息和趋势信息，使得模型可以预测具有趋势的时间序列。二次指数平滑法有两个等式和两个参数：

$$s_i = \alpha \times x_i + (1-\alpha)(s_{i-1} + t_{i-1})$$
$$t_i = \beta \times (s_i - s_{i-1}) + (1-\beta)t_{i-1}$$

t_i 代表平滑后的趋势,当前趋势的未平滑值是当前平滑值 s_i 和上一个平滑值 s_{i-1} 的差。s_i 为当前平滑值,是在一次指数平滑的基础上加入了上一步的趋势信息 t_{i-1}。利用这种方法进行预测,就取最后的平滑值,然后每增加一个时间步长,就在该平滑值上增加一个 t_i:

$$x_{i+h} = s_i + h \times t_i$$

在计算的形式上,这种方法与三次指数平滑法类似。因此,二次指数平滑法也被称为无季节性的Holt-Winter平滑法。

3. Holt-Winter 平滑法

三次指数平滑法比二次指数平滑增加了第三个量来描述季节性。累加式季节性对应的等式为:

$$s_i = \alpha \times (x_i - p_{i-k}) + (1-\alpha)(s_{i-1} + t_{i-1})$$
$$t_i = \beta \times (s_i - s_{i-1}) + (1-\beta)t_{i-1}$$
$$p_i = \gamma(x_i - s_i) + (1-\gamma)p_{i-k}$$
$$x_{i+h} = s_i + h \times t_i + p_{i-k+h}$$

累乘式季节性对应的等式为:

$$s_i = \alpha \times \frac{x_i}{p_{i-k}} + (1-\alpha)(s_{i-1} + t_{i-1})$$

$$t_i = \beta \times (s_i - s_{i-1}) + (1-\beta)t_{i-1}$$

$$p_i = \gamma \frac{x_i}{s_i} + (1-\gamma)p_{i-k}$$

$$x_{i+h} = s_i + h \times t_i + p_{i-k+h}$$

其中, p_i 为周期性的分量,代表周期的长度;x_{i+h} 为模型预测的等式。

截至目前,指数平滑法已经在零售、医疗、消防、房地产和民航等行业得到了广泛应用,例如对于商品零售,可以利用二次指数平滑法优化马尔科夫预测模型等。

示例8-3:使用指数平滑法预测2022年的企业销售额

下面还是使用上述企业2010—2021年的年度销售额,使用指数平滑法预测2022年该企业的销售额。操作步骤如下:

01 依次选择"数据"|"分析"|"数据分析",然后单击"指数平滑"选项。单击"确定"按钮,这时将弹出"指数平滑"对话框,如图8-14所示。

在"输入"下,设置如下:

- 输入区域:本例数据源为 $B$1:$B$13。
- 阻尼系数:阻尼系数=1-平滑系数,本例填写阻尼系数为 0.1,意味着平滑系数为 0.9。
- 标志:本例中选择"标志"复选框。

在"输出选项"下，设置如下：

- 输出区域：本例将结果输出至当前工作表的$C$2单元格。
- 图表输出：输出由实际数据和指数平滑数据形成的折线图，选择"图表输出"复选框。
- 标准误差：实际数据与预测数据（指数平滑数据）的标准差，用以显示预测值与实际值的差距，这个数据越小，则表明预测数据越准确。

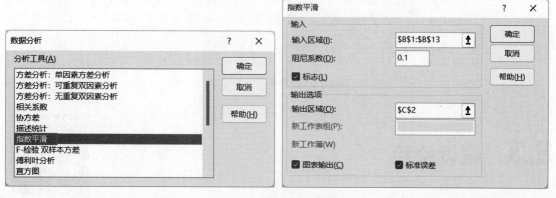

图 8-14　指数平滑设置

02 单击"确定"按钮，即可完成。公式往下拉就可以得到预测结果，如图8-15所示。

一次指数平滑的预测值＝上一期的实际值×平滑系数＋上一期的预测值×阻尼系数

可知：2022年的销售额预测值 C14＝0.9×B13＋0.1×C13＝116.97。

年份	销售额	α=0.9	标准误差
2010	73.7	#N/A	#N/A
2011	75.9	73.70	#N/A
2012	83.6	75.68	#N/A
2013	80.3	82.81	#N/A
2014	86.9	80.55	4.9617
2015	92.4	86.27	6.0368
2016	94.6	91.79	5.2990
2017	95.7	94.32	5.3499
2018	101.2	95.56	3.9775
2019	104.5	100.64	3.7244
2020	111.1	104.11	4.0260
2021	117.7	110.40	5.6429
2022		116.97	6.2452

图 8-15　销售额预测

03 为了验证平滑系数为0.9是否是最优，这里还绘制了平滑系数为0.8、0.7等情况下的预测值，从图8-16可知，在平滑系数为0.9（即阻尼系数为0.1）时，标准误差最小。

年份	销售额	α=0.9	标准误差	α=0.8	标准误差	α=0.7	标准误差
2010	73.7	#N/A	#N/A	#N/A	#N/A	#N/A	#N/A
2011	75.9	73.70	#N/A	73.70	#N/A	73.70	#N/A
2012	83.6	75.68	#N/A	75.46	#N/A	75.24	#N/A
2013	80.3	82.81	#N/A	81.97	#N/A	81.09	#N/A
2014	86.9	80.55	4.9617	80.63	4.9630	80.54	5.0119
2015	92.4	86.27	6.0368	85.65	6.0087	84.99	6.0827
2016	94.6	91.79	5.2990	91.05	5.4055	90.18	5.6568
2017	95.7	94.32	5.3499	93.89	5.7000	93.27	6.1895
2018	101.2	95.56	3.9775	95.34	4.5273	94.97	5.1749
2019	104.5	100.64	3.7244	100.03	4.0925	99.33	4.6274
2020	111.1	104.11	4.0260	103.61	4.3834	102.95	4.8782
2021	117.7	110.40	5.6429	109.60	6.0700	108.65	6.6315
2022		116.97	6.2452	116.08	6.8741	114.99	7.6367

图 8-16　设置不同平滑系数

8.3　假设检验

假设检验是用来判断样本与样本、样本与总体的差异是由抽样误差引起还是本质差别造成的统计推断方法，其中显著性检验是假设检验中最常用的一种方法，也是一种最基本的统计推断形式，常用的假设检验方法有 Z 检验、T 检验、F 检验等。

8.3.1　Z 检验及案例

以正态分布为理论依据的假设检验叫作 Z 检验。Z 只是一个符号或名称，它本身并无特殊含义，关键是它所表达的内容。例如，当人们收集了来自单组设计的一元定量资料的 n 个取值时，将其代入下面的公式进行计算，再依据正态分布的理论和方法，就可以推断这个样本所代表的总体均值与已知均值之间的差别是否具有统计学意义。

$$Z = \frac{|\bar{x} - \mu_0|}{\sigma / \sqrt{n}}$$

在式中，假定"标准差 σ"是一个已知的常数。由此式所定义的 Z 被称为"Z 检验统计量"，即这是一个可用于实现对某种"检验假设"进行检验的计算公式。

统计学家已经证明，式中定义的"Z 检验统计量"是一个服从标准正态分布的随机变量，故可以基于样本数据代入式中计算出来的结果，并依据标准正态分布的理论进行统计推断。

ZTEST函数用于计算 Z 检验的单尾概率值。对于给定的假设总体平均值 μ_0，ZTEST返回样本平均值大于数据集（数组）中观察平均值的概率，即观察样本平均值。

ZTEST函数的语法如下：

```
ZTEST(array, x, sigma)
```

其中，array参数为用来检验 x 的数组或数据区域，x 参数为被检验的值，sigma参数为已知样本总体的标准偏差，如果省略，则使用样本标准偏差。

下面通过实例详细讲解该函数的使用方法与技巧。

示例8-4：订单量的 Z 检验

工作表中记录了一组数据，要求根据工作表中的数据计算出 Z 检验的概率值。

操作步骤如下：

01 计算 Z 检验单尾概率值。选中E2单元格，在编辑栏中输入公式"=ZTEST(B2:B13,300)"，用于计算总体平均值为300时数据集的 Z 检验单尾概率值，输入完成后按Enter键返回计算结果。

02 计算 Z 检验双尾概率值。选中 E3 单元格，在编辑栏中输入公式"=2*MIN(ZTEST(B2:B13,300),1-ZTEST(B2:B13,300))"，用于计算总体平均值为300时数据集的 Z 检验双尾概率值，输入完成后按Enter键返回计算结果，如图8-17所示。

无论是单尾，还是双尾 Z 检验，P 值都大于0.1，可以得出如下结论：我们不能拒绝零假设，即没有足够的证据得出订单量的均值是大于300的。

月份	订单量		
1月	200	总体均值300，Z单尾检验	0.4746
2月	197	总体均值300，Z双尾检验	0.9492
3月	233		
4月	219		
5月	345		
6月	319		
7月	197		
8月	354		
9月	376		
10月	416		
11月	355		
12月	408		

图 8-17　Z 检验

8.3.2　T 检验及案例

在统计学中，为观测观察单位某项定量指标的数量大小而获得的资料称为计量资料，该类型的资料一般有度量衡单位，表现为数值大小，如高密度脂蛋白、血压、糖化血红蛋白等。假设检验作为统计分析的重要组成部分，是由样本推断总体是否可能存在差异的一种统计推断方法。以t分布为理论基础的T检验计算方便且检验功效较高，是最常用的计量资料假设检验方法。

T 检验亦称student t检验，主要用于样本含量较小（例如 $n < 30$）、总体标准差 σ 未知的正态分布。t分布最早由英国统计学家W.S.Gosset于1908年以笔名Student发表，开创了小样本统计推断的新纪元。

设 $X \sim N(0,1)$、$Y \sim \chi_n^2$，且 X 与 Y 独立，则随机变量的分布称为有n个自由度的t分布，并记作 $t \sim t_n$。

$$t = \frac{X}{\sqrt{Y/n}}$$

T 检验是用 t 分布理论来推论差异发生的概率，从而比较两个平均数的差异是否显著。它与 F 检验、卡方检验并列。T 检验是戈斯特为了观测酿酒质量而发明的，并于1908年在 Biometrika 上以 Student 为笔名发表。T 检验可分为单总体检验和双总体检验。双总体检验又分为独立样本 T 检验与配对样本 T 检验。

T 检验是差异检验的常用方式，如A/B测试。在Excel中进行 T 检验常使用ttest()函数，但很多人对该函数结果的理解存在误区。接下来以独立样本 T 检验为例，对ttest()函数的结果进行说明，并讲解 T 检验中 t 值的计算方式。

示例8-5：不同性别年龄的 T 检验

例如，收集了100名受试者的基本信息（如性别、年龄等），其中男性有51例，女性有49例，分析男性和女性之间的年龄差异是否显著。操作步骤如下：

直接输入公式"=T.TEST(C2:C52,C53:C101,2,2)"，输出双样本 T 检验的 P 值，如图8-18所示。

序　号	性　　别	年　　龄	T 检验 P 值
1	男	30	0.0181
2	男	22	
3	男	50	
4	男	33	
5	男	44	
6	男	27	
7	男	31	
8	男	60	

图 8-18　双样本 T 检验

8.3.3　F 检验及案例

F 检验又叫方差齐性检验，在双样本 T 检验中要用到 F 检验。

从两个总体中随机抽取样本，要对这两个样本进行比较的时候，首先要判断两个总体方差是否相同，即方差齐性。若两个总体方差相同，则直接使用 T 检验。

$$F = \frac{S_1^2 / \sigma_1^2}{S_2^2 / \sigma_2^2} \qquad F(n_1 - 1, n_2 - 1)$$

样本标准偏差的平方即：

$$S^2 = \sum_{i=1}^{n} (x - \bar{x})^2 / (n - 1)$$

然后计算的 F 值与查表得到的 $F_表$ 值比较：

（1）$F < F_表$表明两组数据没有显著方差差异。

（2）$F \geqslant F_表$表明两组数据存在显著方差差异。

适用的 F 检验例子包括：

假设一系列服从正态分布的母体都有相同的标准差。这是最典型的 F 检验，该检验在方差分析（ANOVA）中也非常重要。

假设一个回归模型很好地符合其数据集要求，检验多元线性回归模型中被解释变量与解释变量之间的线性关系在总体上是否显著。

FTEST函数用于计算 F 检验的结果。F 检验返回的是当数组1和数组2的方差无明显差异时的单尾概率。可以使用FTEST函数来判断两个样本的方差是否不同。例如，给定几个不同学校的测试成绩，可以检验学校间测试成绩的差别程度。

FTEST函数的语法如下：

```
FTEST(array1,array2)
```

其中，array1参数为第1个数组或数据区域，array2参数为第2个数组或数据区域。下面通过实例详细讲解该函数的使用方法与技巧。

示例8-6：门店退单量 F 检验

已知在两个数据区域中，给定了两个门店在2021年12个月份的退单量，要求计算两个门店退单量的差别程度，操作步骤如下：

选中 D2 单元格，在编辑栏中输入公式"=FTEST(B2:B13,C2:C13)"，用于返回上述数据集的 F 检验结果，输入完成后按Enter键返回计算结果，如图8-19所示。

参数可以是数字，或者包含数字的名称、数组或引用。如果数组或引用参数包含文本、逻辑值或空白单元

月份	金寨店	燎原店	F检验p值
1月	16	28	0.0211
2月	27	28	
3月	31	32	
4月	38	31	
5月	27	30	
6月	28	27	
7月	29	30	
8月	38	21	
9月	23	26	
10月	21	26	
11月	27	26	
12月	39	22	

图 8-19　计算 F 检验值

格，则这些值将被忽略，但包含零值的单元格将计算在内。如果数组1或数组2中数据点的个数小于2个，或者数组1或数组2的方差为零，函数FTEST返回错误值"#DIV/0!"。

8.4　线性规划

线性规划（Linear Programming，LP）是辅助人们进行科学管理的一种数学方法，在解决实际问题时，需要把问题归结成一个线性规划数学模型，关键及难点在于选适当的决策变量建立恰当的模型，这直接影响问题的求解。本节介绍规划求解问题、最短路径问题等常见的线性规划问题。

8.4.1 线性规划简介

在数学中,线性规划问题是目标函数和约束条件都是线性的最优化问题。线性规划概念是在1947年的军事行动计划有关实践中产生的,而相关问题Fourier(在1823年)和Poussin(在1911年)就已经提出过,发展至今已有将近100年的历史了。

线性规划是最优化问题中的重要领域之一。很多运筹学中的实际问题都可以用线性规划来表述。在历史上,由线性规划引申出的很多概念启发了最优化理论的核心概念,诸如"对偶""分解""凸性"的重要性及其一般化等。同样,在微观经济学和商业管理领域,线性规划被大量应用于解决收入极大化或生产过程的成本极小化之类的问题。乔治·丹齐格被认为是线性规划之父。

线性规划的某些特殊情况,例如网络流、多商品流等问题都被认为非常重要,并有大量对其算法的专门研究。很多其他种类的最优化问题算法都可以拆分成线性规划子问题,然后进行求解。线性规划现在已成为生产制造、市场营销、银行贷款、股票行情、出租车费、统筹运输、电话资费、计算机上网等热点现实问题决策的依据。

描述线性规划问题的常用和最直观形式是标准型。标准型包括以下三个部分:

一个需要极大化的线性函数,例如:

$$c_1 x_1 + c_2 x_2$$

以下形式的问题约束,例如:

$$a_{11} x_1 + a_{12} x_2 \leqslant b_1$$
$$a_{21} x_1 + a_{22} x_2 \leqslant b_2$$
$$a_{31} x_1 + a_{32} x_2 \leqslant b_3$$

非负变量,例如:

$$x_1 \geqslant 0$$
$$x_2 \geqslant 0$$

线性规划问题通常可以用矩阵形式表达成:

目标函数: $c^T x$ 。

约束条件: $Ax \leqslant b$, $x \geqslant 0$ 。

其他类型的问题,例如极小化问题、不同形式的约束问题和有负变量的问题都可以改写成其等价问题的标准型。

在线性规划问题中,有些最优解可能是分数或小数,但对于某些具体问题,常要求某些变量的解必须是整数。例如,当变量代表的是机器的台数、工作的人数或装货的车数等,为了满足整数的要求,初看起来似乎只要把已得的非整数解取整就可以,实际上取整后的数不见得是可行解和最优解,所以应该有特殊的方法来求解整数规划。在整数规划中,如果所有变量都限制为整数,则称为纯整数规划;如果仅一部分变量限制为整数,则称为混合整数规划。

8.4.2 案例：规划求解问题

"规划求解"用于调整决策变量单元格中的值以满足约束单元格上的限制，并产生对目标单元格期望的结果。用Excel中的"规划求解"可以解决线性规划与非线性规划中的优化问题，同时还应用于数学模型拟合过程中的参数优化、单变量求解等方面。下面针对这三方面情况的应用分别进行讨论。

示例8-7：客户服务中心排班规划求解

某企业客户服务中心每天值班安排时间段和各班需要的咨询服务人员数量如表8-1所示。每班咨询话务员在各时段一开始上班，并连续工作9小时。问咨询中心每天至少需要多少话务人员？

表 8-1 服务中心每班需保证的人数

班 次	时 间 段	最少需求人数
1	0～3	12
2	3～6	8
3	6～9	16
4	9～12	20
5	12～15	26
6	15～18	30
7	18～21	26
8	21～24	16

建立数学模型，因为每个人需要连续工作9小时，即三个班次，如果设 $N_i(i=1,2,\ldots,8)$ 表示班次1～8开始工作的人数，则可以建立如下的数学模型：

目标函数： $\text{Min } Z = N1 + N2 + N3 + N4 + N5 + N6 + N7 + N8$

约束条件：

$$N7 + N8 + N1 \geq 12$$
$$N8 + N1 + N2 \geq 8$$
$$N1 + N2 + N3 \geq 16$$
$$N2 + N3 + N4 \geq 20$$
$$N3 + N4 + N5 \geq 26$$
$$N4 + N5 + N6 \geq 30$$
$$N5 + N6 + N7 \geq 26$$
$$N6 + N7 + N8 \geq 16$$

其中， $N1$、$N2$、$N3$、$N4$、$N5$、$N6$、$N7$、$N8$ 均大于或等于0且为整数。

下面使用Excel对服务中心的排班进行规划求解，操作步骤如下：

01 在Excel的加载项中添加"规划求解加载项"加载项，然后依次选择"数据"|"规划求解"，在"规划求解参数"界面设置相应的参数，如图8-20所示。

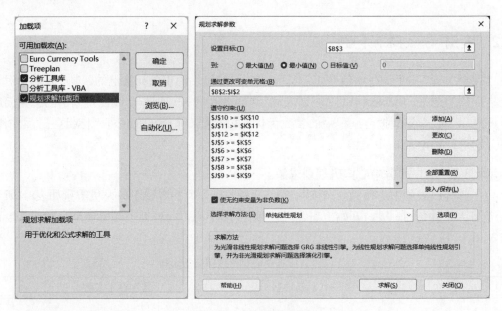

图 8-20　规划求解设置

02　在"规划求解参数"对话框中"设置目标"设置为图8-21中"目标函数值"对应的单元格，目标函数求最小值，所以选中"最小值"前面的单选按钮，"通过更改可变单元格"设置为图8-21的"$N1, N2, ..., N8$"对应的单元格。

变量	N1	N2	N3	N4	N5	N6	N7	N8	最优人数	最少人数
变量优化值										
目标函数值	0									
约束条件									最优人数	最少人数
	1	0	0	0	0	0	1	1	0	12
	1	1	0	0	0	0	0	1	0	8
	1	1	1	0	0	0	0	0	0	16
	0	1	1	1	0	0	0	0	0	20
	0	0	1	1	1	0	0	0	0	26
	0	0	0	1	1	1	0	0	0	30
	0	0	0	0	1	1	1	0	0	26
	0	0	0	0	0	1	1	1	0	16

图 8-21　规划求解参数表

03　目标函数值B3=SUM(B2:I2)，最优人数依次为：J5=SUMPRODUCT(B5:I5,$B$2:$I$2)，J6=SUMPRODUCT(B6:I6,$B$2:$I$2)，…，J12=SUMPRODUCT(B12:I12,$B$2:$I$2)，在选项中确定变量是整数，然后确定得到优化结果，如图8-22所示。

变量	N1	N2	N3	N4	N5	N6	N7	N8	最优人数	最少人数
变量优化值	6	2	8	10	8	12	6	0		
目标函数值	52									
约束条件									最优人数	最少人数
	1	0	0	0	0	0	1	1	12	12
	1	1	0	0	0	0	0	1	8	8
	1	1	1	0	0	0	0	0	16	16
	0	1	1	1	0	0	0	0	20	20
	0	0	1	1	1	0	0	0	26	26
	0	0	0	1	1	1	0	0	30	30
	0	0	0	0	1	1	1	0	26	26
	0	0	0	0	0	1	1	1	18	16

图 8-22　规划求解优化结果

结果表明：班次1至班次8对应的开始工作人数分别为6人、2人、8人、10人、8人、12人、6人和0人，每天最少配备52名咨询服务人员。数学模型拟合中的参数优化是通过求目标函数的最大（小）值，使得模型输出结果与实验测量数据之间达到最佳的拟合效果。由于实验环境本身很难达到理想的条件，通常优化算法很难达到参数在实验情况下的全局最优。近年来，随着计算机运算效率的快速提高，这种优化方法得到了进一步的开发与广泛应用。

8.4.3　案例：最短路径问题

对于处理最优化问题，Excel可以说是容易理解且操作方便的强大工具，同时也避免了非专业人员不熟悉专业处理软件等棘手问题。最短路径问题求解方法不仅可以直接应用于实际生产中出现的问题，比如线路安排、管道铺设等，还可以作为一种解决方法来解决其他的最优化问题。对于规模不大的最短路径求解问题，可以利用Excel软件解决。

最短路径问题属于最优化问题的一种，同时也是线性规划问题的特殊类型，目的是从一个网络中寻找从起点到某个节点之间的一条最短的路线。在一些实际应用中，最短路径问题的目的就是求解最短总距离，目标是使得一系列活动的总时间最短，通过建立线性规划模型并求解。

假设 x_{ij} 表示弧上的数字，即完成该阶段所花费的时间，y_{ij} 表示决策变量。决策变量就是最优解，即最短路径是否通过该弧，通过为1，未通过为0。那么要使时间总和 f 最小，就可以列出这样的式子：

目标函数：
$$\min f = \sum_{i=1}^{n}\sum_{j=1}^{n} x_{ij} y_{ij}$$

约束条件：
$$\begin{cases} x_{ij} \geqslant 0 \\ 出度 - 入度 = 度数和 \\ 0 \leqslant y_{ij} \leqslant 1 \end{cases}$$

其中，度数和表示最短路径通过节点的出度减去入度。起点的度数和为1，终点的度数和为 −1，其余节点的度数和为0。

示例8-8：企业产品开发时间最短路径

以某公司开发产品要求总时间最短的案例作为最短路径问题的研究对象，应用Excel软件进行分析和求解，对解决其他最短路径问题可以达到举一反三的效果。

某公司正在开发一款新产品，分为4个阶段，分别是设计、研发、生产和销售。管理者希望在有限的预算内更快地将产品推向市场，占领主导地位。开发过程中每个阶段的实施水平都可以分为正常水平和紧急水平，现在考虑提高实施水平使得产品可以加速完成。

表8-2列出了在每个水平下，开发新产品各阶段所需的时间和开发新产品各阶段所需的费用，公司计划为该项目拨款1000万元。

表 8-2　各阶段所需的时间和费用

水　平	设　计	研　发	生　产	销　售
正常	5 个月（100 万）	6 个月（200 万）	5 个月（300 万）	4 个月（200 万）
紧急	3 个月（200 万）	5 个月（600 万）	4 个月（400 万）	2 个月（300 万）

在最短路径问题中，管理者最希望得到的结果是每个阶段选择特定水平进行开发，在有限的开发经费内保证总时间最少。根据最优化方法，最短的开发总时间为目标函数，约束条件则是要遵循的相关规则，解决方法是利用Excel进行线性规划求解。

因为该网络存在超过一个的结束节点，不满足最短路径问题有且仅有一个目标的要求，所以添加了一个虚拟的目的地T，使得网络中仍然只有一个共同的终点，并在这些节点之间插入长度为0的弧。图8-23中除了虚拟的目的地以外，每个节点都由两个数字表示，其中第一个数字表示当前完成的阶段，第二个数字表示剩余的资金。每条弧表示某阶段以某种水平进行工作，弧上的数字表示花费的时间。选择时间作为弧长的尺度是因为目标是为了使4个阶段所花费的总时间最少。该网络得到最优解时的最短路径就是完成所有阶段总时间最短的方案。

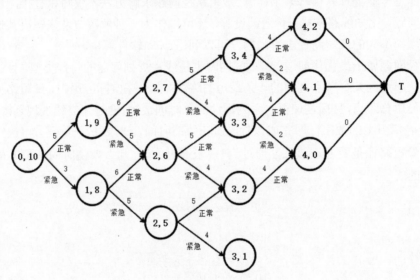

图 8-23　最短时间的网络规划

以该网络规划问题为基础得到的结果如图8-24所示。

起点	终点	是否最优解	时间	节点	出度-入度	度数和
(0, 10)	(1, 9)		5	(0, 10)	=	1
(0, 10)	(1, 8)		3	(1, 9)	=	0
(1, 9)	(2, 7)		6	(1, 8)	=	0
(1, 9)	(2, 6)		5	(2, 7)	=	0
(1, 8)	(2, 6)		6	(2, 6)	=	0
(1, 8)	(2, 5)		5	(2, 5)	=	0
(2, 7)	(3, 4)		5	(3, 4)	=	0
(2, 7)	(3, 3)		4	(3, 3)	=	0
(2, 6)	(3, 3)		5	(3, 2)	=	0
(2, 6)	(3, 2)		4	(3, 1)	=	0
(2, 5)	(3, 2)		5	(4, 2)	=	0
(2, 5)	(3, 1)		4	(4, 1)	=	0
(3, 4)	(4, 2)		4	(4, 0)	=	0
(3, 4)	(4, 1)		2	T	=	-1
(3, 3)	(4, 1)		4			
(3, 3)	(4, 0)		2			
(3, 2)	(4, 0)		4			
(4, 2)	T		0			
(4, 1)	T		0			
(4, 0)	T		0			
	总时间	0				

图 8-24　电子表格模型

其中B列和C列列出了所有的弧，D列用0或1表示是否为最优解，F列表示了每一条弧所对应的时间。D24单元格表示目标函数，即所花费的最短时间，在Excel中通过函数D24=SUMPRODUCT（是否最优解，时间）计算。

H列列出了所有的节点，I列表示每个节点出度减去入度的值，在I3:I16中输入的等式用了两个SUMIF函数的差来表示出度减去入度，第一个SUMIF计算该节点的出度，第二个SUMIF计算该节点的入度，两者之差就是度数和，如I3= SUMIF（起点，H3，是否最优解）-SUMIF（终点，H3，是否最优解），I4=SUMIF（起点，H4，是否最优解）-SUMIF（终点，H4，是否最优解），以此类推。

在图8-25中，将"设置目标"设置为目标函数单元格，选择求解最小值，可变单元格为（D3:D22）。约束条件出度-入度=度数和表示为I3:I16=K3:K16。为了保证得到的最优解满足非0即1的条件，要勾选"使无约束变量为非负数"。另外，在选择求解方法时选择单纯线性规划。通过求解就得到了图8-26中的答案，总时间最少需要16个月，比正常完成该产品提前了4个月。

图 8-25　"规划求解参数"设置

图8-26是得到最优解的电子表格模型，可以看到，在D列中为1的就是最短路径通过的弧，于是可以画出该产品生产的最短时间图。可以看到设计阶段采用了紧急水平，研发阶段采用了正常水平，生产阶段采用了正常水平，销售阶段采用了紧急水平。

可以看出最短时间为：(0,10)|(1,8)|(2,6)|(3,3)|(4,0)|T。

本案例介绍了Excel线性规划在求解最短路径问题中的应用，通过对最短路径问题的扩展案例进行详细介绍，使用者还可以举一反三地解决最优化问题中的最大流、最小支撑树等问题。对于管理者来说，不需要了解复杂的求解过程，只需把数据、目标函数、约束条件等在Excel电子表格中设置好，即可直接求得所需的结果，符合管理者的实用价值，还可以使Excel软件的使用价值大大提高。

起点	终点	是否最优解	时间		节点	出度-入度	=	度数和
(0, 10)	(1, 9)	0	5		(0, 10)	1	=	1
(0, 10)	(1, 8)	1	3		(1, 9)	0	=	0
(1, 9)	(2, 7)	0	6		(1, 8)	0	=	0
(1, 9)	(2, 6)	0	5		(2, 7)	0	=	0
(1, 8)	(2, 6)	1	6		(2, 6)	0	=	0
(1, 8)	(2, 5)	0	5		(2, 5)	0	=	0
(2, 7)	(3, 4)	0	5		(3, 4)	0	=	0
(2, 7)	(3, 3)	0	4		(3, 3)	0	=	0
(2, 6)	(3, 3)	1	5		(3, 2)	0	=	0
(2, 6)	(3, 2)	0	4		(3, 1)	0	=	0
(2, 5)	(3, 2)	0	5		(4, 2)	0	=	0
(2, 5)	(3, 1)	0	4		(4, 1)	0	=	0
(3, 4)	(4, 2)	0	4		(4, 0)	0	=	0
(3, 4)	(4, 1)	0	2		T	-1	=	-1
(3, 3)	(4, 1)	0	4					
(3, 3)	(4, 0)	1	2					
(3, 2)	(4, 0)	0	4					
(4, 2)	T	0	0					
(4, 1)	T	0	0					
(4, 0)	T	1	0					
	总时间	16						

图 8-26 求解后的模型

8.5 动手练习：活跃用户数据建模与预测

本案例以某社交App为例，对其活跃用户数据建模与预测，该App的新增用户的次日留存、7日留存、30日留存分别是52%、25%、14%。如果每天新增6万用户，那么第30天，App的日活数能够达到多少？下面使用Excel进行分析。

8.5.1 分析思路

第1日留存用户数=第1日新增用户数×次日留存率

第2日活跃用户数=第2日新增用户数+第1日留存用户数

第3日活跃用户数=第3日新增用户数+第2日留存用户数（第2日新增用户数×第2日留存率）+第1日留存用户数

...

第30日活跃用户数=第30日新增用户数+第29日留存用户数+第28日留存用户数+ ... +第1日留存用户数

也就是说，第30日活跃用户数=1～29日每天的留存用户数（第1日留存用户数+第2日留存用户数+...+第29日留存用户数）+第30日新增用户数。

现在只需要计算出1～29日每天的留存用户数就可以了，而第N日的留存用户数=第N日新增用户数×第N日留存率。所以现在的问题是需要知道每天的留存率是多少。

那么，问题就来了。题目只有3个留存率（新增用户次日留存、7日留存、30日留存分别是52%、25%、14%），如何根据已有的几个留存率去预测剩下那些天的留存率呢？

8.5.2 解决方案

1. 使用现有的数据绘制散点图

留存率散点图如图8-27所示。

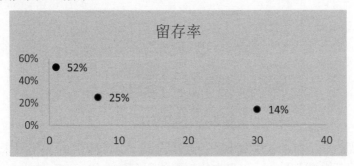

图 8-27　留存率散点图

2. 对散点图添加趋势线

趋势线有以下几种类型，应该添加哪一类型的趋势线呢？

你肯定想知道这个趋势线的可靠性有多大？

这就涉及趋势线的R平方值。R平方值是介于0和1之间的数值。当趋势线的R平方值为1或者接近1时，趋势线最可靠。如案例演示中，R的平方值达到了0.9997，因此可以说这条趋势线可靠性非常大。

要获得精确的预测，为数据选择最合适的趋势线非常重要。那么，什么情况下选用什么样的趋势线呢？趋势线选项如图8-28所示。

- 指数：指数趋势线适用于速度增加越来越快的数据。
- 线性：线性趋势线是适用于简单线性数据集合的最佳拟合直线。如果数据点构成的趋势线接近一条直线，则数据应该接近线性。线性趋势线通常表示事件以恒定的比率增加或减少。
- 对数：如果数据一开始增加或减小的速度很快，但又迅速趋于平稳，那么对数趋势线则是最佳的拟合曲线。
- 多项式：多项式趋势线是数据波动较大时使用的曲线。
- 乘幂：乘幂趋势线是一种适用于以特定速度增加的曲线。但是如果数据中有零或负数，则无法创建乘幂趋势线。
- 移动平均：移动平均趋势线用于平滑处理数据中的微小波动，从而更加清晰地显示数据的变化趋势（在股票、基金、汇率等技术分析中常用）。

一般来说，正常的留存曲线是一开始快速下降，然后开始缓慢下降，最后逐步平稳的曲线。

所以，留存曲线的形状类似于：初始在震荡期快速下降；选择期开始缓慢下降；过了选择期就是平稳期，留存率会进入一个相对稳定的阶段。

图 8-28　趋势线选项

这种留存曲线的形状和乘幂函数十分接近，所以在这里我们用乘幂函数来对留存曲线进行拟合。同时选择"显示公式"和"显示R平方值"。最终得到的曲线函数公式为 $y = 0.5227x - 0.385$，$R^2 = 0.9997$。

3. 计算第 n 天的留存率

拟合出留存曲线后，我们就可以根据拟合的函数公式去计算次日到30日的留存率。

也就是把 $x = 1, x = 2, \ldots, x = 30$ 分别代入函数公式，这里可以借助Excel的power（幂）函数求出结果。如图8-29所示，可以看到按照模型函数公式计算出来的留存率，即模型留存率与给定的留存率几乎完全一致。

留存天数	留存率	留存天数	系数	幂	模型留存率
1日	52%	1	0.5227	-0.385	52.27%
2日		2	0.5227	-0.385	40.03%
3日		3	0.5227	-0.385	34.24%
4日		4	0.5227	-0.385	30.65%
5日		5	0.5227	-0.385	28.13%
6日		6	0.5227	-0.385	26.22%
7日	25%	7	0.5227	-0.385	24.71%
8日		8	0.5227	-0.385	23.47%
9日		9	0.5227	-0.385	22.43%
10日		10	0.5227	-0.385	21.54%
11日		11	0.5227	-0.385	20.76%
12日		12	0.5227	-0.385	20.08%
13日		13	0.5227	-0.385	19.47%
14日		14	0.5227	-0.385	18.92%
15日		15	0.5227	-0.385	18.43%
16日		16	0.5227	-0.385	17.97%
17日		17	0.5227	-0.385	17.56%
18日		18	0.5227	-0.385	17.18%
19日		19	0.5227	-0.385	16.82%
20日		20	0.5227	-0.385	16.50%
21日		21	0.5227	-0.385	16.19%
22日		22	0.5227	-0.385	15.90%
23日		23	0.5227	-0.385	15.63%
24日		24	0.5227	-0.385	15.38%
25日		25	0.5227	-0.385	15.14%
26日		26	0.5227	-0.385	14.91%
27日		27	0.5227	-0.385	14.70%
28日		28	0.5227	-0.385	14.49%
29日		29	0.5227	-0.385	14.30%
30日	14%	30	0.5227	-0.385	14.11%

图 8-29　模型留存率

4. 计算 30 天后的日活数

通过上面的步骤，我们已经得到了每天的留存率。接下来就可以计算第30天的日活用户数有多少。

第1日（次日）留存用户数=第1日新增用户数×次日留存率

第2日活跃用户数=第2日新增用户数+第1日留存用户数

第3日活跃用户数=第3日新增用户数+第2日留存用户数（第2日新增用户数×第2日留存率）+第1日留存用户数

...

第30日活跃用户数=第30日新增用户数+第29日留存用户数+第28日留存用户数+...+第1日留存用户数

也就是说，第30日活跃用户数=1～29日每天的留存用户数（第1日留存用户数+第2日留存用户数+...+第29日留存用户数）+第30日新增用户数

假设每天固定新增用户数为1万，首先计算出1～29日每天的留存用户数，也就是第 N 日新增用户数（1万）×第 N 日留存率，如图8-30所示。

留存天数	留存率	留存天数	系数	幂	模型留存率	10000
1日	52%	1	0.5227	-0.385	52.27%	5227
2日		2	0.5227	-0.385	40.03%	4003
3日		3	0.5227	-0.385	34.24%	3424
4日		4	0.5227	-0.385	30.65%	3065
5日		5	0.5227	-0.385	28.13%	2813
6日		6	0.5227	-0.385	26.22%	2622
7日	25%	7	0.5227	-0.385	24.71%	2471
8日		8	0.5227	-0.385	23.47%	2347
9日		9	0.5227	-0.385	22.43%	2243
10日		10	0.5227	-0.385	21.54%	2154
11日		11	0.5227	-0.385	20.76%	2076
12日		12	0.5227	-0.385	20.08%	2008
13日		13	0.5227	-0.385	19.47%	1947
14日		14	0.5227	-0.385	18.92%	1892
15日		15	0.5227	-0.385	18.43%	1843
16日		16	0.5227	-0.385	17.97%	1797
17日		17	0.5227	-0.385	17.56%	1756
18日		18	0.5227	-0.385	17.18%	1718
19日		19	0.5227	-0.385	16.82%	1682
20日		20	0.5227	-0.385	16.50%	1650
21日		21	0.5227	-0.385	16.19%	1619
22日		22	0.5227	-0.385	15.90%	1590
23日		23	0.5227	-0.385	15.63%	1563
24日		24	0.5227	-0.385	15.38%	1538
25日		25	0.5227	-0.385	15.14%	1514
26日		26	0.5227	-0.385	14.91%	1491
27日		27	0.5227	-0.385	14.70%	1470
28日		28	0.5227	-0.385	14.49%	1449
29日		29	0.5227	-0.385	14.30%	1430
30日	14%	30	0.5227	-0.385	14.11%	

图 8-30　留存用户数

第30日活跃用户数=1～29日每天的留存用户数+第30日新增用户数=62402+10000=72402。

8.6 实操练习

为了检验电力行业是否存在规模经济，特收集了1955年145家某国电力企业的总成本（TC：百万美元）、产量（QU：千瓦时）、工资率（PL：美元/千瓦时）、燃料价格（PF：美元/千瓦时）及资本租赁价格（PK：美元/千瓦时）的数据，如图8-31所示。试以总成本为因变量，以产量、工资率、燃料价格和资本租赁价格为自变量，用回归分析方法研究其间的关系。

TC	QU	PL	PF	PK
0.082	2	2.09	17.9	183
0.661	3	2.05	35.1	174
0.990	4	2.05	35.1	171
0.315	4	1.83	32.2	166
0.197	5	2.12	28.6	233
0.098	9	2.12	28.6	195
0.949	11	1.98	35.5	206
0.675	13	2.05	35.1	150
0.525	13	2.19	29.1	155

图 8-31　1955 年 145 家某国电力企业各项数据

第 9 章

Excel 数据可视化

常言道：一图胜千言。在工作中，我们分析需求和抽取数据时，使用合适的图表进行数据展示，可以清晰有效地传达所要沟通的信息，因此使用图表是"数据可视化"的重要策略。本章通过案例介绍Excel基本图表、迷你图、数据透视图以及绘图技巧等内容。

9.1 Excel图表及案例

说到图表，想必很多人都被一些光彩炫目的样式震惊过，其实将这些图表拆解开来，都是由一些基础图表演变而来的，所以掌握基础图表的绘制是可视化的基本功。基础图表可以分为对比型、趋势型、比例型、分布型等类型。本节通过案例逐一进行介绍。

9.1.1 绘制对比型图表

对比型图表一般是比较几组数据的差异，这些差异通过视觉和标记来区分，体现在视图中通常表现为高度差异、宽度差异、面积差异等，包括柱状图、条形图、气泡图、雷达图等。

1. 柱状图

柱状图描述的是分类数据的数值大小，回答的是每一个分类中"有多少"的问题。例如，统计2021年不同类型商品的订单量，如图9-1所示。

柱状图的缺点是，当柱状图显示的分类很多时，会导致分类重叠等显示问题。

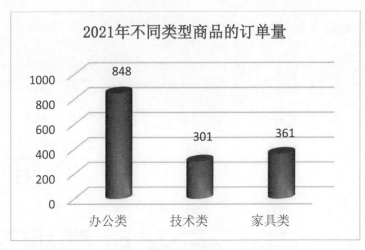

图 9-1　柱状图

2. 条形图

条形图显示各项目之间的比较情况，分为垂直条形图和水平条形图，其中水平条形图纵轴表示分类，横轴表示数值。条形图强调各个值之间的比较，不太关注时间的变化。例如，2021年企业各门店商品销售额的分析，如图9-2所示。

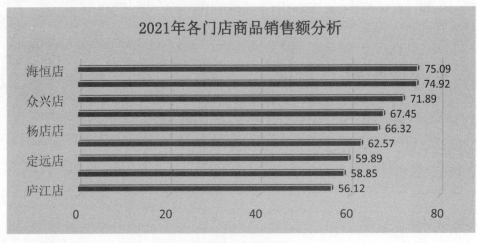

图 9-2　条形图

3. 气泡图

气泡图是散点图的变体，气泡的大小表示数据维，通常用于比较和展示不同类别之间的关系。例如，企业2021年每个月份技术类商品的订单量，横轴是月份，纵轴是技术类商品的订单量，气泡的大小表示办公类商品的订单量，如图9-3所示。

4. 雷达图

当我们拥有一组类别型数据、一组连续数值型数据时，为了对比数据大小情况，就可以使用雷达图。例如，2019年至2021年企业在各个地区的商品订单量如图9-4所示。

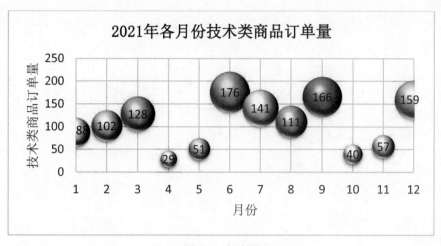

图 9-3　气泡图

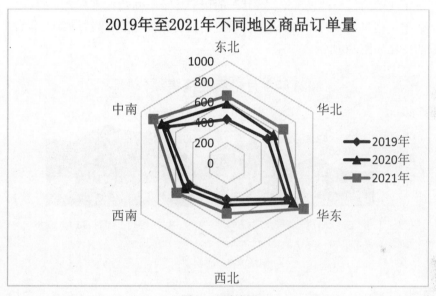

图 9-4　雷达图

9.1.2　绘制趋势型图表

趋势型图表用来反映数据随时间变化的趋势,尤其是在整体趋势比单个数据点更重要的场景下,包括折线图、面积图、曲面图、迷你图等。

1. 折线图

折线图用于显示数据在一个连续的时间间隔或者跨度上的变化,它的特点是反映事物随时间或有序类别而变化的趋势。例如,分析2016年至2021年近6年企业商品的订单量变化趋势,如图9-5所示。

图 9-5　折线图

2. 面积图

面积图是折线图的另一种表现形式，其一般用于显示不同数据系列之间的对比关系，同时也显示单个数据系列与整体的比例关系，强调随时间变化的幅度。例如，2021年12个月的企业商品销售额的变化如图9-6所示。

图 9-6　面积图

3. 曲面图

曲面图可以在曲面上显示两个或多个数据系列，实际上它是折线图和面积图的另一种形式，我们可以通过创建曲面图来实现两组数据之间的最佳配合。例如，比较2016年至2021年不同类型商品的销售额，如图9-7所示。

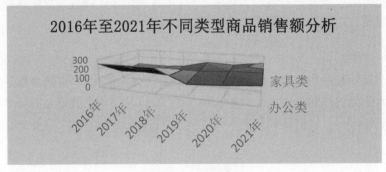

图 9-7　曲面图

9.1.3 绘制比例型图表

比例型图表用于展示每一部分占整体的百分比情况,至少有一个分类变量和数值变量,包括饼图、环形图、旭日图等。

1. 饼图

饼图通过将一个圆饼按照分类的占比划分成若干个区块,整个圆饼代表数据的总量,每个圆弧表示各个分类的比例大小,所有区块的和等于100%。例如,2021年企业各门店销售额的占比分析如图9-8所示。

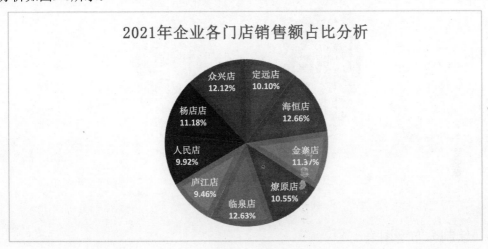

图 9-8 饼图

2. 环形图

环形图是一类特殊的饼图,它是由两个及两个以上大小不一的饼图叠加在一起,然后挖去中间的部分所构成的图形。例如,2021年不同地区商品订单量的占比分析如图9-9所示。

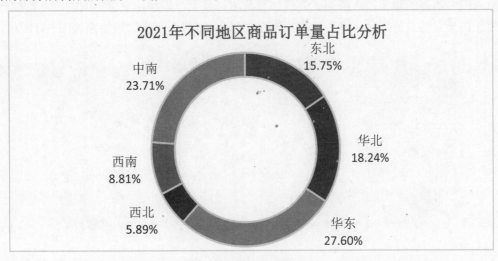

图 9-9 环形图

3. 旭日图

旭日图由多层的环形图组成，在数据结构上，内圈是外圈的父节点。因此，它既可以像饼图一样表现局部和整体的占比，又能像树图一样表现层级关系。例如，2016年至2021年不同类型商品的销售额如图9-10所示。

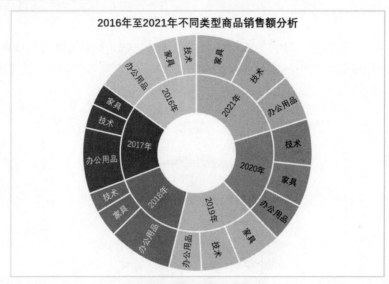

图 9-10　旭日图

9.1.4　绘制分布型图表

分布型图表用于研究数据的集中趋势、离散程度等描述性度量，用以反映数据的分布特征，包括散点图、直方图、排列图、箱型图等。

1. 散点图

散点图将所有的数据以点的形式展现在直角坐标系上，以显示变量之间的相互影响程度，点的位置由变量的数值决定。例如，2016年至2021年6年24个季度的销售额如图9-11所示。

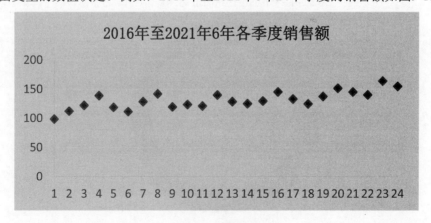

图 9-11　散点图

2. 直方图

直方图由一系列高度不等的柱状条块表示数据分布的情况，柱与柱之间基本没有间隔，有间隔就是柱状图，一般用横轴表示数据类型，纵轴表示分布情况。例如，2021年不同地区商品的销售额直方图如图9-12所示。

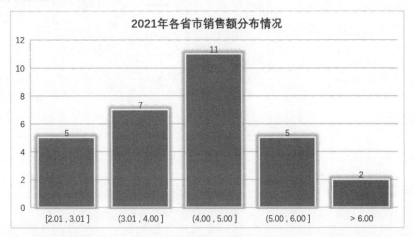

图 9-12　直方图

3. 排列图

排列图用于寻找主要问题或影响质量的主要原因，又称为柏拉图。它能够突出显示一组数据中的最大因素，被视为7大基本质量控制工具之一。例如，2021年企业在各个地区的销售额排列图如图9-13所示。

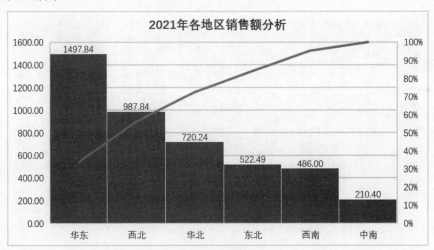

图 9-13　排列图

4. 箱型图

箱型图又称盒须图，它是一种显示一组数据分散情况的统计图，能显示数据的最大值、上四分位数、中位数、下四分位数、最小值，因形状如箱子而得名。例如，2016年至2021年各个地区的销售额如图9-14所示。

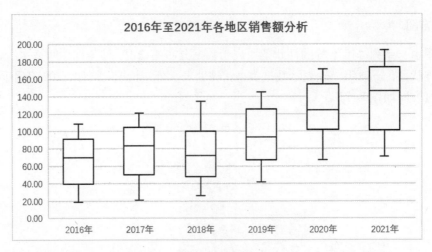

图 9-14　箱型图

9.1.5　绘制其他类图表

除了以上4种类型的基本图表外，还有一些其他类型的图表，它们在日常可视化分析过程中也会经常用到，主要包括树状图、瀑布图、股价图等。

1. 树状图

树状图在嵌套的矩形中显示数据，使用分类变量定义树状图的结构，使用数值变量定义各个矩形的大小或颜色。例如，2021年不同省份商品的利润额如图9-15所示。

图 9-15　树状图

2. 瀑布图

瀑布图形似瀑布流水，采用绝对值与相对值结合的方式，适用于表达多个特定数值之间的数量变化关系，当需要表达两个数据点之间数量的演变过程时，就可以使用瀑布图。例如，2021年每个月企业新增加的员工数量如图9-16所示。

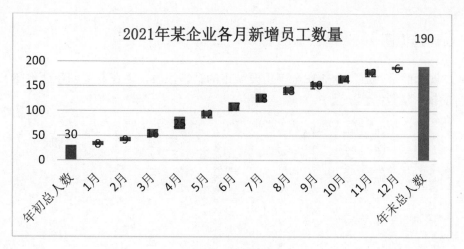

图 9-16　瀑布图

3. 股价图

股价图用来显示股票价格的波动情况，在研究金融数据时经常被用到，一般包括股票的开盘价、盘高价、盘低价、收盘价等信息。例如，研究2021年12月企业股票价格的变化情况，如图9-17所示。

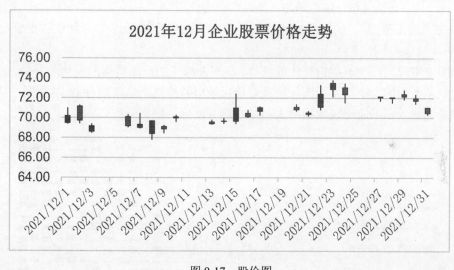

图 9-17　股价图

9.2　迷你图及案例

迷你图是显示在单个单元格中的一个小图表。使用迷你图与传统图表的最大区别为迷你图较为简洁，它没有坐标轴、标题、图例、数据标签等图表元素，使用迷你图主要展示数据的大小比较和变化趋势。Excel提供了3种常用的迷你图：折线迷你图、柱形迷你图、盈亏迷你图。

9.2.1　创建迷你图

图9-18展示的是2021年企业在全国主要城市的销售报表，现在需要创建迷你图展示2021年12个月的销售量数据。

城市名称	1月	2月	3月	4月	5月	6月	7月	8月	9月	10月	11月	12月
北京	20	22	34	51	23	44	37	25	28	56	45	64
上海	58	32	64	61	32	22	70	50	38	59	30	35
广州	36	25	48	41	60	44	68	35	35	59	36	56
深圳	57	25	63	63	64	58	55	56	63	44	68	51
天津	36	35	65	43	54	29	37	56	55	61	31	29
重庆	55	27	56	24	51	48	22	29	25	59	35	49
苏州	58	43	48	48	30	54	70	41	21	41	24	37
无锡	21	31	64	26	42	68	21	37	37	43	45	48
成都	29	33	38	29	47	25	61	60	42	49	63	47
武汉	68	31	59	59	40	22	40	25	62	55	25	70
南京	34	38	41	58	34	39	49	68	62	23	59	56
杭州	41	62	59	30	35	66	39	20	25	33	41	61
沈阳	38	63	59	20	21	67	51	31	27	67	65	44
青岛	63	64	59	46	36	53	65	36	48	46	54	20
大连	23	54	45	34	66	35	58	41	62	49	64	36
长春	41	35	24	34	60	25	47	31	60	61	63	43
宁波	54	27	64	36	47	64	55	58	50	20	21	54
厦门	63	64	49	53	65	47	64	61	20	43	21	49

图 9-18　2021 年主要城市销售报表

选择H2:H4单元格区域，依次单击"插入"|"迷你图"|"柱形"，在弹出的"创建迷你图"对话框中的"数据范围"选择B2:M19区域，单击"确定"按钮，即可创建柱形迷你图，如图9-19所示。

折线图能直观地反映出数据变化的趋势。柱形图除了能反映数据的变化趋势外，还能用柱形的高度表示数据的大小。盈亏图只能直观地反映出数据的正负（盈亏）。盈亏图与柱形图最大的区别是，盈亏图不能比较数据的大小，它所有柱形高度都一致。

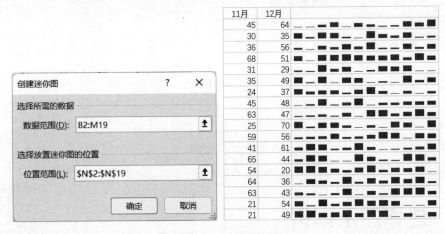

图 9-19　创建迷你图

9.2.2　迷你图设置

创建迷你图后，在功能区会显示"迷你图"的上下文选项卡，在"显示"组中，可以标记高点、低点、负点、首点、尾点，在折线图中用带颜色的圆点显示数据标记，如图9-20所示。

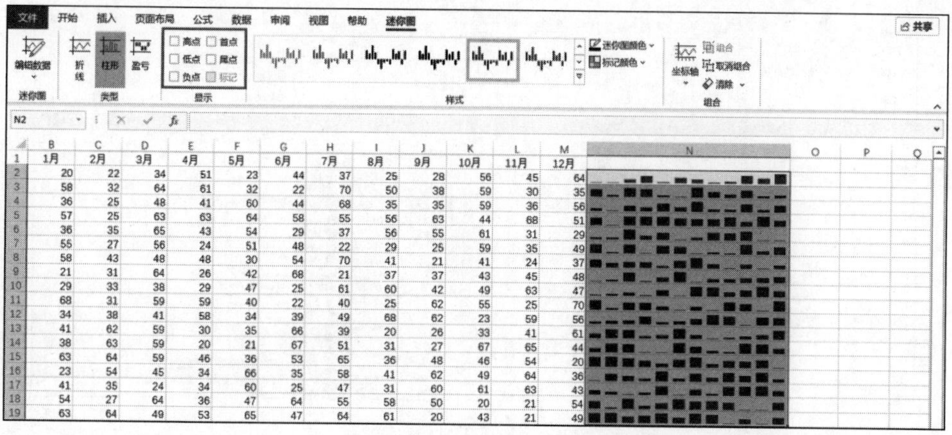

图 9-20　标识数据点

在默认情况下，迷你图中是不显示横坐标轴的，为了更方便地通过迷你图浏览数据大小，可以在迷你图中显示横坐标轴。选中迷你图，依次单击"迷你图"选项卡的"组合"|"坐标轴"命令，在其下拉菜单中选择"显示坐标轴"命令，即可为迷你图添加横坐标轴，如图9-21所示。

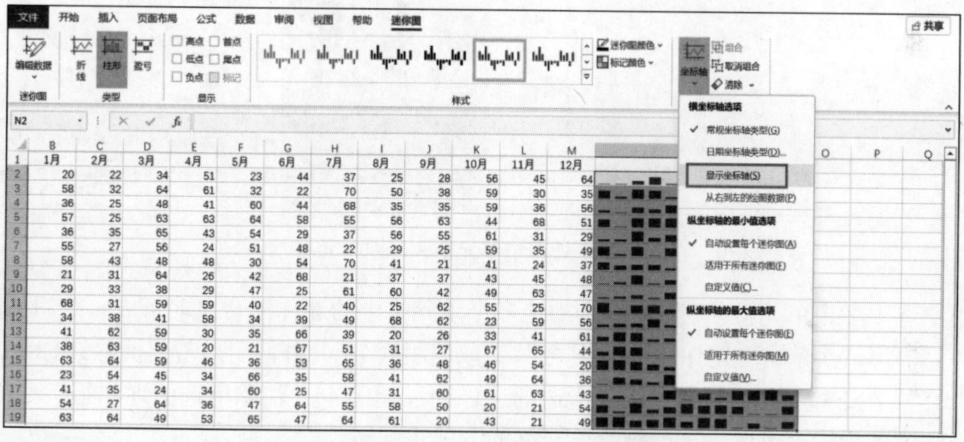

图 9-21　显示横坐标轴

当创建迷你图时,默认情况下使用的数据的数字范围自动为数据中的最小值和最大值之间的范围，并且自动设置的迷你图的形状只有高低差别，并没有真实体现数据之间的差异量，如果要真实地反映数据之间的真实差异，需要手动设置迷你图的轴刻度，操作方法如下：

选中迷你图区域，依次单击"迷你图"选项卡的"坐标轴"|"自定义值"命令，在弹出的"迷你图垂直轴设置"对话框中设置垂直轴的最小值，该对话框的默认值虽为0.0，但实际上并不是以0.0为最小值体现的数据。若以0为最小值，则需要重新录入0，或输入其他最小值，单击"确定"按钮，即可使迷你图真实地反映数据的差异量和趋势，如图9-22所示。

默认情况下，隐藏的行列数据不会出现在迷你图中，此外对于数据中的空单元格会显示为空距，可依次单击"迷你图"|"编辑数据"|"隐藏和清空单元格"，在弹出的"隐藏和空单元格设置"对话框中可以将空单元格显示为零值或用直线连接数据点。若选择"显示隐藏行列中的数据"复选框，则在迷你图中依旧显示隐藏行列中的数据，如图9-23所示。

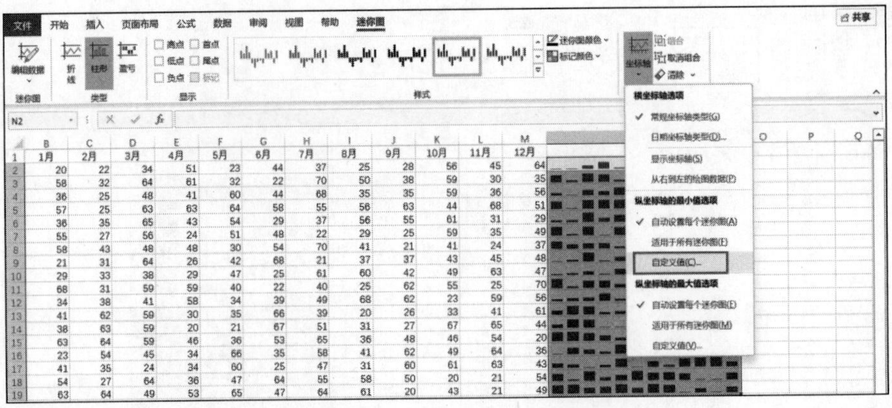

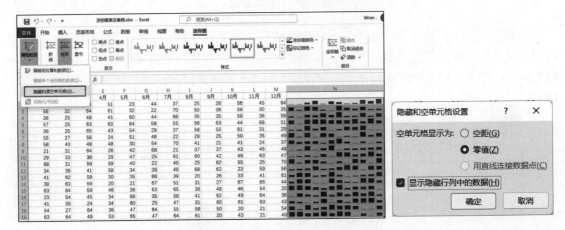

图 9-22　设置轴刻度

图 9-23　处理空单元格和隐藏单元格

　　用户选中多个单元格创建迷你图时，这多个单元格中的迷你图会自动形成一个组，若要解除组关系，可依次单击"迷你图"|"组合"|"取消组合"。此外，用户若要清除迷你图，可单击"清除"，在下拉菜单中选择"清除所选的迷你图"，也可以"清除所选的迷你组"，如图9-24所示。清除迷你图也可以直接用删除单元格的方式进行清除。

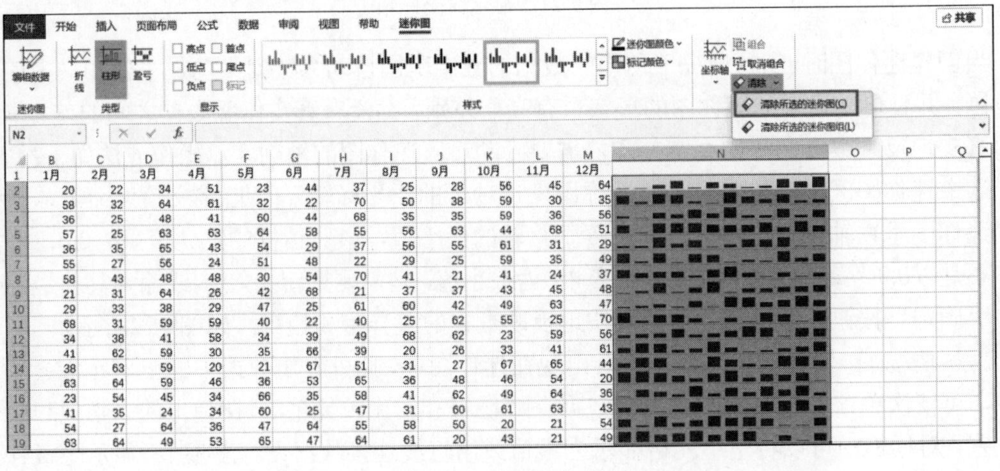

图 9-24　清除迷你图

9.2.3　企业盈亏分析

迷你图和插入的大图表一样可以显示数据的走向以及数据变化的趋势,而且我们可以使用迷你图分析盈亏,系统自动将正负数分别显示不同的颜色,然后显示在坐标轴的上方和下方。

打开需要做盈亏分析的表格,盈亏一般都是既有正数又有负数的,找到需要插入迷你图的单元格。选中单元格之后,在表格上方的工具栏上单击"插入",在"插入"选项卡下方会有不同类别的迷你图,然后找到盈亏图,单击插入盈亏图,如图9-25所示。

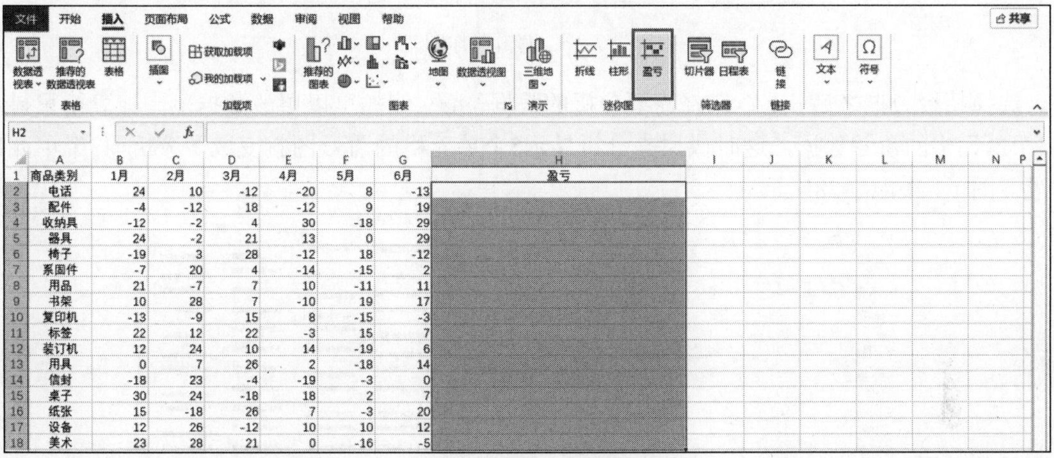

图 9-25　插入盈亏图

在弹出的对话框中,设置需要分析的数据所在的单元格范围,在单元格中插入盈亏图之后,我们可以看到刚才选中的单元格中已经有数据分析的盈亏图了,下拉填充其下方的其他单元格,这样我们需要分析盈亏的单元格中将全部显示盈亏图。定位的单元格中绘制了迷你盈亏图,默认上方蓝色是盈利,下方红色是亏损,可以很方便地看出亏损的时候多还是盈利的时候多,也可以修改盈亏图的样式,如图9-26所示。

图 9-26　迷你盈亏图

单元格中显示系统默认的盈亏图格式,蓝色和红色分别显示盈亏。也可以套用系统的迷你图样式,单击系统样式图表,然后选中喜欢的图表样式,我们的盈亏图就会按选择的样式显示了。

如果想要分析表格中其他位置的数据，并且已经做好了迷你图，那么可以通过编辑迷你图数据显示范围来更改迷你图，单击"编辑组位置和数据"如图9-27所示。

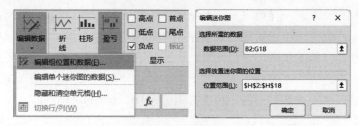

图 9-27　编辑迷你图

选择超级数据之后，重新选择需要分析的数据位置，例如可以更改数据范围让表格只显示前3个单元格的盈亏数据，这时候原来分析显示5个单元格的盈亏图就变成了分析前3个单元格的盈亏图了，如图9-28所示。

商品类别	1月	2月	3月	4月	5月	6月	盈亏
电话	24	10	-12	-20	8	-13	
配件	-4	-12	18	-12	9	19	
收纳具	-12	-2	4	30	-18	29	
器具	24	-2	21	13	0	29	
椅子	-19	3	28	-12	18	-12	
系固件	-7	20	4	-14	-15	2	
用品	21	-7	7	10	-11	11	
书架	10	28	7	-10	19	17	
复印机	-13	-9	15	8	-15	-3	
标签	22	12	22	-3	15	7	
装订机	12	24	10	14	-19	6	
用具	0	7	26	2	-18	14	
信封	-18	23	-4	-19	-3	0	
桌子	30	24	-18	18	2	7	
纸张	15	-18	26	7	-3	20	
设备	12	26	-12	10	10	12	
美术	23	28	21	0	-16	-5	

图 9-28　更改数据范围

9.3　数据透视图及案例

有时，当原始数据尚未汇总时，很难看出大局。首先可能想要创建数据透视表，但并非每个人都可以查看表中的数字并快速了解变化，可以通过数据透视图为数据添加数据图表。

9.3.1　如何创建数据透视图

Excel数据透视图怎么做？虽然数据透视表具有较全面的分析汇总功能，但是对于一般的使用人员来说，它的布局显得太凌乱，很难一目了然。而采用数据透视图可以让人非常直观地了解所需要的数据信息。

下面就采用数据透视图的方式来显示各门店不同商品类型在2021年的销售情况。

01 创建数据透视图。使用快捷键Ctrl+A选择数据，依次选择"插入"|"图表"|"数据透视图"|"数据透视图"，如图9-29所示。

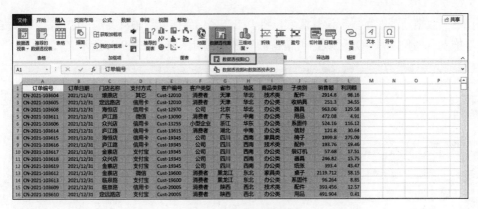

图 9-29　数据透视图

02 弹出"创建数据透视图"对话框，如图9-30所示。在图9-29中，如果单击"数据透视图和数据透视表"，就会弹出"创建数据透视表"对话框。

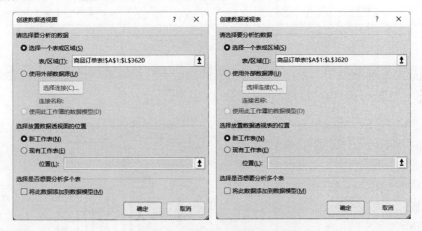

图 9-30　数据透视图和数据透视表

03 查看创建的数据透视图。单击"确定"按钮，返回数据透视表中，系统自动创建的数据透视图效果如图9-31所示，左侧是数据透视表区域，中间是数据透视图区域，右侧是数据透视图字段设置区域。

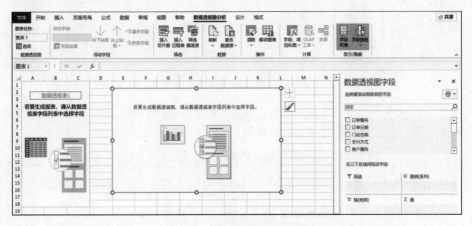

图 9-31　创建的数据透视图

04 在"数据透视图字段"设置区域，将"门店名称"拖曳到轴（类别）区域，"商品类别"拖曳到图例（系列）区域，"销售额"拖曳到值区域，如图9-32所示。

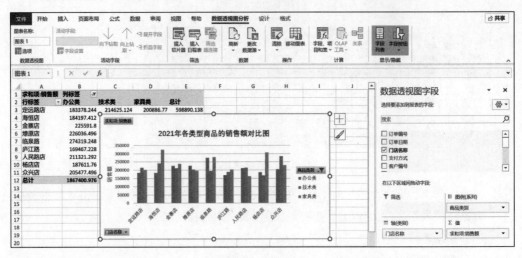

图 9-32　绘制图表

对于创建的数据透视图，若用户觉得图表的类型不能很好地满足所表达的含义，此时可以更改图表的类型。更改数据透视图类型的步骤如下：

01 在"设计"选项卡下单击"更改图表类型"按钮，选择"图表类型"，弹出"更改图表类型"对话框，在该对话框中重新选择透视图的类型，例如选择"堆积柱形图"，双击对应的缩略图，如图9-33所示。

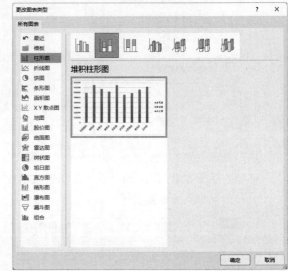

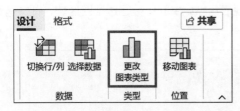

图 9-33　更改数据透视图类型

02 查看更改图表类型后的效果。单击"确定"按钮，返回工作表中，将图表类型更改为"堆积柱形图"后的透视图效果如图9-34所示。

与更改图表布局一样，在创建的数据透视图中也需要添加图表标题、坐标轴标题等元素，这些都是根据用户的需求进行设置的。下面简单介绍一下更改数据透视图的布局。

01 互换行列数据。选中数据透视图，在"设计"选项卡下单击"切换行/列"选项即可实现对数据互换行列，如图9-35所示。

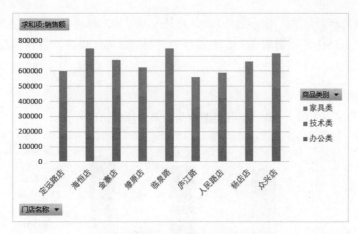

图 9-34　设置为堆积柱形图

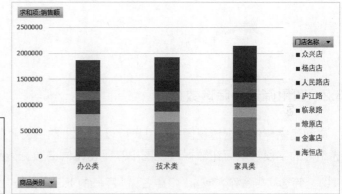

图 9-35　修改数据透视图布局

02　添加图表标题。在"设计"选项卡下单击"添加图表元素"按钮，从下拉列表依次单击"图表标题"|"图表上方"，即可为图表添加标题，如图9-36所示。同理，也可以为图形添加坐标轴标题。

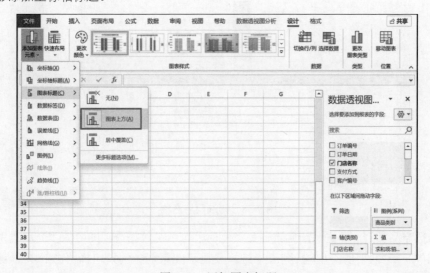

图 9-36　添加图表标题

03 输入并设置标题。在数据透视图中输入图表标题"2021年各类型商品的销售额对比图"，输入纵坐标轴标题"销售额"，经过以上对图表布局的修改，得到的数据透视图效果如图9-37所示。

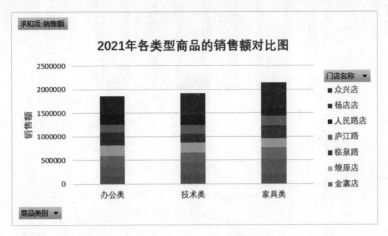

图 9-37　输入并设置标题

9.3.2　利用筛选器筛选数据

在创建完毕的数据透视图中，用户可以发现图表中包含很多筛选器，利用这些筛选器可以筛选不同的字段，从而在数据透视图中显示出不同的数据效果。

01 筛选门店名称。单击"门店名称"字段的下三角按钮，从下拉列表中选择要显示的门店，例如选择"金寨店"和"燎原店"复选框，如图9-38所示，选定后单击"确定"按钮。

图 9-38　筛选门店名称

02 筛选商品类别。要进一步筛选商品类别时，可单击数据透视图中的"商品类别"字段右侧的下三角按钮，从下拉列表中选择要显示的类别，例如选择"办公类"复选框，如图9-39所示。

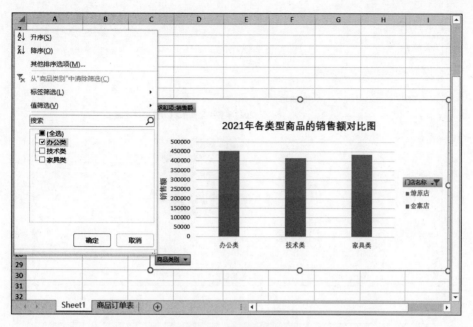

图 9-39　筛选商品类别

03 单击"确定"按钮，此时在数据透视图中只会显示2021年"办公类"商品在"燎原店"和"金寨店"的销售额情况，如图9-40所示。

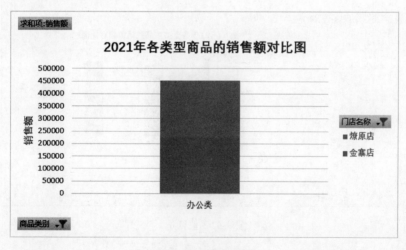

图 9-40　筛选结果

04 清除筛选。若还要进行其他的筛选，可先清除筛选。要清除商品类别筛选，单击"商品类别"右侧的下三角按钮，从展开的下拉列表中单击"从′商品类别′中清除筛选"选项，如图9-41所示。使用同样的方法清除"门店名称"筛选。

05 值筛选。单击"商品类别"右侧的下三角按钮，从展开的下拉列表中选择"值筛选"选项，再在其展开的下拉列表中选择筛选条件，例如单击"大于"选项，如图9-42所示。

06 设置大于值。弹出"值筛选（商品类别）"对话框，在文本框中输入要筛选的大于值，例如输入"420000"，单击"确定"按钮。此时在数据透视图中只显示了总计销售额大于420000的商品类型，如图9-43所示。

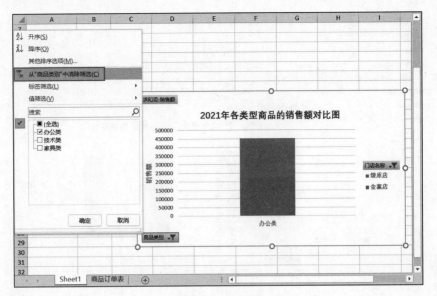

图 9-41　清除筛选

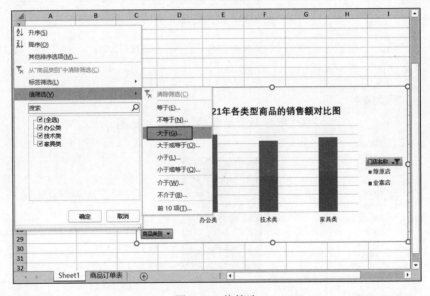

图 9-42　值筛选

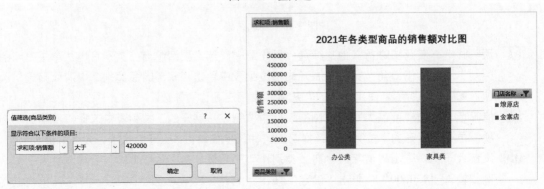

图 9-43　设置大于值

9.3.3　数据透视图样式设计

为了使数据透视图更加美观，我们还可以应用Excel中提供的精美样式，这样就会使读者耳目一新，给繁杂的工作添加不少乐趣。下面介绍具体的美化步骤。

01 展开图表样式库。选中数据透视图，在"设计"选项卡下单击"图表样式"，从图表样式库中选择Excel内置的图表样式，如图9-44所示。

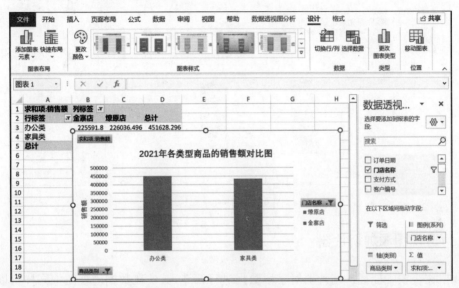

图 9-44　图表样式库

02 选择形状样式。接下来为图表区域选择形状样式。选中数据透视图的图表区，在"数据透视图工具—格式"选项卡下单击"形状样式"，从形状样式库中选择内置的形状样式，如图9-45所示。

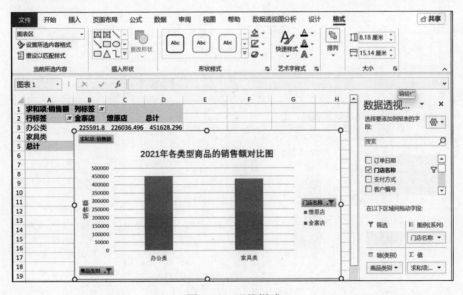

图 9-45　形状样式

03 选择艺术字样式。继续在该选项卡下单击"艺术字样式"，从艺术字样式库中选择图表区中字体的艺术字样式，如图9-46所示。

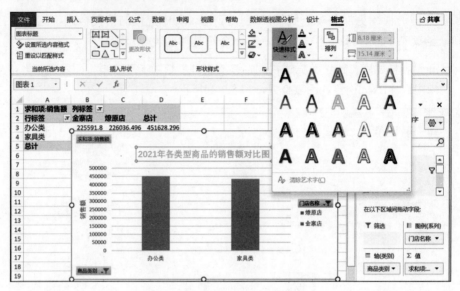

图 9-46　艺术字样式

9.3.4　为透视图添加切片器

在数据透视表中能插入切片器对字段数据进行筛选，其实在数据透视图中同样可以插入切片器对字段数据进行筛选，具体操作步骤如下：

01 在数据透视图中插入切片器。在"数据透视图分析"选项卡下单击"插入切片器"选项，选择要添加的切片器。弹出"插入切片器"对话框，例如选择"地区"复选框，如图9-47所示。

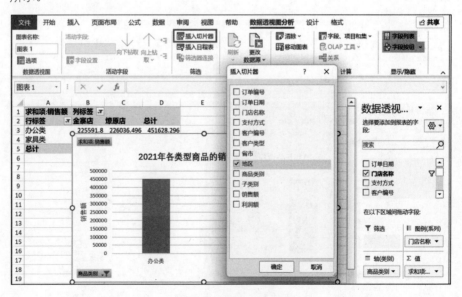

图 9-47　插入切片器

02 此时，在工作表中自动插入了"门店名称"切片器，在"门店名称"切片器中选择要查看的门店名称按钮，可以通过切片器筛选数据，例如单击"金寨店""燎原店"，结果如图9-48所示。

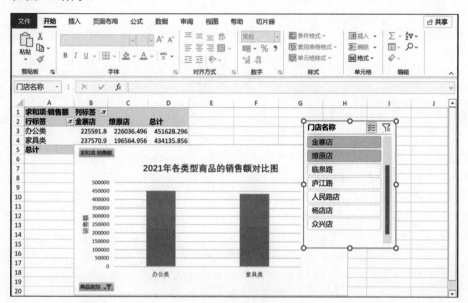

图 9-48　切片器筛选数据

9.4　Excel图表绘制技巧

图表能提升数据的表现力，让人一目了然地看到数据背后的规律。Excel的绘图技巧很多，下面推荐一些简单易用的，例如自动推荐合适的图表、调整图表格式控制、图表标注突出数据、巧用图表样式模板。

9.4.1　调整图表格式控制

推荐的图表功能可以自动根据数据模式为用户推荐最合适的图表，快速查看数据在不同图表中的表现，选择最佳洞察方案。

选中表内所有数据，单击"插入"|"推荐的图表"，选中簇状柱形图，单击"确定"按钮，即可一键完成柱状图与折线二合一的图表，如图9-49所示。

Excel能够让用户快速而简便地调整图表格式，通过新的交互式界面更改标题、布局和其他图表元素。选定需要调整的图表，单击图表右侧的"图表元素"图标，可以修改图表元素，如图9-50所示。

单击图表右上方的"图表样式"图标，弹出样式和颜色选择框，可以选择适合自己图表的样式以及颜色，如图9-51所示。

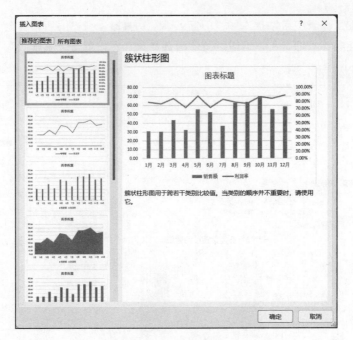

图 9-49　推荐的图表

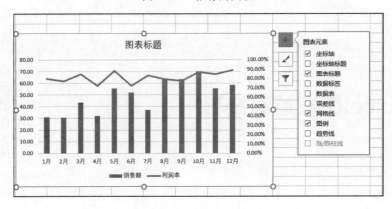

图 9-50　图表元素

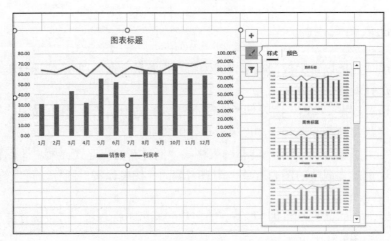

图 9-51　图表样式

单击图表右侧的"图表筛选器"图标,弹出数值和名称选择框,可以筛选显示在图表中的数据以及名称,如图9-52所示。

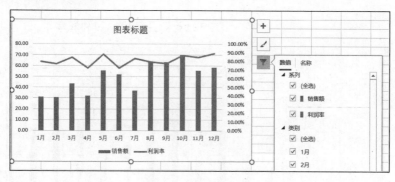

图 9-52　图表筛选器

9.4.2　图表标注突出数据

在图表中可以加入新的数据标注,突出重要数据,单击"图表元素"|"数据标签"|"数据标注",如图9-53所示。

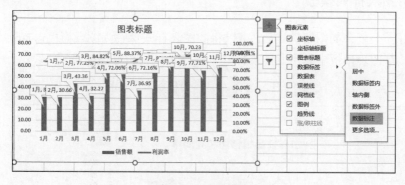

图 9-53　数据标注

数据标签的格式可能不符合要求,可以对数据标签进行自定义设置,右击数据框,在弹出的快捷菜单中单击"设置数据标签格式",如图9-54所示。

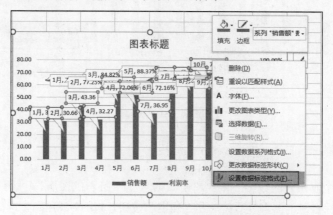

图 9-54　设置数据标签格式

在"设置数据标签格式"窗格中，可以进一步优化设置数据标注的参数，包括标签包括的内容、分隔符，以及标签的位置等，如图9-55所示。

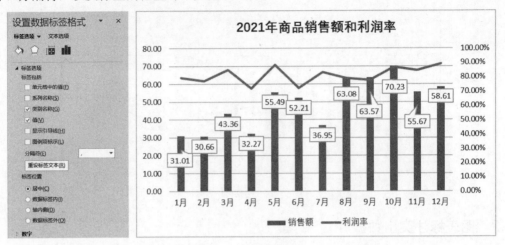

图 9-55　图形美化后

9.4.3　巧用图表样式模板

当设置好一个复杂的图表样式后，可以将此图表样式保存为图表模板，再遇到类似的数据时，可以直接从图表模板中套用此图表样式，用户无须再进行任何设置。

01　右击已经编辑好样式的图表，选择"另存为模板"，如图9-56所示。

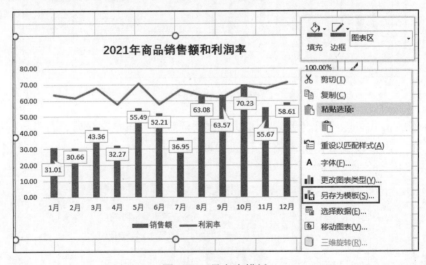

图 9-56　另存为模板

02　输入图表模板的名称，单击"保存"按钮即可，如图9-57所示，注意这里的存储路径不能自定义。

03　选中另一个表格内的数据，依次单击"插入"|"推荐的图表"|"所有图表"|"模板"，选中之前保存过的图表模板，单击"确定"按钮，如图9-58所示，这样该表内的数据就套用了自定义的模板。

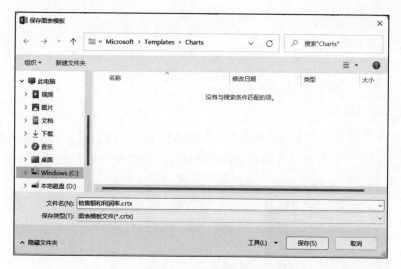

图 9-57 设置保存路径

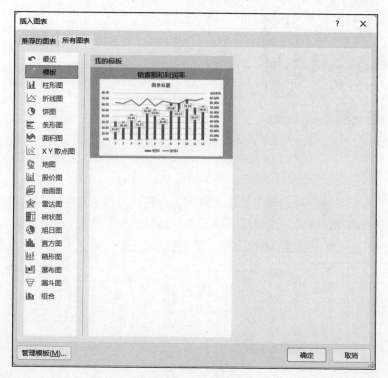

图 9-58 插入模板

9.5 Excel图表美化方法

一个高质量的报表除了应该数据准确，还应该有合理的布局结构及清晰的版面，这样才能获得数据的较好展现效果。本节介绍几种常用的Excel表格和图形美化方法。

9.5.1 几招让表格不难看

接下来介绍6种常用的设置表格的方法。

1. Excel 自带模板

Excel中内置了很多种精美的模板类型，如图9-59所示。可以根据需求直接下载对应类型的模板，然后对模板中的数据进行简单修改，就可以快速得到一份美观实用的报表，如果自带的模板没有我们需要的，还可以使用关键字联机搜索模板。

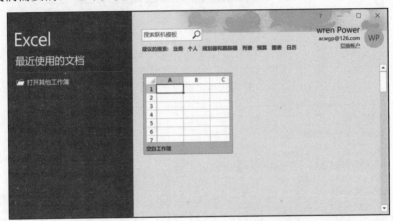

图 9-59　Excel 自带模板

2. 添加边框

一般情况下，不严格要求为整个表格全部加上边框，可以只对主要层级的数据设置边框，而明细数据不添加边框，或者分别设置不同粗细的边框效果，如图9-60所示。

城市名称	1月	2月	3月	4月	5月	6月	7月	8月	9月	10月	11月	12月	汇总
北京	20	22	34	51	23	44	37	25	28	56	45	64	449
上海	58	32	64	61	32	22	70	50	38	59	30	35	551
广州	36	25	48	41	60	44	68	35	35	59	36	56	543
深圳	57	25	63	63	64	58	55	56	63	44	68	51	667
天津	36	35	65	43	54	29	37	56	55	61	31	29	531
重庆	55	27	56	24	51	48	22	29	25	59	35	49	480
苏州	58	43	48	48	30	54	70	41	21	41	24	37	515
无锡	21	31	64	26	42	68	21	37	37	43	45	48	483
成都	29	33	38	29	47	25	61	60	42	49	63	47	523
武汉	68	31	59	59	40	22	40	25	62	55	25	70	556
南京	34	38	41	58	34	39	49	68	62	23	59	56	561
杭州	41	62	59	30	35	66	39	20	26	33	41	61	513
沈阳	38	63	59	20	21	67	51	31	27	67	65	44	553
青岛	63	64	59	46	36	53	65	36	48	46	54	20	590
大连	23	54	45	34	66	35	58	41	62	49	64	36	567
长春	41	35	24	34	60	25	47	31	60	61	63	43	524
宁波	54	27	64	36	47	64	55	58	50	20	21	54	550
厦门	63	64	49	53	65	47	64	61	20	43	21	49	599
汇总	795	711	939	756	807	810	909	760	761	868	790	849	9755

图 9-60　添加边框

3. 突出数据汇总

如果Excel表格中有汇总数据，应设置不同的格式，以便于和明细数据加以区分，这里对汇总数据进行了加粗，如图9-61所示。

城市名称	1月	2月	3月	4月	5月	6月	7月	8月	9月	10月	11月	12月	汇总
北京	20	22	34	51	23	44	37	25	28	56	45	64	449
上海	58	32	64	61	32	22	70	50	38	59	30	35	551
广州	36	25	48	41	60	44	68	35	35	59	36	56	543
深圳	57	25	63	63	64	58	55	56	63	44	68	51	667
天津	36	35	65	43	54	29	37	56	55	61	31	29	531
重庆	55	27	56	24	51	48	22	29	25	59	35	49	480
苏州	58	43	48	48	30	54	70	41	21	41	24	37	515
无锡	21	31	64	26	42	68	21	37	37	43	45	48	483
成都	29	33	38	29	47	25	61	60	42	49	63	47	523
武汉	68	31	59	59	40	22	40	25	62	55	25	70	556
南京	34	38	41	58	34	39	49	68	62	23	59	56	561
杭州	41	62	59	30	35	66	39	20	26	33	41	61	513
沈阳	38	63	59	20	21	67	51	31	27	67	65	44	553
青岛	63	64	59	46	36	53	65	36	48	46	54	20	590
大连	23	54	45	34	66	35	58	41	62	49	64	36	567
长春	41	35	24	34	60	25	47	31	60	61	63	43	524
宁波	54	27	64	36	47	64	55	58	50	20	21	54	550
厦门	63	64	49	53	65	47	64	61	20	43	21	49	599
汇总	795	711	939	756	807	810	909	760	761	868	790	849	9755

图 9-61　突出数据汇总

4. 字体字号

一般情况下，表格中的中文部分可以选择"宋体"或"等线"，例如首行标题字体设置为"微软雅黑"，字号设置为12号，如图9-62所示。一般表格内使用的字体数量要尽量少。

城市名称	1月	2月	3月	4月	5月	6月	7月	8月	9月	10月	11月	12月	汇总
北京	20	22	34	51	23	44	37	25	28	56	45	64	449
上海	58	32	64	61	32	22	70	50	38	59	30	35	551
广州	36	25	48	41	60	44	68	35	35	59	36	56	543
深圳	57	25	63	63	64	58	55	56	63	44	68	51	667
天津	36	35	65	43	54	29	37	56	55	61	31	29	531
重庆	55	27	56	24	51	48	22	29	25	59	35	49	480
苏州	58	43	48	48	30	54	70	41	21	41	24	37	515
无锡	21	31	64	26	42	68	21	37	37	43	45	48	483
成都	29	33	38	29	47	25	61	60	42	49	63	47	523
武汉	68	31	59	59	40	22	40	25	62	55	25	70	556
南京	34	38	41	58	34	39	49	68	62	23	59	56	561
杭州	41	62	59	30	35	66	39	20	26	33	41	61	513
沈阳	38	63	59	20	21	67	51	31	27	67	65	44	553
青岛	63	64	59	46	36	53	65	36	48	46	54	20	590
大连	23	54	45	34	66	35	58	41	62	49	64	36	567
长春	41	35	24	34	60	25	47	31	60	61	63	43	524
宁波	54	27	64	36	47	64	55	58	50	20	21	54	550
厦门	63	64	49	53	65	47	64	61	20	43	21	49	599
汇总	795	711	939	756	807	810	909	760	761	868	790	849	9755

图 9-62　字体字号

5. 单元格样式

Excel中包含多种内置的单元格样式，灵活应用这些单元格样式就可以制作出美观的表格效果。选择首行数据，然后依次单击"开始"|"样式"|"单元格样式"选项，就可以设置首行的样式，如图9-63所示。

6. 套用表格格式

对于一般用途的表格，可以使用套用表格格式的方法实现快速美化表格。依次单击"开始"|"样式"|"套用表格格式"选项，例如选择"蓝色，表样式中等深浅 16"，效果如图9-64所示。

城市名称	1月	2月	3月	4月	5月	6月	7月	8月	9月	10月	11月	12月	汇总
北京	20	22	34	51	23	44	37	25	28	56	45	64	449
上海	58	32	64	61	32	22	70	50	38	59	30	35	551
广州	36	25	48	41	60	44	68	35	35	59	36	56	543
深圳	57	25	63	63	64	58	55	56	63	44	68	51	667
天津	36	35	65	43	54	29	37	56	55	61	31	29	531
重庆	55	27	56	24	51	48	22	29	25	59	35	49	480
苏州	58	43	48	48	30	54	70	41	21	41	24	37	515
无锡	21	31	64	26	42	68	21	37	37	43	45	48	483
成都	29	33	38	29	47	25	61	60	42	49	63	47	523
武汉	68	31	59	59	40	22	40	25	62	55	25	70	556
南京	34	38	41	58	34	39	49	68	62	23	59	56	561
杭州	41	62	59	30	35	66	39	20	26	33	41	61	513
沈阳	38	63	59	20	21	67	51	31	27	67	65	44	553
青岛	63	64	59	46	36	53	65	36	48	46	54	20	590
大连	23	54	45	34	66	35	58	41	62	49	64	36	567
长春	41	35	24	34	60	25	47	31	60	61	63	43	524
宁波	54	27	36	36	47	64	55	58	50	20	21	54	550
厦门	63	64	49	53	65	47	64	61	20	43	21	49	599
汇总	795	711	939	756	807	810	909	760	761	868	790	849	9755

图 9-63　单元格样式

城市名称	1月	2月	3月	4月	5月	6月	7月	8月	9月	10月	11月	12月	汇总
北京	20	22	34	51	23	44	37	25	28	56	45	64	449
上海	58	32	64	61	32	22	70	50	38	59	30	35	551
广州	36	25	48	41	60	44	68	35	35	59	36	56	543
深圳	57	25	63	63	64	58	55	56	63	44	68	51	667
天津	36	35	65	43	54	29	37	56	55	61	31	29	531
重庆	55	27	56	24	51	48	22	29	25	59	35	49	480
苏州	58	43	48	48	30	54	70	41	21	41	24	37	515
无锡	21	31	64	26	42	68	21	37	37	43	45	48	483
成都	29	33	38	29	47	25	61	60	42	49	63	47	523
武汉	68	31	59	59	40	22	40	25	62	55	25	70	556
南京	34	38	41	58	34	39	49	68	62	23	59	56	561
杭州	41	62	59	30	35	66	39	20	26	33	41	61	513
沈阳	38	63	59	20	21	67	51	31	27	67	65	44	553
青岛	63	64	59	46	36	53	65	36	48	46	54	20	590
大连	23	54	45	34	66	35	58	41	62	49	64	36	567
长春	41	35	24	34	60	25	47	31	60	61	63	43	524
宁波	54	27	64	36	47	64	55	58	50	20	21	54	550
厦门	63	64	49	53	65	47	64	61	20	43	21	49	599
汇总	795	711	939	756	807	810	909	760	761	868	790	849	9755

图 9-64　套用表格格式

9.5.2　如何使图形更美观

在Excel中插入的原始图表也许不能满足我们的需求，可以自己对图表进行美化。下面通过案例介绍如何让用户的Excel图表高大上的方法，步骤如下：

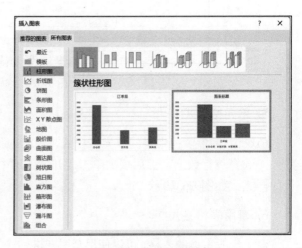

图 9-65　选中柱形图表

01 选中数据，依次单击"插入"|"图表"|"推荐的图表"|"所有图表"选项，选中右边那个有颜色的柱形图图表，如图9-65所示。

02 在插图中选择形状，插入一个三角形形状，线条类型选择"无线条"选项，透明度可以设置自己需要的，这里设置为30%，如图9-66所示。

图 9-66　插入三角形形状

03 复制3份设置完毕的三角形形状，并给它们填充上自己需要的颜色，如图9-67所示。

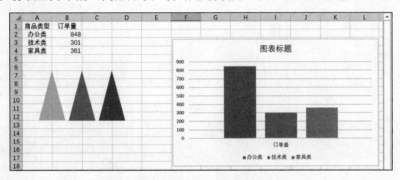

图 9-67　复制三角形形状

04 选中三角形形状，使用快捷键Ctrl+C复制，再选中柱形条，使用Ctrl+V粘贴，将柱形条全部粘贴成三角形形状，如图9-68所示。

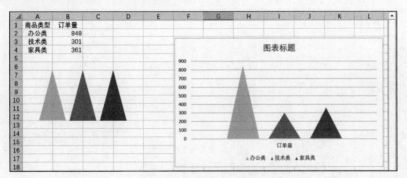

图 9-68　转换图形样式

05 设置图表的样式，选择图表元素，设置图形的"数据标签""图例"，再设置字体大小和颜色等，如图9-69所示。

06 右击柱形条，在弹出的对话框中选择"设置数据系列格式"，并调整"系列重叠"和"间隙宽度"，这里分别设置为40%和250%，如图9-70所示。

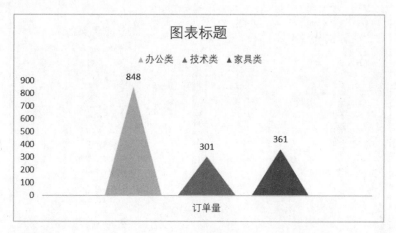

图 9-69　设置图表样式

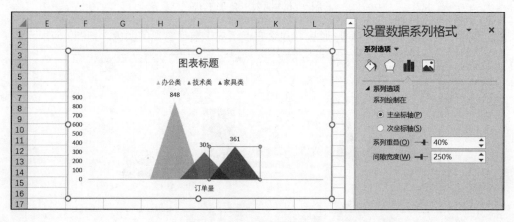

图 9-70　设置数据系列格式

07 最后，为图形添加标题，并通过设置图表区域格式设置图表的背景，可以设置渐变填充等多种样式，如图9-71所示。

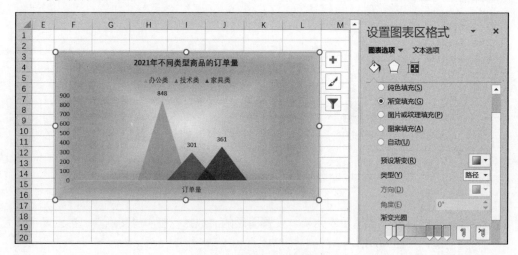

图 9-71　设置图表区域格式

9.6 动手练习：Excel可视化插件——EasyCharts

EasyCharts是一款简单易用的Excel图表插件，内置于Excel图表中，具有一键生成Excel未提供的图表、图表美化、配色参考等功能，大大提高了工作效率。EasyCharts还可以直接下载很多颜值非常高的图表模板，操作非常简单容易上手，几分钟帮我们玩转Excel。

EasyCharts主要用于数据可视化与数据分析，可以跟本书很好地配套使用。EasyCharts插件主要实现的功能包括图表元素美化、新型图表、数据分析、辅助工具等，如图9-72所示。

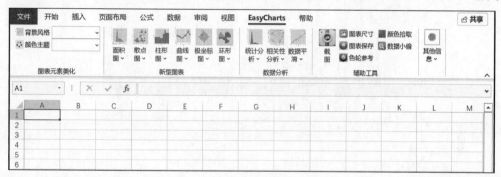

图 9-72　EasyCharts 插件界面

EasyCharts软件的特色如下：

（1）图表风格的自动转换

使用Excel绘制图表后，选择"背景风格"中的"R ggplot2""Python Seaborn""Matlab 2013""Matlab 2014""Excel Simple"等图表风格，自动实现图表背景风格的设定与转换。

（2）颜色主题的自动转换

使用Excel绘制图表后，选择"颜色主题"中的"R ggplot2 Set1""R ggplot2 Set2""R ggplot2 Set3""Tableau 10 Medium""Tableau 10""Python seaborn hsul""Python seaborn default"等颜色主题，可以实现颜色主题的自动转换。

（3）新型图表的自动绘制

以前需要添加辅助数据才能绘制的图表，现在借助插件选定原始数据后，即可实现图表的自动绘制，新型图表包括平滑面积图、南丁格尔玫瑰图、马赛克图、子弹图等。

（4）数据分析的自动实现

使用"数据分析"命令可以实现频率直方图、核密度估计图、相关系数矩阵图、Loess数据平滑和Fourier数据平滑等数据的分析与图表的自动绘制。

（5）Excel辅助工具的使用

"辅助工具"包括颜色拾取、数据小偷、色轮参考、图表保存、截图等功能，尤其是"数据小偷"可以通过读入现有的柱形图或曲线图，以自动或手动的方法，读取并获得图表的原始数据。

下面通过分割面积图和子弹图两个实际案例介绍如何使用EasyCharts可视化插件。

9.6.1　示例 9-1：绘制 2021 年第四季度销售额分割面积图

为了分析企业2021年第四季度的销售额情况，我们收集了每天的销售额报表数据，然后依次单击"EasyCharts"｜"新型图表"｜"面积图"｜"分割面积图"，对图表进行适当的优化，如图9-73所示。

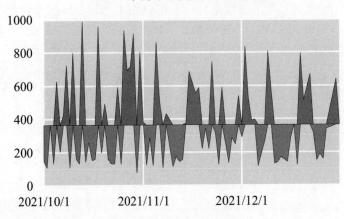

图 9-73　分割面积图

9.6.2　示例 9-2：绘制 2022 年 3 月份销售业绩子弹图

为了分析企业2023年3月份的销售业绩情况，我们收集了部门A、部门B、部门C和部门D的业绩数据，然后依次单击"EasyCharts"｜"新型图表"｜"柱形图"｜"子弹图"，对图表进行适当的调整，如图9-74所示。

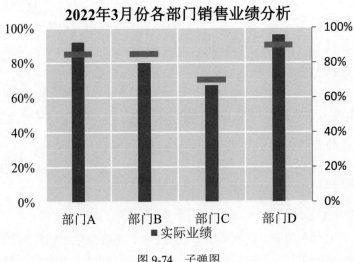

图 9-74　子弹图

9.7　实操练习

　　如图9-75所示的数据集是2000－2015年，共计16年的豆瓣电影评分数据，对电影的评分情况进行可视化分析。

编号	电影名称	投票人数	评分	类型	产地	年份
1	泰坦尼克号	157074	9.4	剧情	美国	2012
2	灿烂人生	16807	9.3	剧情	意大利	2003
3	机器人总动员	421734	9.3	喜剧	美国	2008
4	父与女	53358	9.2	剧情	英国	2001
5	暴力云与送子鹳	75567	9.2	喜剧	美国	2009
6	盗梦空间	642134	9.2	剧情	美国	2010
7	放牛班的春天	370585	9.2	剧情	法国	2004
8	调音师	105300	9.2	剧情	法国	2010
9	触不可及	293040	9.1	剧情	法国	2011
10	不后悔	9834	7.3	剧情	韩国	2006

图 9-75　2000－2015 年豆瓣电影评分数据

第 10 章

用仪表板展示数据

Excel的仪表板（也称为看板）是若干视图的集合，它可以使我们轻松地比较分析各种数据。例如，有一组每天都需要查看的数据，那么可以创建一个显示所有视图的仪表板。工作表和仪表板中的数据是相连的，当修改工作表时，包含该工作表的所有仪表板也会随之更改。本章介绍Excel仪表板的制作与使用技巧。

10.1 如何制作出高效精美的仪表板

对于数据分析师来说，会经常使用仪表板来展示数据，如何才能制作出高效精美的仪表板呢？归纳起来，主要有三点：熟悉业务合理规划、利用视图充分展示、完善视图避免错误。

10.1.1 熟悉业务合理规划

（1）了解可视化的对象

出色的仪表板都是服务于它的目标受众，除了知道仪表板要展示给什么样的受众看之外，还必须了解他们的专业知识水平以及他们感兴趣的主题和内容是什么。

（2）考虑显示屏尺寸

在创建仪表板前需要提前调研，了解用户使用什么样的设备查看。如果制作仪表板的初衷是在笔记本上查看，实际上却是在手机上查看，那么最终的效果很可能不能让用户满意。

（3）合理规划，确保快速加载

即使是全世界最为精美的仪表板，如果加载时间过长，效果也会大打折扣，因为长时间地等待会让人感到心烦意乱，所以合理规划仪表板很有必要，这样有助于缩短加载时间。

10.1.2　利用视图充分展示

（1）充分利用吸引注意力的位置

在数字时代，大多数人在查看内容时都会本能地从屏幕左上角开始浏览，在确定了仪表板的主要目的之后，就可以将最重要的视图放在仪表板的左上角。

（2）限制视图的数量和颜色

过多的视图会牺牲仪表板的整体效果，一般只能有两三个视图。如果发现两三个视图不能满足需要，则可以再创建仪表板。此外，合理地运用颜色会使分析增色不少，而过多的颜色并不能收到良好的效果。

（3）增强交互性以鼓励用户探索

筛选器可以为可视化分析锦上添花，同时也能吸引用户参与交互。比如，启用突出显示后，在一个视图中选择某个对象会在其他视图中突出显示相关的数据。

此外，制作出完美的仪表板并非一劳永逸的事，一定要征询受众的反馈意见，了解该仪表板哪些方面对他们有用，哪些方面无用，适时改进，才能收到展示的效果。

10.1.3　完善视图避免错误

前面已经简要说明了制作仪表板的最佳做法，接下来列举一些需要避免的常见错误。

（1）试图通过一个仪表板解答过多问题

想要让仪表板展示过多的内容，甚至回答过多的问题，效果往往会适得其反，因为会让人抓不住重点，反而仪表板涵盖的范围小而具体，往往更能给用户带来助益。

（2）使用一些让人无法理解的指标

指标以及给指标添加的标签对自己而言可能很好理解，但要确保这些内容契合受众的专业知识水平，良好的建议是先向其中一些用户展示设计原型，事先了解一下这些指标是否能被大多数人理解。

（3）混入了无关紧要的图表和小组件

不要将仪表板做得华而不实，或使用一些类似于仪表的图形和小组件。在仪表板中添加不必要的对象就像自定义仪表板一样会让人上瘾，但这会妨碍实现预期目标。

此外，应该花一些时间，站在用户的角度查看仪表板，这样需要调整的方面就会凸显出来。注意，在测试上花费的工夫永远都不会白费。

10.2　制作仪表板

Excel绘制的仪表板不仅可以包含数据中的亮点，提高工作效率，而且页面精美。下面我

们介绍仪表板的绘制步骤，主要包括：创建数据透视表、创建数据透视图、添加切片器与日程表等。

10.2.1 创建数据透视表

假如数据准备完成后得到一份清洗过的规范化数据源表，如图10-1所示。

订单日期	门店名称	地区	省市	支付方式	品牌	类别	销售数量	销售额
2021/12/31	定远路店	华北	天津	信用卡	品牌1	收纳具	18	251.30
2021/12/31	定远路店	西北	陕西	支付宝	品牌1	用品	13	491.90
2021/12/31	海恒店	华北	北京	信用卡	品牌2	器具	13	963.06
2021/12/31	海恒店	西南	四川	信用卡	品牌2	椅子	6	1899.80
2021/12/31	海恒店	华东	福建	其他	品牌1	系固件	17	258.72
2021/12/31	金寨店	西南	四川	支付宝	品牌2	装订机	20	57.68
2021/12/31	金寨店	西南	四川	支付宝	品牌2	纸张	18	393.40
2021/12/31	金寨店	东北	黑龙江	微信	品牌1	桌子	7	2119.71
2021/12/31	燎原店	华北	天津	其他	品牌1	配件	9	2914.80
2021/12/31	临泉路	东北	黑龙江	支付宝	品牌1	系固件	12	96.26
2021/12/31	临泉路	西北	陕西	信用卡	品牌1	配件	11	393.46
2021/12/31	庐江路	中南	广东	微信	品牌1	用品	5	472.08
2021/12/31	庐江路	中南	湖北	信用卡	品牌1	信封	10	121.80
2021/12/31	庐江路	西南	四川	信用卡	品牌2	配件	6	193.76
2021/12/31	众兴店	华东	浙江	信用卡	品牌3	系固件	5	524.16
2021/12/31	众兴店	西南	四川	支付宝	品牌2	器具	16	246.82
2021/12/30	定远路店	西北	陕西	信用卡	品牌1	椅子	14	446.04
2021/12/30	海恒店	华东	福建	支付宝	品牌2	用品	15	488.88
...	...	...	...	...	...	...	...	...

图 10-1 商品订单表数据

将上述数据做成一份分析报表，这里我们做成Excel的数据透视表，具体的操作步骤如下。

1. 初步生成透视表并组合日期维度

选中数据表的任一单元格，然后插入透视表，如图10-2所示。然后把日期字段进行组合，以便自动增加年、季、月的时间维度字段。Excel 2016以上版本已自带日期组合的功能。

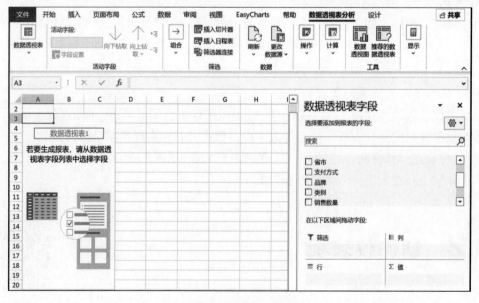

图 10-2 插入数据透视表

日期组合是一个很高效的小技巧，Excel 2016以下的低版本中需要在数据源中增加年、季、月字段，高版本就不需要了。

2. 构建透视表式报表

通过拖曳可以快速生成多张报表。另外，要养成数据排序的好习惯，例如可以按月份、销售额进行排序，如图10-3所示。

行标签	求和项:销售额		行标签	求和项:销售额		行标签	求和项:销售额
1月	310052.27		海恒店	750910.21		书架	882947.63
2月	306611.20		临泉路	749210.54		器具	849671.98
3月	433641.71		众兴店	718926.05		椅子	704401.94
4月	322656.68		金寨店	674465.46		电话	680126.61
5月	554886.91		杨店店	663208.83		复印机	655316.73
6月	522090.68		燎原店	625674.70		收纳具	446865.02
7月	369494.45		定远路店	598890.14		桌子	374300.05
8月	630758.76		人民路店	588477.03		设备	335406.20
9月	635716.96		庐江路	561178.18		配件	249144.42
10月	702275.91		总计	5930941.13		用品	181896.57
11月	556703.74					用品	114965.73
12月	586051.87		行标签	求和项:销售额		装订机	107510.51
总计	5930941.13		华东	1602654.35		信封	104085.52
			中南	1414455.57		纸张	91817.04
行标签	求和项:销售额		华北	1105543.71		美术	67704.11
品牌1	2998363.35		东北	1021878.92		系固件	49298.20
品牌2	1892726.47		西南	475402.14		标签	35482.86
品牌3	1039851.31		西北	311006.44		总计	5930941.13
总计	5930941.13		总计	5930941.13			

图 10-3　透视表的值字段格式设置

10.2.2　创建数据透视图

因为要做仪表板，图形肯定少不了，而数据透视图的数据源就是基于透视表的，所以需要根据前面生成的透视表生成图形，如图10-4所示。

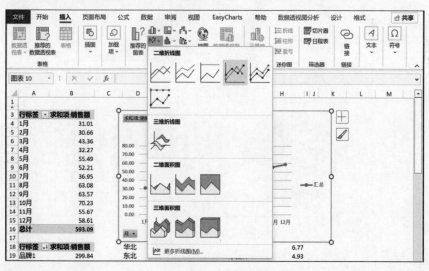

图 10-4　生成透视图

这时如果觉得默认的透视图不够"漂亮"，可以进行调整，比如可以隐藏掉其中的按钮，单击按钮，在下拉框中选择"隐藏图表上的所有字段按钮"即可，如图10-5所示。

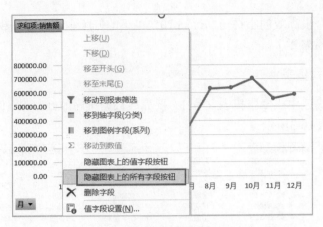

图 10-5　隐藏透视图上的按钮

　　隐藏按钮后，整个图表就清爽多了。还可以根据自己的需求进行美化，例如调整或设置颜色、字体、网格线、数据标签、标题等。数据透视图美化后的效果如图10-6所示。

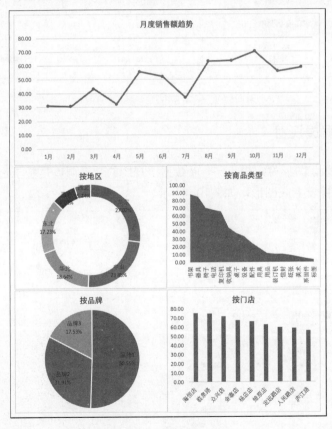

图 10-6　销售额仪表板

10.2.3　添加图形切片器

　　如果只是以上述图表作为仪表板的话，还是存在很大的缺陷的，因为仪表板通常要求是动态的，要实现动态功能，可以使用"切片器"这一动态交互利器。

选中图表,单击菜单中的"分析"|"插入切片器",这里把类别、门店名称、地区、品牌4个字段作为我们与透视图交互查询的条件,如图10-7所示。

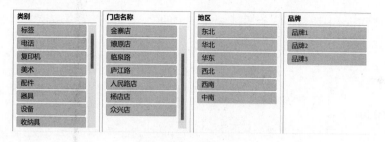

图 10-7　插入切片器

然后,还需要把这些切片器与图表关联起来,以达到同时控制多个图表的效果。

将切片器与数据透视表进行连接,即可实现联动分析。方法如下:

单击选中一个切片器,在"切片器"下选择"报表连接",选择需要联动的透视表,此时切片器就可以控制多个透视表的数据,实现联动功能,如图10-8所示。

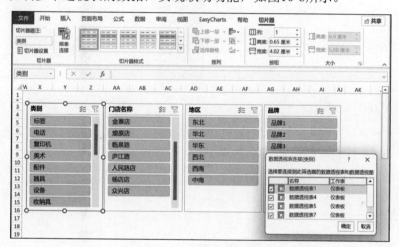

图 10-8　切片器联动分析

同理,也可以设置类别、门店名称、地区、品牌4个切片器,这样就完成了切片器与图表的交互效果设置。

数据透视图与切片器绘制的仪表板是Excel中最简单的动态图表,数据分析刚入门的读者稍做练习,就能轻松掌握。

10.3　共享仪表板

Office提供了邀请他人查看、编辑文档及利用电子邮件发送文档的功能,用户利用这些功能可以将自己的计算机中保存的文档与其他人共享。

10.3.1 与他人直接共享

如果要想在Office中邀请他人查看或编辑指定的文档，首先需要将该文档保存到OneDrive网盘中，步骤如下：

01 单击"共享"命令。打开原始文件，单击"文件"，在弹出的"文件"菜单中单击"共享"命令，接着在右侧的"共享"界面中单击"与人共享"选项，邀请他人共享该文档，如图10-9所示。

02 选择"保存到云"。在右侧的"与人共享"界面中单击"保存到云"按钮，如图10-10所示。

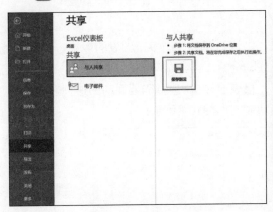

图 10-9　与人共享

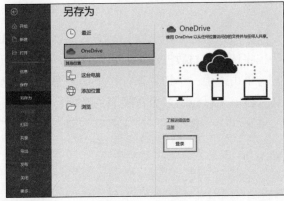

图 10-10　保存到云

03 选择要保存的文件夹。切换至"另存为"界面，单击"OneDrive-个人"选项，然后在右侧选择要保存的文件夹，如图10-11所示。

04 设置文档的名称。弹出"另存为"对话框，输入文档名称，然后单击"保存"按钮，如图10-12所示。

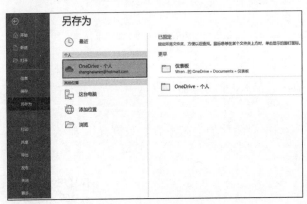

图 10-11　要保存的路径

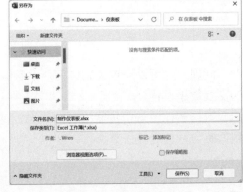

图 10-12　设置文件名称

05 单击"与人共享"按钮。单击"保存"按钮后，返回文档。执行"文件"｜"共享"命令，在"与人共享"界面中单击"与人共享"按钮，如图10-13所示。

06 发送邮件共享。弹出"共享"窗格，在"邀请人员"下的文本框中输入邮箱地址，选择"可编辑"选项，输入内容，单击"共享"按钮，如图10-14所示。

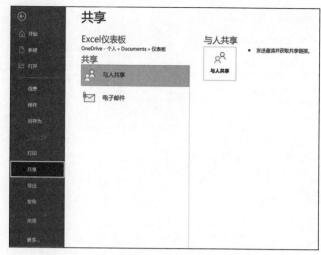

图 10-13　与人共享

图 10-14　输入邮箱地址

10.3.2　通过电子邮件共享

在Office中，若要以电子邮件方式共享文件，则需要在计算机中安装Outlook组件。

1. 仪表板作为附件发送

打开原始文件，按照10.3.1节介绍的方法打开"共享"界面，单击"电子邮件"选项，然后在右侧单击"作为附件发送"按钮，如图10-15所示。

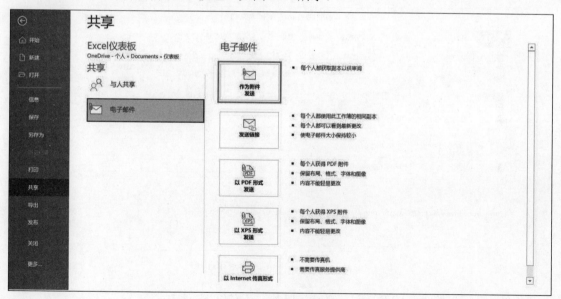

图 10-15　作为附件发送

2. 输入收件人和邮件内容

系统自动启动Outlook，在界面中输入收件人的邮箱地址和邮件内容，然后单击"发送"按钮，如图10-16所示，即可将该文档以附件的形式发送到收件人的邮箱中。

图 10-16　通过电子邮件共享

3. 分享获取的共享链接

当共享的人过多时，可以通过获取共享链接，然后将该链接发送给共享的人，让他们通过该链接查看或编辑指定的文档。获取共享链接的具体操作方法如下：

选择获取共享链接。打开原始文件，将文件保存到OneDrive网盘中后，打开"共享"界面，单击"电子邮件"选项，在右侧界面中单击"发送链接"按钮，打开如图10-17所示的界面。若要发送链接，则必须将文件保存到 Web 服务器或共享文件夹。

图 10-17　通过电子邮件共享

此外，除了以附件形式发送和共享链接以外，还有以下3种方式：

（1）以PDF形式发送：打开一封电子邮件，其中附加了.pdf格式的文件副本。

（2）以XPS形式发送：打开一封电子邮件，其中附加了.xps格式的文件副本。

（3）以Internet传真形式发送：打开一个网页，可从允许通过Internet发送传真的提供商列表中进行选择。

10.3.3　通过 Power BI 共享

Excel表格可以发布到Power BI实现数据的商业智能分析，在操作之前，首先需要注册一个Power BI账户。具体方法如下：

01 依次单击"文件"|"发布"|"发布到Power BI"，再登录自己注册的Power BI账户，如图10-18所示。

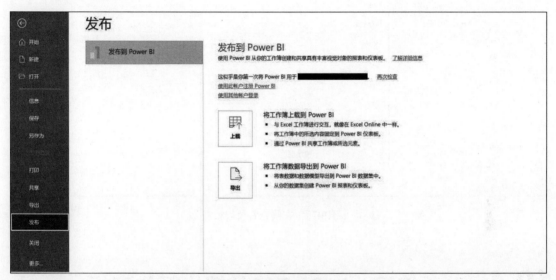

图 10-18　发布到 Power BI

02 单击"上载"按钮，出现"发布到POWER BI已成功上载工作簿"提示，如图10-19所示。

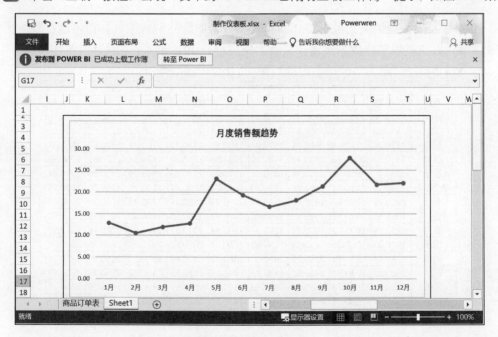

图 10-19　转至 Power BI

03 单击"转至Power BI"后，进入Power BI的在线服务器中，单击"我的工作区"选项，就可以看到刚刚导入的仪表板，双击该文件就可以查看仪表板，如图10-20所示。

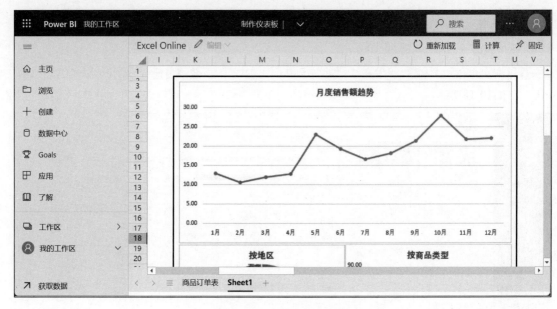

图 10-20　在线查看仪表板

10.4　动手练习：2021年商品销售额仪表板

图10-21所示的数据为某企业2021年1月份至9月份的商品销售额，如何将这些数据变成一份专业的报告？这里以制作数据展示仪表板为例进行介绍。下面来看具体的操作步骤。

商品类别	1月	2月	3月	4月	5月	6月	7月	8月	9月
标签	2990.46	1610.68	2620.15	1190.76	2050.14	1800.36	1580.82	2960.41	1980.80
电话	1940.76	1180.51	2540.16	2080.54	1930.46	1600.18	1000.87	2290.10	1570.32
复印机	2220.30	2530.94	2620.72	1300.27	2720.11	1040.33	2280.91	1280.72	1550.30
美术	2150.83	2990.51	2000.87	2500.79	2030.38	2300.31	1170.47	2870.90	1230.66
配件	2510.28	2170.48	2690.91	2580.94	1550.92	1320.42	1760.33	1730.65	2860.37
器具	1450.62	2040.38	1430.77	1460.20	2030.90	1650.73	1720.36	2800.52	1750.52
设备	1980.70	2320.58	2250.74	1870.36	1770.73	2240.89	1550.95	2490.20	1610.64
收纳具	2370.14	1450.81	1890.89	1130.30	1060.72	1510.47	1560.98	1900.33	1530.55
书架	2810.76	2280.57	1390.68	1190.96	2690.76	2980.16	2330.32	2640.74	2240.37
系固件	1050.64	2320.76	2920.82	1680.49	1480.83	1660.55	1170.33	2810.83	2110.70
信封	2850.79	1400.12	1680.73	1280.31	1620.44	2310.87	2130.51	2180.16	2660.53
椅子	1970.31	1280.39	1420.15	1180.69	2710.56	2070.60	2870.36	2850.39	2680.55
用具	1220.13	1300.71	2350.25	2870.40	1880.42	1240.48	1680.19	2810.90	1330.24
用品	2600.18	2030.54	1460.52	1430.39	2070.53	1820.68	1460.73	2160.49	2650.47
纸张	2150.89	2650.84	1630.24	1800.33	2630.29	2500.97	1870.44	1630.28	2750.27
装订机	1020.17	2690.53	2960.78	1860.78	1420.30	1540.40	2200.61	1160.75	1040.91
桌子	2330.72	2380.45	2270.48	2760.34	2860.52	1790.53	1230.83	1120.26	1920.12

图 10-21　销售数据

1. 数据预处理

首先来观察数据，发现数据是一张二维表，我们需要将它转换成一维表，使用透视表中的逆透视功能可以实现。

（1）单击"数据"选项卡下的"自表格/区域"，将数据导入"Power Query编辑器"中，如图10-22所示。

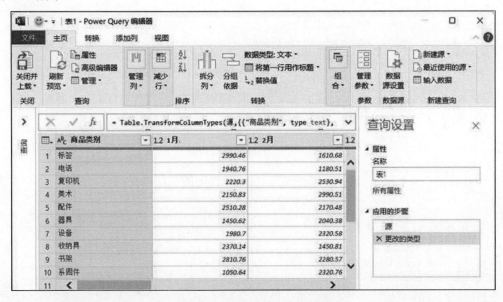

图 10-22 Power Query 编辑器

（2）接着选中"商品类型"列，然后单击"转换"选项卡下的"逆透视列"，将二维表转换成一维表，修改字段名字为"月份"和"销售额"，如图10-23所示。

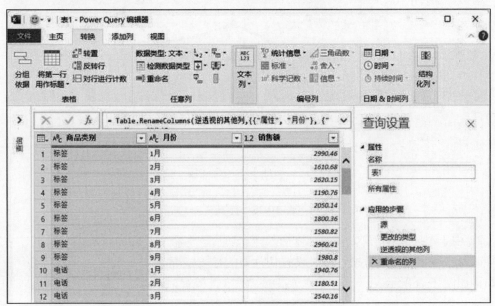

图 10-23 数据逆透视

（3）单击"关闭并上载"，就完成数据的处理了，如图10-24所示。

	A	B	C
1	商品类别	月份	销售额
2	标签	1月	2990.46
3	标签	2月	1610.68
4	标签	3月	2620.15
5	标签	4月	1190.76
6	标签	5月	2050.14
7	标签	6月	1800.36
8	标签	7月	1580.82
9	标签	8月	2960.41
10	标签	9月	1980.8
11	电话	1月	1940.76
12	电话	2月	1180.51
13	电话	3月	2540.16
14	电话	4月	2080.54
15	电话	5月	1930.46
16	电话	6月	1600.18
17	电话	7月	1000.87
18	电话	8月	2290.1
19	电话	9月	1570.32

表1　Sheet1

图 10-24　处理完成的数据

处理好数据，接下来开始制作分析报告，当然如果你的数据本身就是一维表，这一步就可以忽略。

2. 可视化图表

数据总共有3个字段，分别是商品类型、月份、销售额。

（1）首先，制作销量走势图，插入"透视表"，将"月份"拖曳到"行"区域，"销售额"拖曳到"值"区域，设置图形为折线图，如图10-25所示。

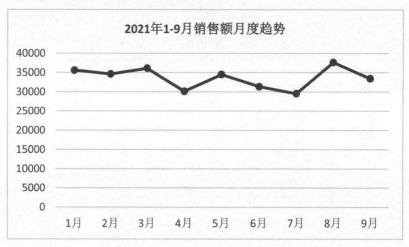

图 10-25　折线图

（2）由于"月份"信息太多，可以插入一个切片器，控制每次展示指定的数据，同时设置切片器的行列分布，如图10-26所示。

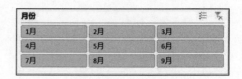

图 10-26　切片器

（3）制作不同类型商品的销售额环形图，插入数据透视表，将"商品类型"拖曳到"行"区域，"销售额"拖曳到"值"区域，设置图形为环形图，如图10-27所示。

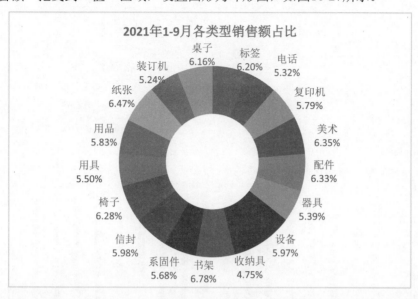

图 10-27　环形图

（4）制作不同类型商品的堆积条形图，插入数据透视表，将"商品类型"拖曳到"行"区域，"月份"拖曳到"列"区域，"销售额"拖曳到"值"区域，设置图形为堆积条形图，如图10-28所示。

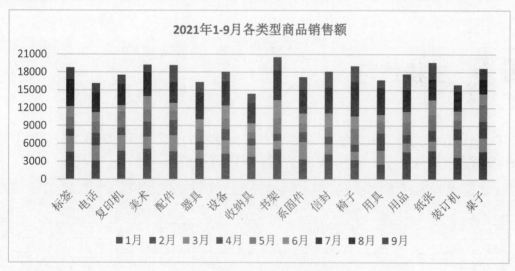

图 10-28　堆积条形图

3. 制作仪表板

完成上面的操作之后，我们还可以将多余的行和列全部隐藏掉，让其他地方变得不可编辑。如果不想让别人修改你的仪表板，可以添加"保护工作簿"，设置相应的密码，禁止编辑数据，仪表板就制作完成了，如图10-29所示。

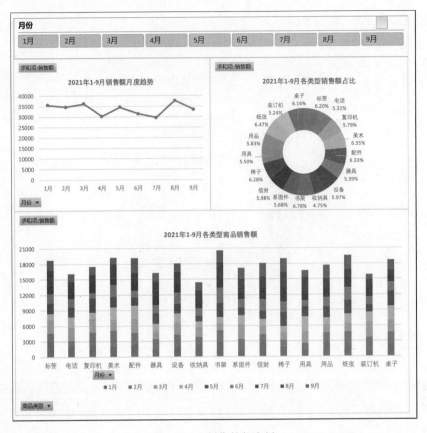

图 10-29　制作的仪表板

10.5　实操练习

环境污染的主要指标有PM2.5、PM10、SO2、NO2、CO、O3等，如图10-30所示，试利用Excel对2022年上半年上海市的空气质量数据进行可视化分析。

日期	月份	日期	质量等级	AQI指数	当天AQI排名	PM2.5	PM10	SO2	NO2	CO	O3
2022/1/1	1	1	优	34	29	17	34	5	52	0.68	35
2022/1/2	1	2	良	95	234	71	78	8	64	1.15	40
2022/1/3	1	3	良	90	184	66	69	6	75	1.08	35
2022/1/4	1	4	良	68	127	49	47	5	60	0.92	57
2022/1/5	1	5	优	26	13	14	17	4	29	0.64	66
2022/1/6	1	6	优	28	29	12	25	4	24	0.66	62
2022/1/7	1	7	优	41	82	27	35	4	38	0.72	50
2022/1/8	1	8	优	45	80	32	37	5	46	0.77	41
2022/1/9	1	9	良	80	167	58	51	5	47	0.90	51

图 10-30　2022 年上半年上海市的空气质量数据

第 **11** 章

Excel 连接 Hadoop 集群

目前，各种网络应用带来了数据规模的高速增长，为了满足海量数据的存储和分析需求，需要使大量计算机协同工作，从而共同完成空前复杂的任务。多数企业的数据都存储在Hadoop大数据集群中，此时，如果想要获取这些数据，就需要掌握如何与这些数据集群连接。本章介绍Excel如何连接Hadoop Hive和Hadoop Spark及其注意事项。

11.1 了解Hadoop

随着信息技术的发展，多数企业意识到大数据的业务价值和商业价值，多数互联网行业基本都采用Hadoop搭建数据分析平台，从超大规模用户行为数据中提取用户特征，并且应用到各种营销活动中。

11.1.1 Hadoop 概述

Hadoop是Apache软件基金会旗下的一个开源分布式计算平台，它基于Java语言开发，核心是HDFS（Hadoop Distributed File System，Hadoop分布式文件系统）和MapReduce。HDFS具有高容错性和高扩展性等优点，允许用户将Hadoop部署在价格低廉的服务器上，形成分布式系统；MapReduce分布式编程模型允许用户在不了解分布式系统底层细节的情况下开发并行应用程序。

MapReduce是一种分布式计算模型，核心是将任务分解成小任务，由不同计算者同时参与计算，并将各个计算者的计算结果合并，得出最终结果。

HDFS和MapReduce共同组成了Hadoop分布式系统体系结构的核心，共同完成分布式集群的计算任务。

通过Hadoop可以轻松地组织计算机资源，搭建自己的分布式计算平台，完成海量数据的处理，相对当前应用较多的SQL关系型数据库，HDFS提供了一种通用的数据处理技术，它用大量低端服务器代替大型单机服务器，用键值对代替关系表，用函数式编程代替声明式查询，用离线批量处理代替在线处理。

目前互联网领域的Web搜索、广告系统、数据分析和机器学习等许多任务已经在Hadoop集群上运行，应用研究主要如下：

1. 云存储

HDFS可以作为存储系统单独使用，相对传统的商业数据库系统，HDFS提供了较好的扩展性和容错能力，并且建设成本低廉，使用HDFS弹性存储可以实现自动控制，灵活地进行存储空间的释放和分配，以适应快速变化的需求。

2. 数据查询

在海量数据环境下进行数据查询工作对算法效率提出了较高的要求，传统的集群查询技术主要通过并行DBMS进行，由于并行DBMS缺乏协调容错机制，无法处理不可避免的软件和硬件错误，根据MapReduce设计的索引算法可以提供较高的容错性，实现较高的查询效率。

3. 数据分析

随着网络应用的快速增长，用户特征分析、点击流分析、社交网络分析和日志分析等大规模数据分析业务成为许多企业的重要工作，由于数据规模越来越大，以MapReduce为基础的系统逐渐得到应用。

4. 数据挖掘

数据挖掘的目的是在大规模数据中发现有价值的信息。随着数据规模越来越大，传统方法难以应对多样化的业务需求，将MapReduce编程模型应用于数据挖掘可以解决这方面的问题。

5. 关联广告

网络广告是互联网企业的基本盈利形式，多采用关联广告的形式放置在相关页面可以提高点击率。影响关联广告效果的关键是广告和页面内容的相关度，许多互联网公司建立了庞大的Hadoop集群专门为自身广告业务提供数据支持。

11.1.2　Hadoop 组件

Hadoop的核心是YARN、HDFS和MapReduce等。图11-1是Hadoop的典型生态系统，已经集成了Spark组件。

下面对以上各组件进行简要的介绍。

1. HDFS

HDFS是Hadoop体系中数据存储管理的基础，它是一个高度容错的系统，能检测和应对硬件故障，用于在低成本的通用硬件上运行。HDFS简化了文件的一致性模型，通过流式数据访问提供高吞吐量应用程序的数据访问功能，适合带有大型数据集的应用程序。

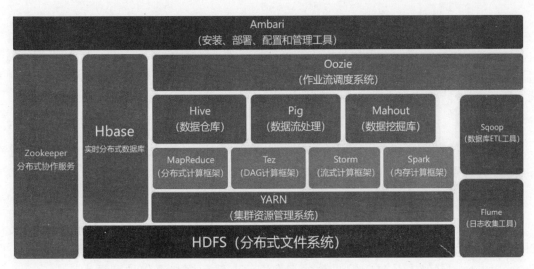

图 11-1　Hadoop 组件

2. ZooKeeper

ZooKeeper分布式协作服务解决了分布式环境下的数据管理问题,如统一命名、状态同步、集群管理、配置同步等。Hadoop的许多组件依赖于ZooKeeper,它运行在计算机集群上面,用于管理Hadoop操作。

3. HBase

HBase是一个建立在HDFS之上,针对结构化数据的可伸缩、高可靠、高性能、分布式和面向列的动态模式数据库。HBase提供了对大规模数据的随机、实时读写访问,同时HBase中保存的数据可以使用MapReduce来处理,它将数据存储和并行计算完美地结合在一起。

4. YARN

YARN分布式资源管理器是下一代MapReduce,即MRv2,是在第一代MapReduce的基础上演变而来的,主要是为了解决原始Hadoop扩展性较差,不支持多计算框架而提出的。此外,它是一个通用的运行时框架,用户可以编写自己的计算框架,在该运行环境中运行。

5. MapReduce

MapReduce是一种分布式计算模型,用以进行大数据量的计算。它屏蔽了分布式计算框架的细节,将计算抽象成Map和Reduce两部分,MapReduce非常适合在大量计算机组成的分布式并行环境中进行数据处理。

6. Tez

Tez是Apache新开源的支持DAG作业的计算框架,它源于MapReduce框架,核心思想是将Map和Reduce两个操作进一步拆分,即Map被拆分成Input、Processor、Sort、Merge和Output,Reduce被拆分成Input、Shuffle、Sort、Merge、Processor和Output等,这样这些分解后的元操作可以任意灵活组合,产生新的操作,这些操作经过一些控制程序组装后,可形成一个大的DAG作业。

7. Storm

Storm是Twitter开源的分布式实时大数据处理框架，被称为实时版Hadoop。随着越来越多的场景对Hadoop的MapReduce高延迟无法容忍，比如网站统计、推荐系统、预警系统、金融系统（高频交易、股票）等，大数据实时处理解决方案（流计算）的应用日趋广泛。

8. Spark

Spark提供了一个更快、更通用的数据处理平台，与Hadoop相比，Spark可以让你的程序在内存中运行时速度提升100倍，或者在磁盘上运行时速度提升10倍。

9. Hive

Hive数据仓库定义了一种类似SQL的查询语言——HQL，将SQL转化为MapReduce任务在Hadoop上执行，通常用于离线分析。HQL用于运行存储在Hadoop上的查询语句，Hive让不熟悉MapReduce的开发人员也能编写数据查询语句，然后这些语句被翻译为Hadoop上面的MapReduce任务。

10. Pig

Pig定义了一种数据流语言——PigLatin，它是MapReduce编程的复杂性的抽象，Pig平台包括运行环境和用于分析Hadoop数据集的脚本语言。其编译器将PigLatin翻译成MapReduce程序序列，将脚本转换为MapReduce任务在Hadoop上执行，通常用于进行离线分析。

11. Mahout

Mahout数据挖掘算法库的主要目标是创建一些可扩展的机器学习领域经典算法的实现，旨在帮助开发人员更加方便快捷地创建智能应用程序。Mahout现在已经包含聚类、分类、推荐引擎（协同过滤）和频繁集挖掘等广泛使用的数据挖掘方法。

12. Sqoop

Sqoop是SQL-to-Hadoop的缩写，是数据ETL/同步工具，主要用于传统数据库和Hadoop之间的数据传输。数据的导入和导出本质上使用的是MapReduce程序，充分利用了MR的并行化和容错性。Sqoop利用数据库技术描述数据架构，用于在关系数据库、数据仓库和Hadoop之间转移数据。

13. Flume

Flume日志收集工具将数据从产生、传输、处理并最终写入目标的路径的过程抽象为数据流，在具体的数据流中，数据源支持在Flume中定制数据发送方，从而支持收集各种不同协议的数据。同时，Flume数据流提供对日志数据进行简单处理的能力，如过滤、格式转换等。此外，Flume还具有将日志写往各种数据目标（可定制）的能力。

14. Oozie

Oozie工作流调度器是一个可扩展的工作体系，集成于Hadoop的堆栈，用于协调多个MapReduce作业的执行。它能够管理一个复杂的系统，基于外部事件来执行，外部事件包括数据的定时和数据的出现。

15. Ambari

Apache Ambari是安装部署配置管理工具，作用就是创建、管理、监视Hadoop的集群，是为了让Hadoop以及相关的大数据软件更容易使用的一个Web工具。

11.1.3　Apache Hadoop 发行版

Hadoop在大数据领域的应用前景很大，不过因为是开源技术，实际应用过程中存在很多问题，于是出现了各种Hadoop发行版，国外目前主要是两家公司在做这项业务：Cloudera和MapR。Cloudera和MapR的发行版都是收费的，它们基于开源技术，提高了稳定性，同时强化了一些功能，定制化程度较高。

1. Cloudera Hadoop

Cloudera公司是大数据领域知名的公司和市场领导者，提供了市场上第一个Hadoop商业发行版本，即Cloudera Hadoop。Cloudera Hadoop对Apache Hadoop进行了商业化，简化了安装过程，并对Hadoop做了一些封装，是Cloudera公司的发行版，包含Hadoop、Spark、Hive、HBase和一些工具等。

Cloudera Hadoop有两个版本：Cloudera Express版本是免费的；Cloudera Enterprise版本是需要购买的，有60天的试用期。Cloudera Enterprise版本的架构如图11-2所示。

图 11-2　Cloudera 软件架构

Cloudera Hadoop的系统管控平台易于使用，界面清晰，拥有丰富的信息内容，对集群中的主机、Hadoop、Hive、Spark等服务的安装配置管理做了极大的简化。

2. MapR Hadoop

一些行业巨头如思科、埃森哲、波音、谷歌、亚马逊都是MapR公司的用户。与Cloudera Hadoop不同的是，MapR Hadoop不依赖于Linux文件系统，也不依赖于HDFS，而是在MapR-FS文件系统上把元数据保存在计算节点，快速进行数据的存储和处理，架构如图11-3所示。

图 11-3　MapR 软件架构

MapR Hadoop还凭借快照、镜像或有状态的故障恢复等类型的高可用特性来与其他竞争者相区分。该公司也领导着Apache Drill项目，它是Google的Dremel开源项目的重新实现，目的是在Hadoop数据上执行类似SQL的查询以提供实时处理。

11.2　连接Hadoop Hive

上一节我们已经对Hive做了简单介绍，Hive是Hadoop系统中的一个数据仓库组件，Excel通过连接Hadoop Hive集群可以获取到想要的数据。本节将详细介绍如何启动Hadoop Hive，以及连接Cloudera Hadoop和MapR Hadoop集群。

11.2.1　启动 Hadoop Hive

在集群中，对所有Hive原数据和分区的访问都要通过Hive Metastore，启动远程Metastore后，Hive客户端即可连接Metastore服务，从而可以从数据库查询到原数据的信息，Metastore服务端和客户端通信是通过Thrift协议。

下面启动集群和Hive的相关进程，主要步骤如下：

01 启动Hadoop：

```
/home/dong/hadoop-2.5.2/sbin/start-all.sh
```

02 后台运行Hive：

```
nohup hive --service metastore > metastore.log 2>&1 &
```

03 启动Hive的hiveserver2：

```
hive --service hiveserver2 &
```

04 查看启动的进程，输入"jps"，确认已经启动了6个进程，如图11-4所示。

```
[root@master ~]# jps
3572 RunJar
2897 NameNode
3509 RunJar
3222 ResourceManager
3686 Jps
3077 SecondaryNameNode
```

图 11-4　查看启动的进程

11.2.2　连接 Cloudera Hadoop

在连接Cloudera Hadoop大数据集群前，需要确保已经安装了其最新的驱动程序。按照以下步骤安装对应的驱动程序：

01 首先到Cloudera的官方网站下载对应的驱动，网站地址为https://www.cloudera.com/downloads.html，单击Hive的下载链接，如图11-5所示。

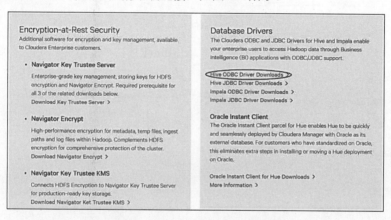

图 11-5　下载 Cloudera Hadoop Hive

02 根据需要选择适合系统的ODBC驱动程序，这里选择的是Windows 64位驱动，然后单击GET IT NOW按钮，如图11-6所示。进入注册页面，填写相应的信息并单击CONTINUE按钮，就可以正常下载驱动程序，如图11-7所示。

图 11-6　选择合适的版本图

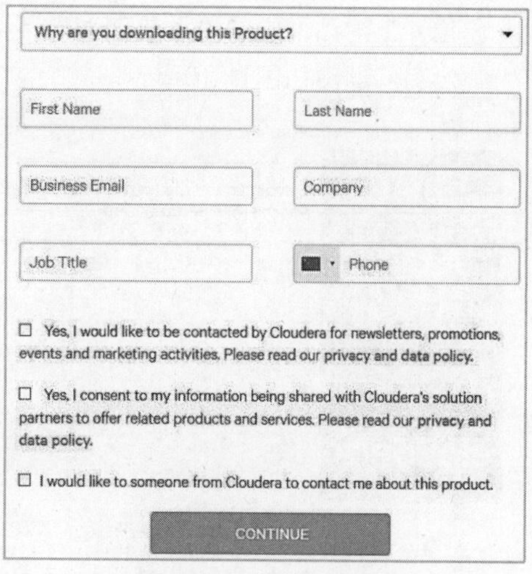

图 11-7　填写注册信息

03 双击运行下载的Cloudera Hive ODBC 64.msi程序，单击Next按钮后，勾选I accept the terms in the License Agreement复选框，再单击Next按钮，如图11-8所示。

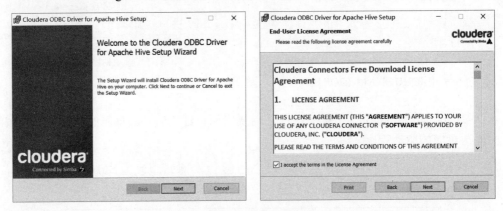

图 11-8　运行安装程序图

04 然后选择安装路径，单击Next按钮，再单击Install按钮，开始进行安装，如图11-9所示。

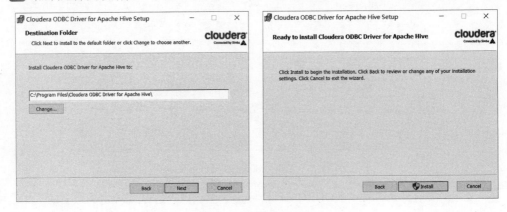

图 11-9　开始进行安装

05 安装过程比较简单，安装完成后单击Finish按钮。在计算机"ODBC数据源管理程序（64位）"对话框中的"系统DSN"下，如果有Sample Cloudera Hive DSN，就说明安装过程没有问题，如图11-10所示。

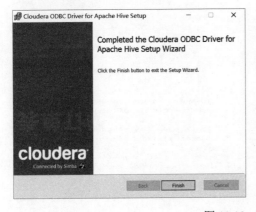
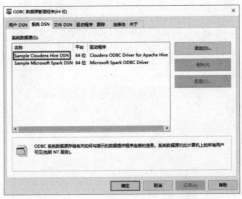

图 11-10　安装完成

下面我们检查一下是否可以正常连接Cloudera Hive集群，连接前需要正常启动集群，单击Test按钮，如果测试结果出现"SUCCESS!"，就说明正常连接，如图11-11所示。

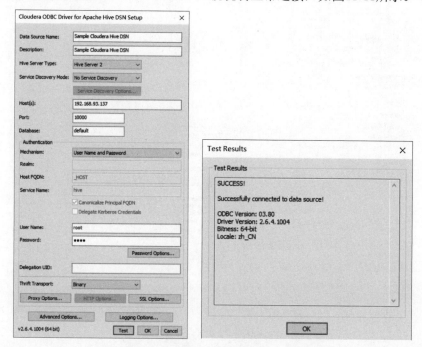

图 11-11　测试连接

当测试成功后，我们就可以在Excel中连接Cloudera Hive集群了，否则需要检测失败的原因，并重新进行连接，这一过程对于初学者来说有一定的难度，建议咨询企业大数据平台的相关技术人员。

11.2.3　连接 MapR Hadoop

在连接MapR Hadoop大数据集群前，首先需要确保已安装了对应的驱动程序，下载地址为http://package.mapr.com/tools/MapR-ODBC/MapR_Hive/，单击合适的下载链接，如图11-12所示。

根据需要选择适合系统的ODBC驱动程序，这里选择的是Windows 64位驱动，然后下载驱动程序文件，如图11-13所示。

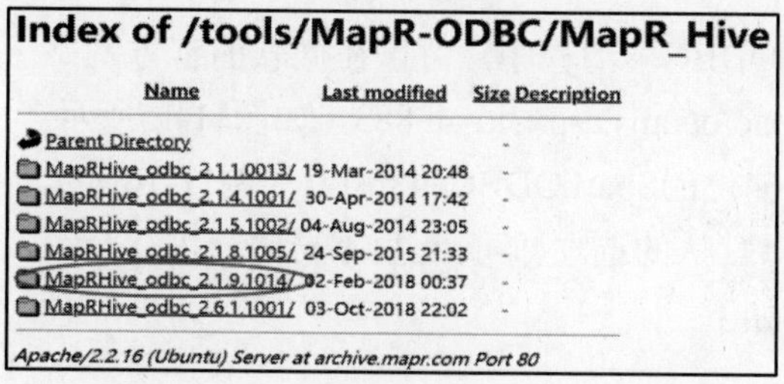

图 11-12　下载 MapR Hadoop Hive 驱动

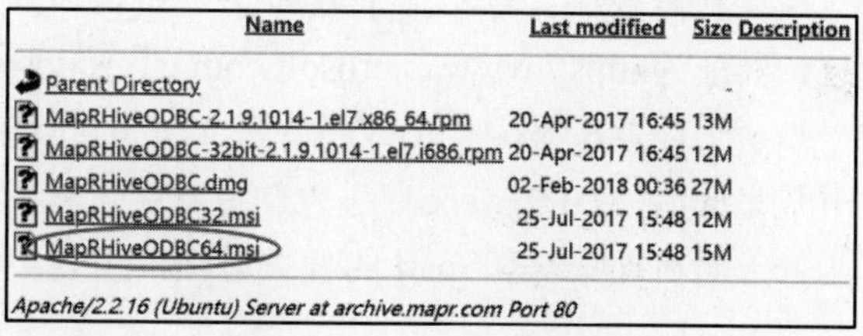

图 11-13　选择合适的版本

安装下载的驱动程序文件，具体安装过程比较简单，安装过程与前面介绍的Cloudera Hadoop集群基本一致，这里不再介绍。

下面我们检查一下是否可以正常连接MapR Hadoop Hive集群，连接前需要正常启动集群，单击Test按钮，如果测试结果出现"SUCCESS!"，就说明正常连接，如图11-14所示。

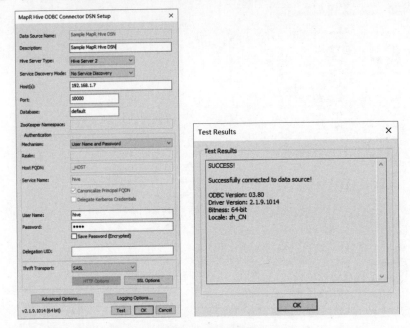

图 11-14　成功连接

当测试成功后，我们就可以在Excel中连接MapR Hadoop Hive集群了。

11.3　连接Hadoop Spark

Spark是一个大数据实时计算引擎，用户通过连接Spark可以进行大数据的分析，当然也可以获取其中的数据。Excel可以连接Hadoop Spark，本节将详细介绍连接的方法。

11.3.1　启动 Hadoop Spark

首先需要在计算机上下载和安装SparkSQL的ODBC驱动程序，可以在微软的官方网站下载，网址为https://www.microsoft.com/en-us/download/details.aspx?id=49883，如图11-15所示。

由于计算机是64位的Windows 11，因此选择64位的SparkODBC64.msi，如图11-16所示。下载完成后，双击安装文件进入软件安装过程，选择默认的选项即可，这里不再逐一进行介绍。

下面启动集群和Spark的相关进程，主要步骤如下：

01 启动Hadoop：

```
/home/dong/hadoop-2.5.2/sbin/start-all.sh
```

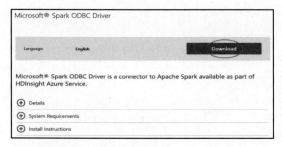

图 11-15　下载 SparkSQL 的 ODBC 驱动　　　　图 11-16　选择合适的下载文件

02 启动Spark：

```
/home/dong/spark-1.4.0-bin-hadoop2.4/sbin/start-all.sh
```

03 后台运行Hive：

```
nohup hive --service metastore > metastore.log 2>&1 &
```

04 启动Spark的ThriftServer：

```
/home/dong/spark-1.4.0-bin-hadoop2.4/sbin/start-thriftserver.sh
```

05 查看启动的进程，输入"jps"，确认已经启动了以下7个进程，
如图11-17所示。

```
[root@master ~]# jps
6192 SparkSubmit
2897 NameNode
6035 Master
3509 RunJar
3222 ResourceManager
6257 Jps
3077 SecondaryNameNode
```

图 11-17　查看启动的进程

11.3.2　配置 SparkODBC

在"控制面板"|"管理工具"|"ODBC数据源管理程序（64位）"
下，如果出现Sample Microsoft Spark DSN就说明正常安装，然后单
击"添加"按钮，打开如图11-18所示的界面，单击"完成"按钮。

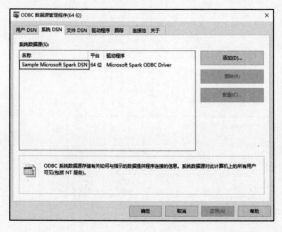
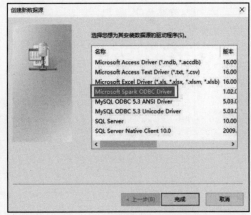

图 11-18　添加驱动

在驱动程序设置界面，输入服务器IP、端口号、账号和密码等，如果需要使用SASL连接
集群，且集群没有启动SSL服务，那么需要单击SSL Options按钮，取消选择Enable SSL复选框，
如图11-19所示。

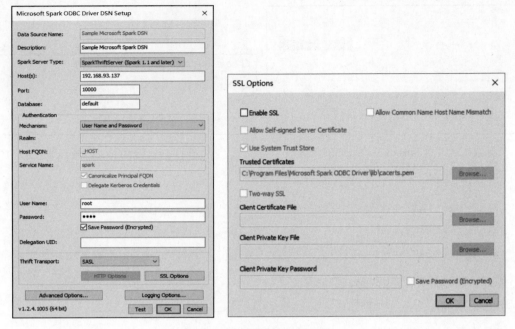

图 11-19　驱动程序设置界面

11.3.3　连接 Hadoop Spark

截至目前，我们已经完成了Spark ODBC的设置。下面检测一下是否成功，这里根据集群的实际配置，连接方式需要选择Binary，然后单击Test按钮，如图11-20所示，如果出现"SUCCESS!"，就说明连接正常。

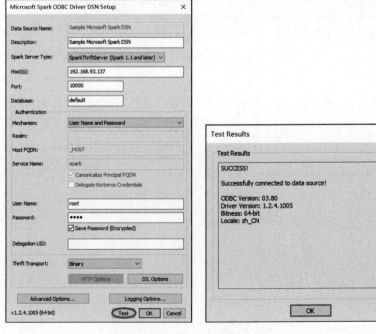

图 11-20　测试连接参数

11.4 动手练习：Excel连接Hadoop集群订单表

下面我们通过案例介绍如何通过Excel连接Hadoop中的订单表，具体步骤如下：

01 首先，打开Excel，依次选择"数据"|"获取数据"|"自其他源"下的"从ODBC"选项，如图11-21所示。

02 在"从ODBC"页面，选择数据源名称为Sample Cloudera Hive DSN，如图11-22所示。

03 然后单击"确定"按钮，在"导航器"页面选择数据库及其对应的表，这里我们单击orders订单表，如图11-23所示。

04 单击"加载"按钮，集群中的订单表将加载到Excel中，效果如图11-24所示，然后就可以根据分析的需要进行后续的操作。

图 11-21 连接 ODBC 数据源

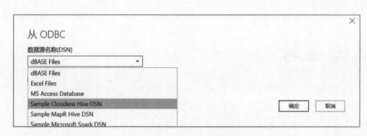

图 11-22 选择数据源

图 11-23 选择数据源

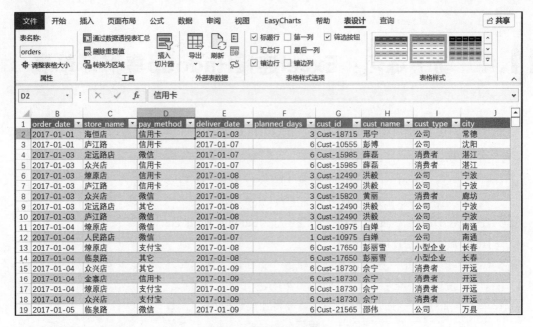

图 11-24　Excel 加载数据

11.5　实操练习

请根据本章11.4节，练习用Excel连接Hadoop集群订单表。

第 12 章

电商客户关系管理实战

随着互联网在各行各业的广泛应用，大量的客户信息被沉淀下来，它们包含客户消费行为、兴趣、偏好、个性化需求等方面有价值的信息。由于这些信息的表现形式、来源渠道、时间节点等比较复杂，因此需要专业的分析模型和方法来挖掘，从而为企业提供经营决策的依据。

近年来，定量化的数据分析受到人们越来越多的关注，企业相应对此也进行了越来越多的投入。本章使用RFM客户分析模型和Excel数据透视表功能来细分某企业的客户群，为客户分析提供新的思路和方法。

12.1 RFM分析法

RFM模型是衡量客户价值和购买力的重要工具和手段。该模型通过一个客户的近期购买行为、购买的总体频率以及消费金额来描述该客户的会员价值画像。RFM模型的三个维度：客户最近一次消费（Recency）、消费频率（Frequency）、消费金额（Monetary）。

1. 最近一次消费

最近一次消费（R）是指客户最近一次购买的时间和当前时间的间隔天数。分析此指标是为了弄清楚客户重复购买的可能性。通常来说，人们的购物行为会有一定的规律性。所以，R值越大，也就是离上次客户购买行为的发生已经有一段时间了，反映出客户购买行为活性不高，客户重复购买的可能性就低；相反，如果R值很小，说明客户经常性地多次购买，那么其再次购买的可能性会很大。

从理论上讲，最后一次消费的客户应该是更好的客户，并且他们最有可能对即时商品或服务的提供做出响应。历史表明，如果我们能够使消费者购买，他们将继续购买。这就是0～6

个月的客户比31~36个月的客户从营销商那里收到更多信息的原因。上次消费的过程在不断变化，在距上次购买一个月之后的客户，便成为数据库中最近两个月消费的客户。

2. 消费频率

消费频率（F）是指在一定时间内，客户购买的次数。购买的次数越多，说明客户对产品和服务越满意,这类客户有可能是公司企业的忠实粉丝,购买公司的产品服务已经是一种常态,已经形成了惯性和回忆价值。相反，如果购买频率较低，说明在一段时间内公司企业没有百分之百地完成和满足该客户的需求，其中有一部分的需求被其他商家满足。因此，指标F能够反映客户对企业公司的依赖性，一定程度上可以反映客户忠诚度。

可以说，购买次数最多的顾客也是满意度最高的顾客。如果您相信品牌和商店的忠诚度，那么购买次数最多的消费者的忠诚度最高。客户购买数量的增加意味着从竞争对手那里抢夺了市场份额，并从他人那里获得了营业额。

3. 消费金额

消费金额（M）是指客户购买所花费的金额。一般来说，M越大表明客户对产品和服务越满意，愿意把所有需求都释放在同一家企业，企业的售后服务也相应地能够满足客户的需求。相反，如果M值较小，一定程度上可以反映客户对企业产品服务质量比较担心，不愿意把鸡蛋放在同一个篮子里。

理论上M值和F值是一样的，都带有时间范围，指的是一段时间内的消费金额，对于一般类型的商品而言，价格的变化范围都是比较狭窄的，例如同一品牌的日常用品类，价格浮动范围基本在某个特定消费群的可接受范围内，加上单一品类购买频次不高，所以对于一般店铺而言，M值对客户细分的作用相对较弱。

在RFM模型中，通常采用指标组合来评估客户的实际情况。比如RF组合能够反映出客户购买行为属于密集型还是分散型，FM组合能够反映出客户对需求是一次性解决还是分批量多次解决，RM组合能够反映出客户是否是"购物狂"。因此，RFM模型是衡量客户价值的重要工具和手段，该模型能够给企业提供消费者画像，告诉企业消费者的特征和人群分类，哪些消费者是企业的忠实用户，哪些消费者是企业的惯性用户，同样哪些消费者是企业的普通用户。

12.2　数据分析与建模

G网店是一个规模比较小的经营个体，其数据量级不能与大的平台或企业相比，利用简化的RFM分析方法基本上可以保证准确地对客户进行分类。本案例的数据集为2016年至2021年的客户消费行为数据，这样才能够对客户进行分类，从而依照不同的分类客户提供不同的经营策略，才能解决G网店在客户流失、获客成本等方面的问题。

12.2.1　数据清洗

RFM主要涉及顾客的这三方面的数据：最近一次消费时间、消费次数以及消费金额。这些数据通过G网店的订单就可以采集到，进入卖家中心的已卖出商品，选择需要下载的时间范围，导出生成的报表之后，就可以把订单的历史数据下载下来。

订单表包含客户订单的基本信息，例如订单编号、客户编号、订单付款时间、门店名称、支付方式、发货日期等11个字段，具体如表12-1所示。

表 12-1　订单表

序　　号	变　量　名	说　　明
1	订单编号	订单唯一值、订单的编号
2	客户编号	客户的唯一编号
3	订单付款时间	订单的付款时间
4	门店名称	订单的处理门店
5	支付方式	订单的支付方式
6	发货日期	订单的发货日期
7	商品编号	订单商品编号
8	商品名称	订单商品名称
9	商品类别	订单商品类别
10	商品子类别	订单商品子类别
11	实际支付金额	实际支付金额

利用Excel的筛选功能把交易关闭的订单删除掉，然后只留下客户编号、订单付款时间、实际支付金额与RFM分析有关的三列，其他的都删除掉，如表12-2所示。

表 12-2　RFM 相关列

序　　号	客户编号	订单付款时间	实际支付金额
1	Cust-12010	2021/12/31	2914.8
2	Cust-12010	2021/12/31	251.3
3	Cust-12970	2021/12/31	963.06
4	Cust-13090	2021/12/31	472.08
5	Cust-13255	2021/12/31	524.16
6	Cust-13615	2021/12/31	121.8
7	Cust-19345	2021/12/31	1899.8
8	Cust-19345	2021/12/31	193.76
9	Cust-19345	2021/12/30	57.68
…	…	…	…

接下来新建一个Excel表格，把处理的数据都复制、粘贴到这个新建的Excel表格里面，但是不要直接就在下载下来的Excel表格中操作，因为下载下来的表格是CSV格式的。

12.2.2 数据整理

数据整理好后，插入一个数据透视表，把客户编号拖入"行"区域，然后把"订单付款时间"拖入"值"区域，并将其汇总方式设置为"最大值"。再把客户编号拖入"值"区域，并将其汇总方式设置为"计数"。把买家实际支付的金额拖入"值"区域，并将其汇总方式设置为"求和"，如表12-3所示。

表 12-3 数据透视表

客户编号	最大值项:订单付款时间	计数项:客户编号	求和项:实际支付金额
Cust-10015	2021/11/6	33	39074.084
Cust-10030	2021/9/10	32	63002.128
Cust-10045	2021/12/16	28	27821.22
Cust-10060	2021/10/8	19	36237.95
Cust-10075	2021/6/11	37	67870.376
Cust-10090	2021/5/15	11	32361.168
Cust-10105	2021/9/10	35	52061.912
Cust-10120	2021/1/15	18	26889.968
Cust-10135	2021/10/20	18	25805.136
…	…	…	…

1. 实际支付金额（消费金额 M）

表12-3中的"求和项:实际支付金额"表示客户消费金额的多少，其实这里我们可以根据实际情况来调节，我们可以统计的是汇总的金额，也就是客户一共在我们这里购买了多少金额的产品，我们也可以统计平均值，看客户每一次购买多少金额的产品，根据分析目的的不同，可以有不同的统计方法。

2. 购买次数（消费频率 F）

表12-3中的"计数项:客户编号"代表客户过去某段时间内的活跃频率。F越大，则表示客户在我们店铺的交易越频繁，有一个客户购买了33次，有一个客户购买了32次，这种交易是非常频繁的，针对这种特别频繁的客户，我们一定要重点分析，分析为什么这么短的时间该客户购买了这么多次。有些可能是做代购的，这种人肯定喜欢优惠一点的，因为他需要从另外的买家手里赚差价，我们就可以跟他达成合作，给他一个折扣价。F越小，则表示客户不够活跃，这些不活跃的客户可能是竞争对手的常客。针对这批客户，我们也要想办法从竞争对手那里争取过来，让他再次回头。

3. 最近订单付款时间（最近一次消费 R）

表12-3中的"最大值项:订单付款时间"代表客户最近的活跃时间，R越大，表示客户越久没有发生交易，R越小，表示客户最近交易越频繁。R越大，则客户越可能会流失。在这部分客户中，可能有些还是我们店铺的优质客户，例如第一个客户在我们店铺已经购买了33次，但

是如果他购买的最近日期是半年之前，那么说明这个重要的客户可能就要流失了，针对这种客户，我们一定要通过一定的营销手段进行激活。对于有些很重要的客户，当发现流失了的时候，我们一定要去回访，看看为什么这么久不来，是什么原因造成的，我们可以通过活动等去想办法激活。

接下来把最近订单付款时间变成天数，也就是说，距离当前多少天了，这里设置参考日期为2021年12月31日，然后往F2单元格中输入"=E2－B2"，结果如表12-4所示。如果我们采集的日期是带有时间的日期，这里需要的是整数，可以把数据源的数据改成只包含日期不包含时间的日期。

表 12-4　交易距今天数

客户编号	最大值项: 订单付款时间	计数项: 客户编号	求和项: 实际支付金额	参考日期	交易距今天数
Cust-10015	2021/11/6	33	39074.084	2021/12/31	55
Cust-10030	2021/9/10	32	63002.128	2021/12/31	112
Cust-10045	2021/12/16	28	27821.22	2021/12/31	15
Cust-10060	2021/10/8	19	36237.95	2021/12/31	84
Cust-10075	2021/6/11	37	67870.376	2021/12/31	203
Cust-10090	2021/5/15	11	32361.168	2021/12/31	230
Cust-10105	2021/9/10	35	52061.912	2021/12/31	112
Cust-10120	2021/1/15	18	26889.968	2021/12/31	350
Cust-10135	2021/10/20	18	25805.136	2021/12/31	72
…	…	…	…	…	…

12.2.3　确定权重

在研究过程中，我们还邀请了行业中的5位专家来比较和分析R、F和M指标的权重。在分别获得5个评估者的成对比较矩阵之后，采用平均法获得如表12-5所示的评估矩阵。采用平均值法，最后确定R、F、M三个指标的权重分别为28、30、42，合计为100。

表 12-5　RFM 权重打分表

	R 权重	F 权重	M 权重
专家 A	20	30	50
专家 B	30	30	40
专家 C	35	30	35
专家 D	30	25	45
专家 E	25	35	40
平均值	28	30	42

12.3 数据分析与可视化

截至目前，RFM模型已经创建完毕。下面结合R、F、M三个指标从数据分析、数据可视化、案例小结3个方面对客户价值进行介绍。

12.3.1 数据分析

在分析之前，首先需要根据三个指标的实际情况设置R、F、M参数并进行打分，R、F、M的参数及其得分如表12-6所示。

表 12-6　参数设置表

R 参数	R 得分	F 参数	F 得分	M 参数	M 得分
<=10	5	>=43	5	>=75000	5
<=50	4	>=30	4	>=55000	4
<=120	3	>=20	3	>=30000	3
<=350	2	>=12	2	>=15000	2
>350	1	<12	1	<15000	1

接下来，把每一个顾客的R值、F值和M值都计算出来，要计算每一个值的得分很简单，利用IF函数就可以做到，具体如下：

计算R值的得分，在G2单元格中输入公式：

=IF(F2<=10,5,IF(F2<=50,4,IF(F2<=120,3,IF(F2<=350,2,1))));

计算F值的得分，在H2单元格中输入公式：

=IF(C2>=43,5,IF(C2>=30,4,IF(C2>=20,3,IF(C2>=12,2,1))));

计算M值的得分，在I2单元格中输入公式：

=IF(D2>=75000,5,IF(D2>=55000,4,IF(D2>=30000,3,IF(D2>=15000,2,1))));

然后，快速填充下面的所有单元格即可得出R值、F值、M值的得分，结果如表12-7所示。

表 12-7　计算 R 值、F 值、M 值表

客户编号	最大值项： 订单付款时间	计数项： 客户编号	求和项： 实际支付金额	交易距今天数	R 值	F 值	M 值
Cust-10015	2021/11/6	33	39074.084	55	3	4	3
Cust-10030	2021/9/10	32	63002.128	112	3	4	4
Cust-10045	2021/12/16	28	27821.22	15	4	3	2
Cust-10060	2021/10/8	19	36237.95	84	3	2	3

（续表）

客户编号	最大值项：订单付款时间	计数项：客户编号	求和项：实际支付金额	交易距今天数	R 值	F 值	M 值
Cust-10075	2021/6/11	37	67870.376	203	2	4	4
Cust-10090	2021/5/15	11	32361.168	230	2	1	3
Cust-10105	2021/9/10	35	52061.912	112	3	4	3
Cust-10120	2021/1/15	18	26889.968	350	2	2	2
Cust-10135	2021/10/20	18	25805.136	72	3	2	2
…	…	…	…	…	…	…	…

　　然后，再计算出RFM得分，RFM得分有多种算法，例如直接三者相加，也有权重值加法，即RFM得分=R值×R权重+F值×F权重+M值×M权重，这里采用权重值加法，结果如表12-8所示。从数据可以清楚地了解到G网店的790位客户中，大部分客户的RFM得分都在3分左右。

表 12-8　计算 RFM 得分

客户编号	最大值项：订单付款时间	计数项：客户编号	求和项：实际支付金额	交易距今天数	R 值	F 值	M 值	RFM 得分
Cust-10015	2021/11/6	33	39074.084	55	3	4	3	3.30
Cust-10030	2021/9/10	32	63002.128	112	3	4	4	3.72
Cust-10045	2021/12/16	28	27821.22	15	4	3	2	2.86
Cust-10060	2021/10/8	19	36237.95	84	3	2	1	2.70
Cust-10075	2021/6/11	37	67870.376	203	2	4	4	3.44
Cust-10090	2021/5/15	11	32361.168	230	2	1	3	2.12
Cust-10105	2021/9/10	35	52061.912	112	3	4	3	3.30
Cust-10120	2021/1/15	18	26889.968	350	2	2	2	2.00
Cust-10135	2021/10/20	18	25805.136	72	3	2	2	2.28
…	…	…	…	…	…	…	…	…

　　在计算出每个客户的RFM得分后，就可以根据分值进行客户分组管理，这里我们规定2分以内的为D类客户，2～3分的为C类客户，3～4分的为B类客户，4分以上的为A类客户，然后统计每类客户的数量，如表12-9所示。

表 12-9　客户数量分布表

类　　别	区　　间	数　　量	占　　比
A 类	[4,5]	61	7.72%
B 类	[3,4)	235	29.75%
C 类	[2,3)	318	40.25%
D 类	[0,2)	176	22.28%

　　可以看出，在790位客户中，A类占比为7.72%，B类占比为29.75%，C类占比为40.25%，D类占比为22.28%。

12.3.2　数据可视化

截至目前，RFM模型已经创建完毕。下面从客户性别分析、客户价值类型分析、客户年龄分析、客户学历分析4个方面进行可视化分析。

1. 客户性别分析

为了研究790位客户的性别分布情况，我们绘制了其数量分布的水平条形图，如图12-1所示，可以看出客户中女性占比为50.63%，男性占比为49.37%。

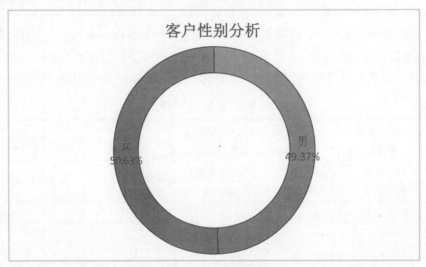

图 12-1　客户性别分析

2. 客户价值类型分析

为了研究客户的价值类型分布情况，我们绘制了其数量分布的条形图，如图12-2所示。这样就可以很明显地知道，目前客户主要属于什么类别，A类、B类、C类、D类的数量依次为61、235、318、176，然后针对不同类型的客户，我们需要采取怎样的策略来营销，以提高营业额。

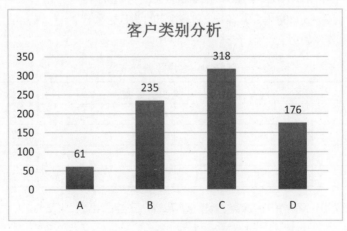

图 12-2　客户价值类型分析

3. 客户年龄分析

为了研究790位客户的年龄分布情况，我们绘制了其数量分布的折线图，如图12-3所示，可以看出客户的年龄主要位于30～34、35～39、40～44等年龄段。

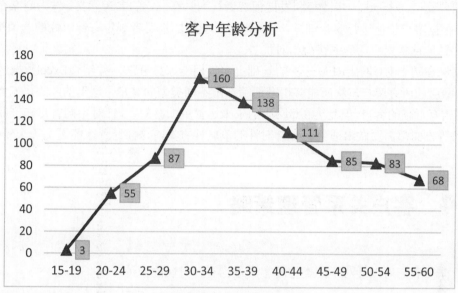

图 12-3 客户年龄分析

4. 客户学历分析

为了研究790位客户的学历分布情况，我们绘制了其数量分布的水平条形图，如图12-4所示，可以看出G网店客户的受教育程度普遍较低。

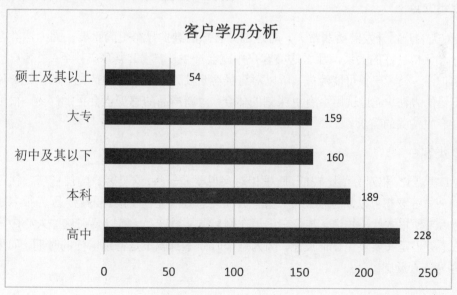

图 12-4 客户学历分析

12.3.3　案例小结

本案例使用Excel内置的数据透视表，结合数据挖掘技术、系统建模和消费者行为，构建了客户细分模型，对于进一步改善和发展消费者行为具有一定的参考意义。作为商家充分了解消费者，根据客户价值进行客户细分，并针对每种类型的消费者制定有针对性的营销策略，以便可以在越来越激烈的竞争中获得相对优势。

本案例在基于对G网店RFM分析的基础上，运用专家打分法，并结合Excel数据透视表，分析了G网店的所有客户，从而能够精准地筛选出不同类型的客户，这里的A、B、C类客户都是对G网店有贡献的客户。但是为了G网店的未来运营更加有效率，针对不同客户在产品营销、客户服务等方面都需要做出适当的有针对性的策略性方案，这样经营才能更上一个新台阶。

12.4　客户关系管理策略

接下来，我们可以针对不同类型的客户进行有针对性的营销。

1. A 类和 B 类客户

对于A类和B类客户，这种客户往往忠诚度高，对于营销活动更容易获得响应，在这类客户心中，该网店的信用度已经很高，所以无须在信用度上下更多的功夫，重点要做的是让他们知道上新的时间、优惠力度等。

2. C 类客户

对于C类客户，开发潜质非常大，对这部分客户的维护显得更为重要。因为这类客户如果维护得好，保持良好的关系，那么这类客户中就会产生一部分B类客户甚至A类客户，但是如果疏于维护，这类客户很可能流失，所以对这类客户要定期联系，保持良好的沟通。免费试用也是很不错的办法，通过试用会有更深刻的体会，对新产品的感受也会更加深刻，很可能体验过后就会产生购买的需求。

3. D 类客户

对于D类客户，相对分值比较低，质量相对来说要差一些，这类客户的信任感往往还不强，所以我们一方面要想办法增强信用度，另一方面要想办法让他了解该网店，因为很多购买一次的买家，后来他根本就不知道，甚至忘记了在网店购买过产品，所以要在这些人心中增加该网店的存在感，但是又要避免让他反感，因为这个时候本身就不是特别信任的时期，如果推荐过多，很容易让人反感。

12.5　实操练习

使用处理好的客户消费行为数据，如图12-5所示，分析不同类型客户的职业和收入特征。

客户编号	性别	年龄	学历	职业	收入	手机	邮件	地址	类别
Cust-10015	男	34	高中	普通工人	5至10万	151****0139	jaclyn12@adver	3448 Sun V	B
Cust-10030	男	54	硕士及其以上	技术工人	10至20万	132****0174	mariah6@adven	4924 Mari	B
Cust-10045	男	37	高中	普通工人	5至10万	185****0117	ebony4@adven	4381 Ama	C
Cust-10060	女	60	初中及其以下	普通工人	5万以下	155****0164	brooke7@adven	5720 A St.	C
Cust-10075	男	28	本科	公司白领	30万以上	145****0190	dalton18@adve	1906 Seav	B
Cust-10090	女	36	高中	普通工人	5至10万	152****0117	linda31@adven	265 Jeff Ct	C
Cust-10105	女	27	大专	普通工人	10至20万	147****0188	ian57@adventu	1940 C Mt	B
Cust-10120	女	40	大专	普通工人	5至10万	137****0151	jennifer92@adv	8143 Cree	C
Cust-10135	女	40	本科	公司白领	20至30万	166****0173	jesse15@adven	8811 The	C

图 12-5　处理好的客户消费行为数据

第 13 章

银行用户信用评分实战

银行在市场经济中发挥着关键作用，决定着谁可以获得融资。银行贷款是银行向客户发放的用于合法经营活动的小额、短期或者长期、大额资金周转的人民币贷款。银行个人贷款的申请人具有合法及稳定的经济收入，信用良好且有偿还贷款本息的能力，就可以去相关银行申请个人贷款。

本案例使用的数据是某银行客户贷款申请数据，共计150 000条，特征数为13个。通过申请数据分析的内容包括：申请人的基本资料是怎样的，如何分析申请人的还款能力，如何分析申请人的还款意愿，严重逾期与什么相关。

13.1 数据准备

在数据准备阶段需要提取数据分析的相关字段，这就需要和企业的数据库管理人员多沟通与交流，了解数据库中各个维度的表格中都包含什么字段、主要关联的主键有哪些，以及如何选取字段信息等。

13.1.1 案例数据集介绍

本案例中采用的数据集是某银行的贷款申请数据，可以从银行贷款客户数据库中提取，这里我们选择了共计150 000条记录，13个字段，每个字段代表的含义如表13-1所示。

表 13-1　案例数据集

编　　号	变　量　名	变量类型	变量含义
1	申请人编号	文本型	借款人的唯一编号
2	性别	文本型	借款人的性别
3	学历	文本型	借款人的学历
4	年龄	整数型	借款人的年龄
5	家庭人数	整数型	借款人的家属数目
6	月收入	浮点型	借款人的每月收入
7	负债率	浮点型	借款人的负债比率
8	信用额度使用率	浮点型	借款人的信用额度使用率
9	房屋抵押栋数	整数型	抵押贷款和不动产贷款数量
10	逾期 30～59 天次数	整数型	过去两年中发生 30～59 天逾期的次数
11	逾期 60～89 天次数	整数型	过去两年中发生 60～89 天逾期的次数
12	逾期 90 天以上次数	整数型	过去两年中发生 90 天以上逾期的次数
13	是否违约	布尔型	过去两年内是否发生了 90 天以上逾期

13.1.2　描述性统计分析

描述性统计可以对客户贷款申请数据进行统计性描述，使用Excel中的"数据分析"功能，对150 000条银行贷款客户数据进行描述性统计分析，结果如表13-2所示。

表 13-2　描述性统计

	年　　龄	家庭人数	月　收　入	负　债　率	信用额度使用率
平均	38.898353	0.749692	6695.010294	2.534729	1.205949
标准误差	0.019934	0.002849	41.448089	0.003470	0.002859
中位数	38	0	5400	2.5050	0.8694
众数	37	0	1000	2.5421	0.0239
标准差	7.720325	1.089045	14374.123074	1.343777	1.107143
方差	59.603419	1.186019	206615414.15	1.805737	1.225765
峰度	-0.289010	1.296136	19561.257067	-0.642008	1.706864
偏度	0.329550	1.411862	114.287394	0.170465	1.375789
区域	109	5	3007750	5.9999	5.9989
最小值	0	0	1000	0	0
最大值	109	5	3008750	5.9999	5.9989
求和	5834753	109512	805202193	380209.40	180892.40
观测数	150000	146076	120269	150000	150000

（续表）

	房屋抵押栋数	逾期30～59天次数	逾期60～89天次数	逾期90天以上次数	是否违约
平均	2.156453	0.249893	0.069973	0.094053	0.066840
标准误差	0.004718	0.001805	0.000905	0.001234	0.000645
中位数	2	0	0	0	0
众数	0	0	0	0	0
标准差	1.827132	0.699130	0.350558	0.477768	0.249746
方差	3.338411	0.488783	0.122891	0.228262	0.062373
峰度	-0.554751	20.575489	66.234013	94.619191	10.033103
偏度	0.571828	3.966037	6.990616	7.853120	3.468857
区域	7	8	8	17	1
最小值	0	0	0	0	0
最大值	7	8	8	17	1
求和	323468	37484	10496	14108	10026
观测数	150000	150000	150000	150000	150000

13.2　数据清洗

数据清洗主要是处理数据中的异常值、空值、错误数值等，一方面可以保证建模的数据正确和有效，另一方面通过对数据格式和内容的调整可以使建立的模型更加准确。

13.2.1　重复值的处理

对于重复值的处理，可以先选择数据集，然后使用"数据"选项下的"删除重复值"功能去除重复数据，发现150 000条客户数据集中无重复数据，如图13-1所示。

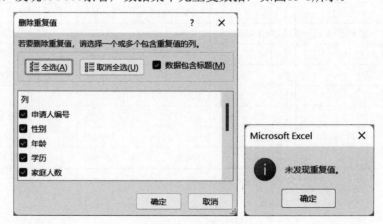

图 13-1　重复值处理

13.2.2　缺失值的处理

对于缺失值的处理，需要先选择数据集，然后使用筛选功能，可以分别观察每个数据列的取值，发现"家庭人数"和"月收入"两列有缺失值。

1. "家庭人数"处理

对于"家庭人数"，数据集中有3924个缺失值，由于其数值为离散型数据，通过函数公式"=MODE(E2:E150001)"计算众数，结果为0，并用该值替换缺失值。

2. "月收入"处理

数据集中的"月收入"字段有29731个缺失值，数量较多，这里使用平均值进行填充，通过函数公式"=AVERAGE(F2:F150001)"计算平均值，并取小数点后两位，均值为6695.01。

13.2.3　异常值的处理

对于异常值的处理，我们发现数据集中"年龄"字段的最小值为0，最大值为109，存在异常值，共有14条记录，如图13-2所示。

通常，银行不可能会给18岁以下、100岁以上的客户贷款，由于数据集中该类数据较少，可以将这些异常值直接删除。

申请人编号	性别	年龄	学历	家庭人数	月收入	负债率	信用额度使用率	房屋抵押栋数	逾期30至59天次数	逾期60至89天次数	逾期90天以上次数	是否违约
L2021007764	女性	101	大专	0	6695.01	0.6713	0.0692	0	0	0	0	0
L2021019885	男性	103	高中及其以下	0	1600	0.0000	1.0000	0	0	0	0	0
L2021025562	男性	102	高中及其以下	0	3300	0.0024	0.0099	0	0	0	0	0
L2021040008	男性	107	高中及其以下	0	6695.01	0.5072	0.0647	1	0	0	0	0
L2021056762	女性	105	大专	0	6695.01	2.0000	0.0035	0	0	0	0	0
L2021057968	男性	103	大专	0	1000	0.6702	0.0014	2	0	0	0	0
L2021065696	男性	0	大专	2	6606	0.4369	1.0000	2	0	0	0	0
L2021090938	男性	102	大专	0	6695.01	0.0000	0.0000	0	0	0	0	0
L2021093814	男性	101	大专	0	1666	0.0138	0.0258	0	0	0	0	0
L2021096451	女性	102	高中及其以下	1	3417	0.2738	0.1096	0	0	0	0	0
L2021105791	男性	109	高中及其以下	0	6695.01	1.0457	0.1093	1	0	0	0	0
L2021116130	男性	101	大专	0	2883	0.0014	0.0030	0	2	0	0	1
L2021135026	男性	103	高中及其以下	0	6695.01	5.0000	0.0041	0	0	0	0	0
L2021138292	男性	109	高中及其以下	0	6695.01	1.8319	0.2465	0	0	0	0	0

图 13-2　异常值处理

13.3　客户特征分析

银行客户信用评分是目前商业银行较为通行的风险控制评价方法，它贯穿于信贷管理全过程，首先需要对客户特征进行分析，包括客户属性分析、还款能力分析、违约风险分析。

13.3.1　客户属性分析

客户属性分析包括客户性别分布、客户学历分布、客户年龄分布，这种方法最简单、直观，数据也很容易得到，但是这种分类比较粗放，依然不知道在每个类别中谁是"好"客户，谁是"差"客户。下面逐一进行可视化分析。

1. 客户性别分布

为了研究客户的性别分布情况，我们绘制了其数量分布的环形图，如图13-3所示，可以看出客户中女性占比为15.40%，男性占比为84.60%。

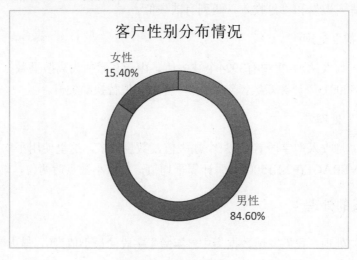

图 13-3　客户性别分布

2. 客户学历分布

为了研究贷款申请客户的学历分布情况，我们绘制了其数量分布的雷达图，如图13-4所示，可以看出客户的受教育程度较低，主要是大专学历，其次是高中及其以下。

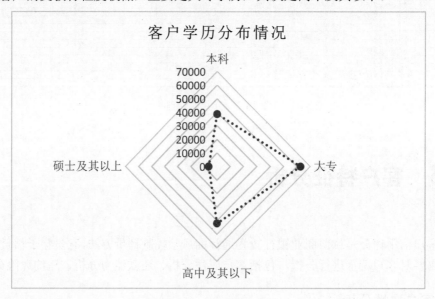

图 13-4　客户学历分布

3. 客户年龄分布

为了研究客户的年龄分布情况，我们绘制了其数量分布的直方图，如图13-5所示，可以看出客户的年龄主要位于31～35、36～40、41～45等年龄段。

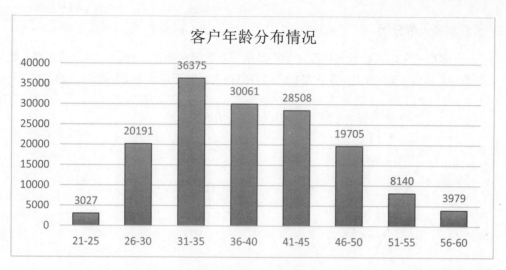

图 13-5 客户年龄分布

13.3.2 还款能力分析

借款人的还款能力是一笔贷款能否按期还本付息的客观因素,它属于借款人偿还债务的能力。客户的还款能力的相关指标有:客户月收入、客户家庭人数、客户抵押房产数。下面逐一进行可视化分析。

1. 客户月收入分析

为了研究客户的月收入分布情况,我们绘制了其数量分布的水平条形图,客户的月收入主要位于6000～7000元,达到了40444人,其次是7000～10000元,为22156人,如图13-6所示。

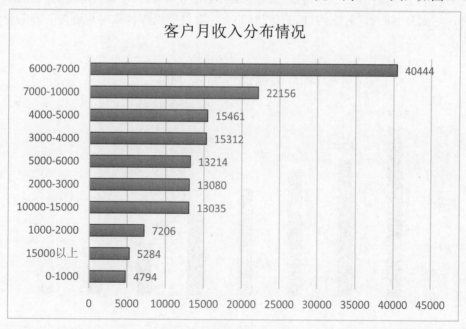

图 13-6 客户月收入分布

2. 客户家庭人数分析

为了研究客户的家庭人数分布情况，我们绘制了其数量分布的折线图，客户的家庭人数主要是0人，即单身，达到了90814人，其次是1人，为26315人，呈现逐渐下降的趋势，如图13-7所示。

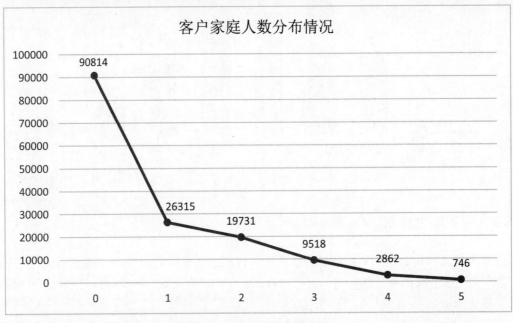

图 13-7　客户家庭人数分布

3. 客户房屋抵押栋数分析

根据客户的房屋抵押栋数，对客户数量进行了统计分析，其中抵押栋数为0栋的最多，即没有抵押，达到35648人，其次为1栋的是28808人，而且随抵押栋数呈现逐渐下降的趋势，如图13-8所示。

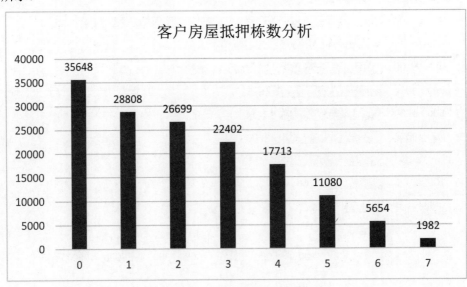

图 13-8　客户房屋抵押栋数

13.3.3　违约风险分析

违约风险是指申请人由于种种原因不能按期还本付息，不履行债务契约的风险，可能因市场变化出现产品滞销、资金周转不灵导致到期不能偿还债务。违约风险分析包括客户负债率、客户信用额度使用率、客户违约次数。下面逐一进行分析。

1. 客户负债率

对于银行贷款客户的负债率，呈现先上升后下降的趋势，下降的趋势较快，负债率的峰值位于2.4～2.5，如图13-9所示。

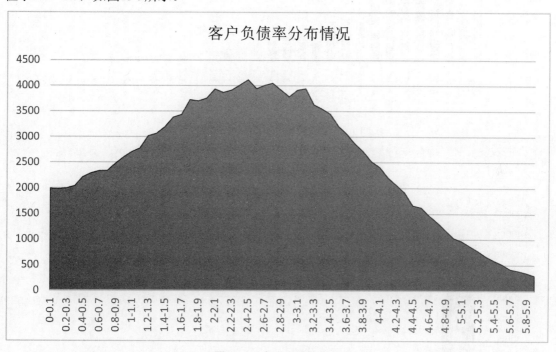

图 13-9　客户负债率分布

2. 客户信用额度使用率

客户信用额度使用率基本都位于2.0之内，超过了20000人，不同区段的客户信用额度使用率逐渐下降，下降的趋势较快，如图13-10所示。

3. 客户违约次数

为了分析客户违约次数，绘制了逾期30至59天的次数、逾期60至89天的次数、逾期90天以上的次数3个变量的并列条形图，如图13-11所示，可以看出客户违约次数主要集中在0次，即没有出现逾期情况。

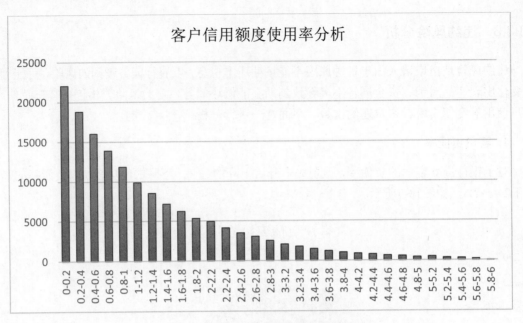

图 13-10　客户信用额度使用率分析

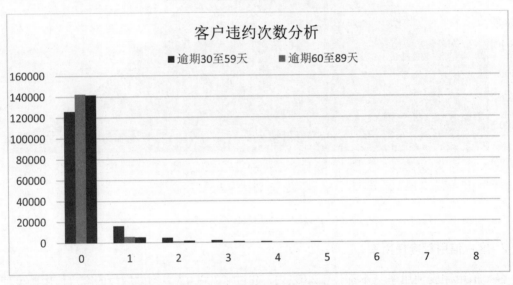

图 13-11　客户违约次数分析

13.4　客户违约率分析

针对客户贷款申请数据，分析用户的信贷信息各个自变量对违约率的影响。下面分析违约率的主要影响，包括客户月收入、客户年龄、客户逾期次数。

13.4.1　违约率与月收入的关系

违约率与月收入存在较大的依赖性，为了深入分析两者之间的关系，我们绘制了两个变量的折线图，如图13-12所示。从图形可以看出：除了0～1000元区段外，违约率与月收入基本呈现负相关性，即月收入越高，违约率越低。

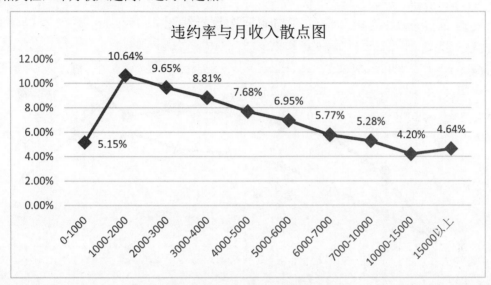

图 13-12　违约率与月收入散点图

13.4.2　违约率与年龄的关系

为了分析违约率与年龄之间的关系，我们绘制了两个变量的条形图，如图13-13所示。从图形可以看出：除了21～25年龄段的违约率为11.17，明显较高外，其他年龄段的客户违约率的差异不是很明显。

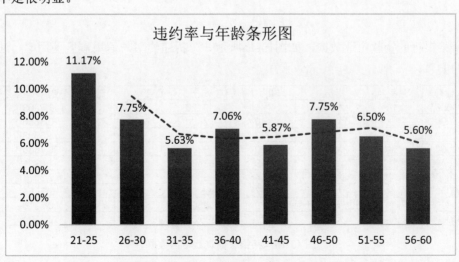

图 13-13　违约率与年龄条形图

13.4.3 违约率与逾期次数的关系

为了分析违约率与逾期次数之间的关系，我们绘制了逾期30至59天的次数、逾期60至89天的次数、逾期90天以上的次数3个变量的折线图，如图13-14所示。从图形可以看出：违约率与逾期次数呈现正向关系，即逾期次数越多，违约率就越大。

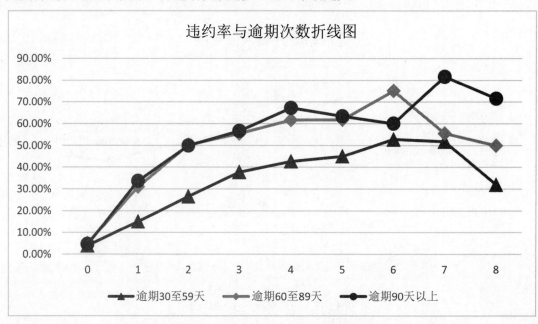

图 13-14 违约率与逾期次数折线图

13.5 实操练习

使用某银行的贷款申请数据，如图13-15所示，分析违约率与信用额度使用率、违约率与负债率的关系。

申请人编号	性别	学历	年龄	月收入	负债率	信用额度使用率	是否违约
L2021000001	女性	本科	45	9120	2.4340	1.8363	1
L2021000002	男性	大专	40	2600	3.2319	0.6656	0
L2021000003	女性	大专	38	3042	2.8703	1.5993	0
L2021000004	男性	大专	30	3300	2.5399	0.7686	0
L2021000005	男性	大专	49	63588	3.3020	1.0331	0
L2021000006	男性	大专	44	3500	3.1823	0.3077	0
L2021000007	男性	大专	37	6695.01	4.3897	1.5664	0
L2021000008	男性	高中及其以下	39	3500	0.2559	0.5116	0
L2021000009	男性	大专	27	6695.01	3.9934	0.1124	0

图 13-15 某银行的贷款申请数据

附录 A

Excel 主要函数

为了满足各种数据处理的要求，Excel 2021提供了大量函数供用户使用，函数是系统预先编制好的用于数值计算和数据处理的公式，使用函数可以简化或缩短工作表中的公式，使数据处理简单方便。下面将逐一介绍Excel中的每一类函数。

A.1 数学和三角函数

通过数学和三角函数可以处理简单的计算，例如对数字取整、计算单元格区域中的数值总和或复杂的计算。

表 A-1 数学和三角函数

序　号	函　　数	说　　明
1	ABS	返回数字的绝对值
2	ACOS	返回数字的反余弦值
3	ACOSH	返回数字的反双曲余弦值
4	ACOT	返回一个数的反余切值，适用于 Excel 2013 以上的版本
5	ACOTH	返回一个数的双曲反余切值，适用于 Excel 2013 以上的版本
6	AGGREGATE	返回列表或数据库中的聚合
7	ARABIC	将罗马数字转换为阿拉伯数字
8	ASIN	返回数字的反正弦值
9	ASINH	返回数字的反双曲正弦值
10	ATAN	返回数字的反正切值
11	ATAN2	返回 X 和 Y 坐标的反正切值

（续表）

序 号	函 数	说 明
12	ATANH	返回数字的反双曲正切值
13	BASE	将一个数转换为具有给定基数的文本表示，适用于 Excel 2013 以上的版本
14	CEILING	将数字舍入为最接近的整数或最接近的指定基数的倍数
15	CEILING.MATH	将数字向上舍入为最接近的整数或最接近的指定基数的倍数，适用于 Excel 2013 以上的版本
16	CEILING.PRECISE	将数字舍入为最接近的整数或最接近的指定基数的倍数。无论该数字的符号如何，该数字都向上舍入
17	COMBIN	返回给定数目对象的组合数
18	COMBINA	返回给定数目对象具有重复项的组合数，适用于 Excel 2013 以上的版本
19	COS	返回数字的余弦值
20	COSH	返回数字的双曲余弦值
21	COT	返回角度的余弦值，适用于 Excel 2013 以上的版本
22	COTH	返回数字的双曲余切值，适用于 Excel 2013 以上的版本
23	CSC	返回角度的余割值，适用于 Excel 2013 以上的版本
24	CSCH	返回角度的双曲余割值，适用于 Excel 2013 以上的版本
25	DECIMAL	将给定基数内的数的文本表示转换为十进制数，适用于 Excel 2013 以上的版本
26	DEGREES	将弧度转换为度
27	EVEN	将数字向上舍入到最接近的偶数
28	EXP	返回 e 的 n 次方
29	FACT	返回数字的阶乘
30	FACTDOUBLE	返回数字的双倍阶乘
31	FLOOR	向绝对值减小的方向舍入数字
32	FLOOR.MATH	将数字向下舍入为最接近的整数或最接近的指定基数的倍数，适用于 Excel 2013 以上的版本
33	FLOOR.PRECISE	将数字向下舍入为最接近的整数或最接近的指定基数的倍数。无论该数字的符号如何，该数字都向下舍入
34	GCD	返回最大公约数
35	INT	将数字向下舍入到最接近的整数
36	ISO.CEILING	返回一个数字，该数字向上舍入为最接近的整数或最接近的有效位的倍数，适用于 Excel 2013 以上的版本
37	LCM	返回最小公倍数
38	LET	将名称分配给计算结果，以允许将中间计算、值或定义名称存储在公式内，适用于 Office 365
39	LN	返回数字自然对数
40	LOG	返回数字以指定底为底的对数
41	LOG10	返回数字以 10 为底的对数

（续表）

序　号	函　数	说　明
42	MDETERM	返回数组的矩阵行列式的值
43	MINVERSE	返回数组的逆矩阵
44	MMULT	返回两个数组的矩阵乘积
45	MOD	返回除法的余数
46	MROUND	返回一个舍入到所需倍数的数字
47	MULTINOMIAL	返回一组数字的多项式
48	MUNIT	返回单位矩阵或指定维度，适用于 Excel 2013 以上的版本
49	ODD	将数字向上舍入为最接近的奇数
50	PI	返回 pi 的值
51	POWER	返回数的乘幂
52	PRODUCT	将其参数相乘
53	QUOTIENT	返回除法的整数部分
54	RADIANS	将度转换为弧度
55	RAND	返回 0 和 1 之间的一个随机数
56	RANDARRAY	返回 0 和 1 之间的随机数字数组。但是，用户可以指定要填充的行数和列数、最小值和最大值
57	RANDBETWEEN	返回位于两个指定数之间的一个随机数
58	ROMAN	将阿拉伯数字转换为文本式罗马数字
59	ROUND	将数字按指定位数舍入
60	ROUNDDOWN	向绝对值减小的方向舍入数字
61	ROUNDUP	向绝对值增大的方向舍入数字
62	SEC	返回角度的正割值，适用于 Excel 2013 以上的版本
63	SECH	返回角度的双曲正切值，适用于 Excel 2013 以上的版本
64	SERIESSUM	返回基于公式的幂级数的和
65	SEQUENCE	可在数组中生成一系列连续数字，例如 1、2、3、4
66	SIGN	返回数字的符号
67	SIN	返回给定角度的正弦值
68	SINH	返回数字的双曲正弦值
69	SQRT	返回正平方根
70	SQRTPI	返回某数与 pi 的乘积的平方根
71	SUBTOTAL	返回列表或数据库中的分类汇总
72	SUM	求参数的和
73	SUMIF	按给定条件对指定单元格求和
74	SUMIFS	在区域中添加满足多个条件的单元格，适用于 Excel 2019 以上的版本
75	SUMPRODUCT	返回对应的数组元素的乘积和
76	SUMSQ	返回参数的平方和
77	SUMX2MY2	返回两个数组中对应的值平方差之和

序 号	函 数	说 明
78	SUMX2PY2	返回两个数组中对应值的平方和之和
79	SUMXMY2	返回两个数组中对应值的差的平方和
80	TAN	返回数字的正切值
81	TANH	返回数字的双曲正切值
82	TRUNC	将数字截尾取整

A.2 统计函数

统计工作表函数用于对数据区域进行统计分析。例如，统计工作表函数可以提供由一组给定值绘制出的直线的相关信息，如直线的斜率和y轴截距，或构成直线的实际点数值。

表 A-2 统计函数

序 号	函 数	说 明
1	AVEDEV	返回数据点与它们的平均值的绝对偏差平均值
2	AVERAGE	返回其参数的平均值
3	AVERAGEA	返回其参数的平均值，包括数字、文本和逻辑值
4	AVERAGEIF	返回区域中满足给定条件的所有单元格的平均值（算术平均值）
5	AVERAGEIFS	返回满足多个条件的所有单元格的平均值（算术平均值），适用于 Excel 2019 以上的版本
6	BETA.DIST	返回 beta 累积分布函数，适用于 Excel 2010 以上的版本
7	BETA.INV	返回指定 beta 分布的累积分布函数的反函数，适用于 Excel 2010 以上的版本
8	BINOM.DIST	返回一元二项式分布的概率，适用于 Excel 2010 以上的版本
9	BINOM.DIST.RANGE	使用二项式分布返回试验结果的概率，适用于 Excel 2013 以上的版本
10	BINOM.INV	返回使累积二项分布小于或等于临界值的最小值，适用于 Excel 2010 以上的版本
11	CHISQ.DIST	返回累积 beta 概率密度函数，适用于 Excel 2010 以上的版本
12	CHISQ.DIST.RT	返回卡方分布的单尾概率，适用于 Excel 2010 以上的版本
13	CHISQ.INV	返回累积 beta 概率密度函数，适用于 Excel 2010 以上的版本
14	CHISQ.INV.RT	返回卡方分布的单尾概率的反函数，适用于 Excel 2010 以上的版本
15	CHISQ.TEST	返回独立性检验值，适用于 Excel 2010 以上的版本
16	CONFIDENCE.NORM	返回总体平均值的置信区间，适用于 Excel 2010 以上的版本

（续表）

序 号	函 数	说 明
17	CONFIDENCE.T	返回总体平均值的置信区间（使用学生 t-分布），适用于 Excel 2010 以上的版本
18	CORREL	返回两个数据集之间的相关系数
19	COUNT	计算参数列表中数字的个数
20	COUNTA	计算参数列表中值的个数
21	COUNTBLANK	计算区域内空白单元格的数量
22	COUNTIF	计算区域内符合给定条件的单元格的数量
23	COUNTIFS	计算区域内符合多个条件的单元格的数量，适用于 Excel 2019 以上的版本
24	COVARIANCE.P	返回协方差（成对偏差乘积的平均值），适用于 Excel 2010 以上的版本
25	COVARIANCE.S	返回样本协方差，即两个数据集中每对数据点的偏差乘积的平均值，适用于 Excel 2010 以上的版本
26	DEVSQ	返回偏差的平方和
27	EXPON.DIST	返回指数分布，适用于 Excel 2010 以上的版本
28	F.DIST	返回 F 概率分布，适用于 Excel 2010 以上的版本
29	F.DIST.RT	返回 F 概率分布，适用于 Excel 2010 以上的版本
30	F.INV	返回 F 概率分布的反函数，适用于 Excel 2010 以上的版本
31	F.INV.RT	返回 F 概率分布的反函数，适用于 Excel 2010 以上的版本
32	F.TEST	返回 F 检验的结果，适用于 Excel 2010 以上的版本
33	FISHER	返回 Fisher 变换值
34	FISHERINV	返回 Fisher 变换的反函数
35	FORECAST	返回线性趋势值
36	FORECAST.ETS	通过使用指数平滑（ETS）算法的 AAA 版本，返回基于现有（历史）值的未来值，适用于 Excel 2016 以上的版本
37	FORECAST.ETS.CONFINT	返回指定目标日期预测值的置信区间，适用于 Excel 2016 以上的版本
38	FORECAST.ETS.SEASONALITY	返回 Excel 针对指定时间系列检测到的重复模式的长度，适用于 Excel 2016 以上的版本
39	FORECAST.ETS.STAT	返回作为时间序列预测的结果的统计值，适用于 Excel 2016 以上的版本
40	FORECAST.LINEAR	返回基于现有值的未来值，适用于 Excel 2016 以上的版本
41	FREQUENCY	以垂直数组的形式返回频率分布
42	GAMMA	返回 γ 函数值，适用于 Excel 2013 以上的版本
43	GAMMA.DIST	返回 γ 分布，适用于 Excel 2010 以上的版本
44	GAMMA.INV	返回 γ 累积分布函数的反函数，适用于 Excel 2010 以上的版本

序 号	函 数	说 明
45	GAMMALN	返回 γ 函数的自然对数 Γ(x)
46	GAMMALN.PRECISE	返回 γ 函数的自然对数 Γ(x)，适用于 Excel 2010 以上的版本
47	GAUSS	返回小于标准正态累积分布 0.5 的值，适用于 Excel 2013 以上的版本
48	GEOMEAN	返回几何平均值
49	GROWTH	返回指数趋势值
50	HARMEAN	返回调和平均值
51	HYPGEOM.DIST	返回超几何分布
52	INTERCEPT	返回线性回归线的截距
53	KURT	返回数据集的峰值
54	LARGE	返回数据集中第 k 个最大值
55	LINEST	返回线性趋势的参数
56	LOGEST	返回指数趋势的参数
57	LOGNORM.DIST	返回对数累积分布函数，适用于 Excel 2010 以上的版本
58	LOGNORM.INV	返回对数累积分布的反函数，适用 Excel 2010 以上版本
59	MAX	返回参数列表中的最大值
60	MAXA	返回参数列表中的最大值，包括数字、文本和逻辑值
61	MAXIFS	返回一组给定条件或标准指定的单元格之间的最大值，适用于 Excel 2019 以上的版本
62	MEDIAN	返回给定数值集的中值
63	MIN	返回参数列表中的最小值
64	MINA	返回参数列表中的最小值，包括数字、文本和逻辑值
65	MINIFS	返回一组给定条件或标准指定的单元格之间的最小值，适用于 Excel 2019 以上的版本
66	MODE.MULT	返回一组数据或数据区域中出现频率最高或重复出现的数值的垂直数组，适用于 Excel 2010 以上的版本
67	MODE.SNGL	返回在数据集内出现次数最多的值，适用于 Excel 2010 以上的版本
68	NEGBINOM.DIST	返回负二项式分布，适用于 Excel 2010 以上的版本
69	NORM.DIST	返回正态累积分布，适用于 Excel 2010 以上的版本
70	NORM.INV	返回正态累积分布的反函数，适用于 Excel 2010 以上的版本
71	NORM.S.DIST	返回标准正态累积分布，适用于 Excel 2010 以上的版本
72	NORM.S.INV	返回标准正态累积分布函数的反函数，适用于 Excel 2010 以上的版本
73	PEARSON	返回 Pearson 乘积矩相关系数
74	PERCENTILE.EXC	返回某个区域中的数值的第 k 个百分点值，此处的 k 的范围为 0~1（不含 0 和 1），适用于 Excel 2010 以上的版本

序　号	函　数	说　明
75	PERCENTILE.INC	返回区域中数值的第 k 个百分点的值，适用于 Excel 2010 以上的版本
76	PERCENTRANK.EXC	将某个数值在数据集中的排位作为数据集的百分点值返回，此处的百分点值的范围为 0～1（不含 0 和 1），适用于 Excel 2010 以上的版本
77	PERCENTRANK.INC	返回数据集中值的百分比排位，适用于 Excel 2010 以上的版本
78	PERMUT	返回给定数目对象的排列数
79	PERMUTATIONA	返回可从总计对象中选择的给定数目对象（含重复）的排列数，适用于 Excel 2013 以上的版本
80	PHI	返回标准正态分布的密度函数值，适用于 Excel 2013 以上的版本
81	POISSON.DIST	返回泊松分布，适用于 Excel 2010 以上的版本
82	PROB	返回区域中的数值落在指定区间内的概率
83	QUARTILE.EXC	基于百分点值返回数据集的四分位，此处的百分点值的范围为 0～1（不含 0 和 1），适用于 Excel 2010 以上的版本
84	QUARTILE.INC	返回一组数据的四分位点，适用于 Excel 2010 以上的版本
85	RANK.AVG	返回一个数字在数字列表中的排位，如果在排名过程中出现多个数值排名相同的情况，RANK.AVG 函数会返回平均排名，适用于 Excel 2010 以上的版本
86	RANK.EQ	返回一个数字在数字列表中的排位，如果在排名过程中出现多个数值排名相同的情况，RANK.EQ 函数会返回最高排名，适用于 Excel 2010 以上的版本
87	RSQ	返回 Pearson 乘积矩相关系数的平方
88	SKEW	返回分布的不对称度
89	SKEW.P	返回一个分布的不对称度，用来体现某一分布相对其平均值的不对称程度，适用于 Excel 2013 以上的版本
90	SLOPE	返回线性回归线的斜率
91	SMALL	返回数据集中的第 k 个最小值
92	STANDARDIZE	返回正态化数值
93	STDEV.P	基于整个样本总体计算标准偏差，适用于 Excel 2010 以上的版本
94	STDEV.S	基于样本估算标准偏差，适用于 Excel 2010 以上的版本
95	STDEVA	基于样本（包括数字、文本和逻辑值）估算标准偏差
96	STDEVPA	基于样本总体（包括数字、文本和逻辑值）计算标准偏差
97	STEYX	返回通过线性回归法预测每个 x 的 y 值时所产生的标准误差

（续表）

序 号	函 数	说 明
98	T.DIST	返回左尾学生 t-分布的百分点（概率），适用于 Excel 2010 以上的版本
99	T.DIST.2T	返回双尾学生 t-分布的百分点（概率），适用于 Excel 2010 以上的版本
100	T.DIST.RT	返回右尾学生 t-分布，适用于 Excel 2010 以上的版本
101	T.INV	返回作为概率和自由度函数的学生 t-分布的 t 值，适用于 Excel 2010 以上的版本
102	T.INV.2T	返回学生 t-分布的反函数，适用于 Excel 2010 以上的版本
103	T.TEST	返回与学生 t-检验相关的概率，适用于 Excel 2010 以上的版本
104	TREND	返回线性趋势值
105	TRIMMEAN	返回数据集的内部平均值
106	VAR.P	计算基于样本总体的方差，适用于 Excel 2010 以上的版本
107	VAR.S	基于样本估算方差，适用于 Excel 2010 以上的版本
108	VARA	基于样本（包括数字、文本和逻辑值）估算方差
109	VARPA	基于样本总体（包括数字、文本和逻辑值）计算标准偏差
110	WEIBULL.DIST	返回 Weibull 分布，适用于 Excel 2010 以上的版本
111	Z.TEST	返回 Z 检验的单尾概率值，适用于 Excel 2010 以上的版本

A.3 逻辑函数

使用逻辑函数可以进行真假值判断，或者进行复合检验。例如，可以使用IF函数确定条件为真还是假，并由此返回不同的数值。

表 A-3 逻辑函数

序 号	函 数	说 明
1	AND	如果其所有参数均为 TRUE，则返回 TRUE
2	FALSE	返回逻辑值 FALSE
3	IF	指定要执行的逻辑检测
4	IFERROR	如果公式的计算结果错误，则返回指定的值；否则返回公式的结果
5	IFNA	如果该表达式解析为#N/A，则返回指定值；否则返回该表达式的结果，适用于 Excel 2013 以上的版本
7	IFS	检查是否满足一个或多个条件，且是否返回与第一个 TRUE 条件对应的值，适用于 Excel 2019 以上的版本
9	NOT	对其参数的逻辑求反

（续表）

序　号	函　　数	说　　明
10	OR	如果任一参数为 TRUE，则返回 TRUE
11	SWITCH	根据值列表计算表达式，并返回与第一个匹配值对应的结果。如果不匹配，则可能返回可选默认值，适用于 Excel 2016 以上的版本
13	TRUE	返回逻辑值 TRUE
14	XOR	返回所有参数的逻辑"异或"值，适用于 Excel 2013 以上的版本

A.4　日期和时间函数

通过日期与时间函数，可以在公式中分析和处理日期值和时间值。

表 A-4　日期和时间函数

编　号	函　　数	说　　明
1	DATE	返回特定日期的序列号
2	DATEDIF	计算两个日期之间的天数、月数或年数。此函数在用于计算年龄的公式中很有用
3	DATEVALUE	将文本格式的日期转换为序列号
4	DAY	将序列号转换为月份日期
5	DAYS	返回两个日期之间的天数，适用于 Excel 2013 以上的版本
6	DAYS360	以一年 360 天为基准计算两个日期间的天数
7	EDATE	返回在某日期指定月数之前或之后的日期
8	EOMONTH	返回指定日期之前或之后某个月的最后一天的日期
9	HOUR	将序列号转换为小时
10	ISOWEEKNUM	返回给定日期在全年中的 ISO 周数，适用于 Excel 2013 以上的版本
11	MINUTE	将序列号转换为分钟
12	MONTH	将序列号转换为月
13	NETWORKDAYS	返回两个日期之间的完整工作日的天数
14	NETWORKDAYS.INTL	返回两个日期之间的完整工作日的天数（使用参数指明周末有几天并指明是哪几天），适用于 Excel 2010 以上的版本
15	NOW	返回当前日期和时间的序列号
16	SECOND	将序列号转换为秒
17	TIME	返回特定时间的序列号
18	TIMEVALUE	将文本格式的时间转换为序列号
19	TODAY	返回今天日期的序列号
20	WEEKDAY	将序列号转换为星期日期
21	WEEKNUM	将序列号转换为代表该星期为一年中第几周的数字

编　号	函　数	说　明
22	WORKDAY	返回指定的若干个工作日之前或之后的日期的序列号
23	WORKDAY.INTL	返回日期在指定的工作日天数之前或之后的序列号（使用参数指明周末有几天并指明是哪几天），适用于 Excel 2010 以上的版本
24	YEAR	将序列号转换为年
25	YEARFRAC	返回两个日期（start_date 和 end_date）之间的天数（取整天数）占一年的比例

A.5　查找和引用函数

当需要在数据清单或表格中查找特定数值，或者需要查找某一单元格的引用时，可以使用查询和引用工作表函数。

表 A-5　查找和引用函数

编　号	函　数	说　明
1	ADDRESS	以文本形式将引用值返回到工作表的单个单元格
2	AREAS	返回引用中涉及的区域个数
3	CHOOSE	从值的列表中选择值
4	COLUMN	返回引用的列号
5	COLUMNS	返回引用中包含的列数
6	FILTER	可以基于定义的条件筛选一系列数据
7	FORMULATEXT	将给定引用的公式返回为文本，适用于 Excel 2013 以上的版本
8	GETPIVOTDATA	返回存储在数据透视表中的数据
9	HLOOKUP	查找数组的首行，并返回指定单元格的值
10	HYPERLINK	创建快捷方式或跳转，以打开存储在网络服务器、Intranet 或 Internet 上的文档
11	INDEX	使用索引从引用或数组中选择值
12	INDIRECT	返回由文本值指定的引用
13	LOOKUP	在向量或数组中查找值
14	MATCH	在引用或数组中查找值
15	OFFSET	从给定引用中返回引用偏移量
16	ROW	返回引用的行号
17	ROWS	返回引用的行数
18	RTD	从支持 COM 自动化的程序中检索实时数据
19	SORT	对区域或数组的内容进行排序
20	SORTBY	根据相应区域或数组中的值对区域或数组的内容进行排序

（续表）

编　号	函　　数	说　　明
21	TRANSPOSE	返回数组的转置
22	UNIQUE	返回列表或区域的唯一值列表
23	VLOOKUP	在数组第一列中查找，然后在行之间移动以返回单元格的值
24	XLOOKUP	搜索区域或数组，并返回与之找到的第一个匹配项对应的项。如果不存在匹配项，则 XLOOKUP 可返回最接近（近似值）的匹配项
25	XMATCH	返回项目在数组或单元格区域中的相对位置

A.6　文本函数

通过文本函数可以在公式中处理文字串。例如，可以改变大小写或确定文字串的长度，可以将日期插入文字串或连接在文字串上。

表 A-6　文本函数

编　号	函　　数	说　　明
1	ASC	将字符串中的全角（双字节）英文字母或片假名更改为半角（单字节）字符
2	ARRAYTOTEXT	返回任意指定区域内的文本值的数组
3	BAHTTEXT	使用 ฿（泰铢）货币格式将数字转换为文本
4	CHAR	返回由代码数字指定的字符
5	CLEAN	删除文本中所有非打印字符
6	CODE	返回文本字符串中第一个字符的数字代码
7	CONCAT	将多个区域和/或字符串的文本组合起来，但不提供分隔符或 IgnoreEmpty 参数，适用于 Excel 2019 以上的版本
8	CONCATENATE	将几个文本项合并为一个文本项
9	DBCS	将字符串中的半角（单字节）英文字母或片假名更改为全角（双字节）字符，适用于 Excel 2013 以上的版本
10	DOLLAR	使用￥（人民币）货币格式将数字转换为文本
11	EXACT	检查两个文本值是否相同
12	FIND、FINDB	在一个文本值中查找另一个文本值（区分大小写）
13	FIXED	将数字格式设置为具有固定小数位数的文本
14	LEFT、LEFTB	返回文本值中最左边的字符
15	LEN、LENB	返回文本字符串中的字符个数
16	LOWER	将文本转换为小写
17	MID、MIDB	从文本字符串中的指定位置起返回特定个数的字符

编　号	函　　数	说　　明
18	NUMBERVALUE	以与区域设置无关的方式将文本转换为数字，适用于 Excel 2013 以上的版本
19	PHONETIC	提取文本字符串中的拼音（汉字注音）字符
20	PROPER	将文本值的每个字的首字母大写
21	REPLACE、REPLACEB	替换文本中的字符
22	REPT	按给定次数重复文本
23	RIGHT、RIGHTB	返回文本值中最右边的字符
24	SEARCH、SEARCHB	在一个文本值中查找另一个文本值（不区分大小写）
25	SUBSTITUTE	在文本字符串中用新文本替换旧文本
26	T	将参数转换为文本
27	TEXT	设置数字格式并将其转换为文本
28	TEXTJOIN	将多个区域和/或字符串的文本组合起来，并包括在要组合的各文本值之间指定的分隔符。如果分隔符是空的文本字符串，则此函数将有效连接这些区域，适用于 Excel 2019 以上的版本
29	TRIM	删除文本中的空格
30	UNICHAR	返回给定数值引用的 Unicode 字符，适用于 Excel 2013 以上的版本
31	UNICODE	返回对应文本的第一个字符的数字（代码点），适用于 Excel 2013 以上的版本
32	UPPER	将文本转换为大写形式
33	VALUE	将文本参数转换为数字
34	VALUETOTEXT	从任意指定值返回文本

A.7　财务函数

　　财务函数可以进行一般的财务计算，如确定贷款的支付额、投资的未来值或净现值，以及债券或息票的价值。财务函数中常见的参数：

- 未来值（fv）：在所有付款发生后的投资或贷款的价值。
- 期间数（nper）：投资的总支付期间数。
- 付款（pmt）：对于一项投资或贷款的定期支付数额。
- 现值（pv）：在投资期初的投资或贷款的价值。例如，贷款的现值为所借入的本金数额。
- 利率（rate）：投资或贷款的利率或贴现率。
- 类型（type）：付款期间内进行支付的间隔，如在月初或月末。

表 A-7　财务函数

序　号	函　数	说　明
1	ACCRINT	返回定期支付利息的债券的应计利息
2	ACCRINTM	返回在到期日支付利息的债券的应计利息
3	AMORDEGRC	使用折旧系数返回每个记账期的折旧值
4	AMORLINC	返回每个记账期的折旧值
5	COUPDAYBS	返回从票息期开始到结算日之间的天数
6	COUPDAYS	返回包含结算日的票息期天数
7	COUPDAYSNC	返回从结算日到下一票息支付日之间的天数
8	COUPNCD	返回结算日之后的下一个票息支付日
9	COUPNUM	返回结算日与到期日之间可支付的票息数
10	COUPPCD	返回结算日之前的上一个票息支付日
11	CUMIPMT	返回两个付款期之间累积支付的利息
12	CUMPRINC	返回两个付款期之间为贷款累积支付的本金
13	DB	使用固定余额递减法，返回资产在给定期间内的折旧值
14	DDB	使用双倍余额递减法或其他指定方法，返回资产在给定期间内的折旧值
15	DISC	返回债券的贴现率
16	DOLLARDE	将以分数表示的价格转换为以小数表示的价格
17	DOLLARFR	将以小数表示的价格转换为以分数表示的价格
18	DURATION	返回定期支付利息的债券的每年期限
19	EFFECT	返回年有效利率
20	FV	返回一笔投资的未来值
21	FVSCHEDULE	返回应用一系列复利率计算的初始本金的未来值
22	INTRATE	返回完全投资型债券的利率
23	IPMT	返回一笔投资在给定期间内支付的利息
24	IRR	返回一系列现金流的内部收益率
25	ISPMT	计算特定投资期内要支付的利息
26	MDURATION	返回假设面值为￥100 的有价证券的 Macauley 修正期限
27	MIRR	返回正和负现金流以不同利率进行计算的内部收益率
28	NOMINAL	返回年度的名义利率
29	NPER	返回投资的期数
30	NPV	返回基于一系列定期的现金流和贴现率计算的投资的净现值
31	ODDFPRICE	返回每张票面为￥100 且第一期为奇数的债券的现价
32	ODDFYIELD	返回第一期为奇数的债券的收益
33	ODDLPRICE	返回每张票面为￥100 且最后一期为奇数的债券的现价
34	ODDLYIELD	返回最后一期为奇数的债券的收益
35	PDURATION	返回投资到达指定值所需的期数，适用于 Excel 2013 以上的版本
36	PMT	返回年金的定期支付金额
37	PPMT	返回一笔投资在给定期间内偿还的本金

序　　号	函　　数	说　　明
38	PRICE	返回每张票面为¥100 且定期支付利息的债券的现价
39	PRICEDISC	返回每张票面为¥100 的已贴现债券的现价
40	PRICEMAT	返回每张票面为¥100 且在到期日支付利息的债券的现价
41	PV	返回投资的现值
42	RATE	返回年金的各期利率
43	RECEIVED	返回完全投资型债券在到期日收回的金额
44	RRI	返回某项投资增长的等效利率，适用于 Excel 2013 以上的版本
45	SLN	返回固定资产的每期线性折旧费
46	SYD	返回某项固定资产按年限总和折旧法计算的每期折旧金额
47	TBILLEQ	返回国库券的等价债券收益
48	TBILLPRICE	返回面值¥100 的国库券的价格
49	TBILLYIELD	返回国库券的收益率
50	VDB	使用余额递减法返回资产在给定期间或部分期间内的折旧值
51	XIRR	返回一组现金流的内部收益率，这些现金流不一定定期发生
52	XNPV	返回一组现金流的净现值，这些现金流不一定定期发生
53	YIELD	返回定期支付利息的债券的收益
54	YIELDDISC	返回已贴现债券的年收益，例如短期国库券
55	YIELDMAT	返回在到期日支付利息的债券的年收益

A.8　工程函数

工程函数用于工程分析。这类函数中的大多数可分为三种类型：对复数进行处理的函数、在不同的数字系统（如十进制系统、十六进制系统、八进制系统和二进制系统）间进行数值转换的函数、在不同的度量系统中进行数值转换的函数。

表 A-8　工程函数

序　　号	函　　数	说　　明
1	BESSELI	返回修正的贝赛耳函数 In(x)
2	BESSELJ	返回贝赛耳函数 Jn(x)
3	BESSELK	返回修正的贝赛耳函数 Kn(x)
4	BESSELY	返回贝赛耳函数 Yn(x)
5	BIN2DEC	将二进制数转换为十进制数
6	BIN2HEX	将二进制数转换为十六进制数
7	BIN2OCT	将二进制数转换为八进制数
8	BITAND	返回两个数的"按位与"，适用于 Excel 2013 以上的版本

序　号	函　　数	说　明
9	BITLSHIFT	返回左移 shift_amount 位的计算值接收数，适用于 Excel 2013 以上的版本
10	BITOR	返回两个数的"按位或"，适用于 Excel 2013 以上的版本
11	BITRSHIFT	返回右移 shift_amount 位的计算值接收数，适用于 Excel 2013 以上的版本
12	BITXOR	返回两个数的按位"异或"，适用于 Excel 2013 以上的版本
13	COMPLEX	将实系数和虚系数转换为复数
14	CONVERT	将数字从一种度量系统转换为另一种度量系统
15	DEC2BIN	将十进制数转换为二进制数
16	DEC2HEX	将十进制数转换为十六进制数
17	DEC2OCT	将十进制数转换为八进制数
18	DELTA	检验两个值是否相等
19	ERF	返回误差函数
20	ERF.PRECISE	返回误差函数，适用于 Excel 2010 以上的版本
21	ERFC	返回互补误差函数
22	ERFC.PRECISE	返回从 x 到无穷大积分的互补 ERF 函数，适用于 Excel 2010 以上的版本
23	GESTEP	检验数字是否大于阈值
24	HEX2BIN	将十六进制数转换为二进制数
25	HEX2DEC	将十六进制数转换为十进制数
26	HEX2OCT	将十六进制数转换为八进制数
27	IMABS	返回复数的绝对值（模数）
28	IMAGINARY	返回复数的虚系数
29	IMARGUMENT	返回参数 theta，即以弧度表示的角
30	IMCONJUGATE	返回复数的共轭复数
31	IMCOS	返回复数的余弦值
32	IMCOSH	返回复数的双曲余弦值，适用于 Excel 2013 以上的版本
33	IMCOT	返回复数的余弦值，适用于 Excel 2013 以上的版本
34	IMCSC	返回复数的余割值，适用于 Excel 2013 以上的版本
35	IMCSCH	返回复数的双曲余割值，适用于 Excel 2013 以上的版本
36	IMDIV	返回两个复数的商
37	IMEXP	返回复数的指数
38	IMLN	返回复数的自然对数
39	IMLOG10	返回复数的以 10 为底的对数
40	IMLOG2	返回复数的以 2 为底的对数
41	IMPOWER	返回复数的整数幂
42	IMPRODUCT	返回从 2～255 的复数的乘积
43	IMREAL	返回复数的实系数
44	IMSEC	返回复数的正切值，适用于 Excel 2013 以上的版本
45	IMSECH	返回复数的双曲正切值，适用于 Excel 2013 以上的版本

序　号	函　　数	说　明
46	IMSIN	返回复数的正弦值
47	IMSINH	返回复数的双曲正弦值，适用于 Excel 2013 以上的版本
48	IMSQRT	返回复数的平方根
49	IMSUB	返回两个复数的差
50	IMSUM	返回多个复数的和
51	IMTAN	返回复数的正切值，适用于 Excel 2013 以上的版本
52	OCT2BIN	将八进制数转换为二进制数
53	OCT2DEC	将八进制数转换为十进制数
54	OCT2HEX	将八进制数转换为十六进制数

A.9　信息函数

可以使用信息函数确定存储在单元格中的数据的类型。信息函数包含一组称为I的工作表函数，在单元格满足条件时返回TRUE。

表 A-9　信息函数

序　号	函　　数	说　明
1	CELL	返回有关单元格格式、位置或内容的信息
2	ERROR.TYPE	返回对应错误类型的数字
3	INFO	返回有关当前操作环境的信息
4	ISBLANK	如果值为空，则返回 TRUE
5	ISERR	如果值为除#N/A 以外的任何错误值，则返回 TRUE
6	ISERROR	如果值为任何错误值，则返回 TRUE
7	ISEVEN	如果数字为偶数，则返回 TRUE
8	ISFORMULA	如果有对包含公式的单元格的引用，则返回 TRUE，适用于 Excel 2013 以上的版本
9	ISLOGICAL	如果值为逻辑值，则返回 TRUE
10	ISNA	如果值为错误值#N/A，则返回 TRUE
11	ISNONTEXT	如果值不是文本，则返回 TRUE
12	ISNUMBER	如果值为数字，则返回 TRUE
13	ISODD	如果数字为奇数，则返回 TRUE
14	ISREF	如果值为引用值，则返回 TRUE
15	ISTEXT	如果值为文本，则返回 TRUE
16	N	返回转换为数字的值
17	NA	返回错误值#N/A

（续表）

序　号	函　　数	说　　明
18	SHEET	返回引用工作表的工作表编号，适用于 Excel 2013 以上的版本
19	SHEETS	返回引用中的工作表数，适用于 Excel 2013 以上的版本
20	TYPE	返回表示值的数据类型的数字

A.10　数据库函数

当需要分析数据清单中的数值是否符合特定条件时，可以使用数据库函数。

表 A-10　数据库函数

序　号	函　　数	说　　明
1	DAVERAGE	返回所选数据库条目的平均值
2	DCOUNT	计算数据库中包含数字的单元格的数量
3	DCOUNTA	计算数据库中非空单元格的数量
4	DGET	从数据库提取符合指定条件的单个记录
5	DMAX	返回所选数据库条目的最大值
6	DMIN	返回所选数据库条目的最小值
7	DPRODUCT	将数据库中符合条件的记录的特定字段中的值相乘
8	DSTDEV	基于所选数据库条目的样本估算标准偏差
9	DSTDEVP	基于所选数据库条目的样本总体计算标准偏差
10	DSUM	对数据库中符合条件的记录的字段列中的数字求和
11	DVAR	基于所选数据库条目的样本估算方差
12	DVARP	基于所选数据库条目的样本总体计算方差

A.11　Web函数

Web函数在Excel网页版中不可以使用。

表 A-11　Web 函数

序　号	函　　数	说　　明
1	ENCODEURL	返回 URL 编码的字符串，适用于 Excel 2013 以上的版本
2	FILTERXML	通过使用指定的 XPath，返回 XML 内容中的特定数据，适用于 Excel 2013 以上的版本
3	WEBSERVICE	返回 Web 服务中的数据，适用于 Excel 2013 以上的版本

A.12 兼容性函数

在Excel 2010或更高版本中，用新函数替换了这些函数，新函数有更高的精确度，且其名称能更好地反映其用途。用户仍可以出于与Excel早期版本兼容的目的使用这些函数，但如果不是必须满足向后兼容性，则应开始改用新函数。

如果使用公式，可在Excel 2007"公式"选项卡中的"统计"或"数学&三角函数"类别中找到这些函数。

表 A-12　兼容性函数

序　　号	函　　数	说　　明
1	BETADIST	返回 beta 累积分布函数
2	BETAINV	返回指定 beta 分布的累积分布函数的反函数
3	BINOMDIST	返回一元二项式分布的概率
4	CHIDIST	返回卡方分布的单尾概率
5	CHIINV	返回卡方分布的单尾概率的反函数
6	CHITEST	返回独立性检验值
7	CONCATENATE	将 2 个或多个文本字符串连接成 1 个字符串
8	CONFIDENCE	返回总体平均值的置信区间
9	COVAR	返回协方差（成对偏差乘积的平均值）
10	CRITBINOM	返回使累积二项式分布小于或等于临界值的最小值
11	EXPONDIST	返回指数分布
12	FDIST	返回 F 概率分布
13	FINV	返回 F 概率分布的反函数
14	FLOOR	向绝对值减小的方向舍入数字
15	FORECAST	使用现有值来计算或预测未来值
16	FTEST	返回 F 检验的结果
17	GAMMADIST	返回 γ 分布
18	GAMMAINV	返回 γ 累积分布函数的反函数
19	HYPGEOMDIST	返回超几何分布
20	LOGINV	返回对数累积分布函数的反函数
21	LOGNORMDIST	返回对数累积分布函数
22	MODE	返回在数据集内出现次数最多的值
23	NEGBINOMDIST	返回负二项式分布
24	NORMDIST	返回正态累积分布
25	NORMINV	返回正态累积分布的反函数
26	NORMSDIST	返回标准正态累积分布
27	NORMSINV	返回标准正态累积分布函数的反函数
28	PERCENTILE	返回区域中数值的第 k 个百分点的值

（续表）

序　号	函　　数	说　　明
29	PERCENTRANK	返回数据集中值的百分比排位
30	POISSON	返回泊松分布
31	QUARTILE	返回一组数据的四分位点
32	RANK	返回一个数字在数字列表中的排位
33	STDEV	基于样本估算标准偏差
34	STDEVP	基于整个样本总体计算标准偏差
35	TDIST	返回学生 t-分布
36	TINV	返回学生 t-分布的反函数
37	TTEST	返回与学生 t-检验相关的概率
38	VAR	基于样本估算方差
39	VARP	计算基于样本总体的方差
40	WEIBULL	返回 Weibull 分布
41	ZTEST	返回 Z 检验的单尾概率值

A.13　多维数据集函数

需要链接到数据源时进行超百万级大数据分析才可用多维数据集函数，其函数规则是由 MDX 演化而来的。

表 A-13　多维数据集函数

序　号	函　　数	说　　明
1	CUBEKPIMEMBER	返回重要性能指示器（KPI）属性，并在单元格中显示 KPI 名称。KPI 是一种用于监控单位绩效的可计量度量值，如每月总利润或季度员工调整
2	CUBEMEMBER	返回多维数据集中的成员或元组，用于验证多维数据集内是否存在成员或元组
3	CUBEMEMBERPROPERTY	返回多维数据集中成员属性的值，用于验证多维数据集内是否存在某个成员名并返回此成员的指定属性
4	CUBERANKEDMEMBER	返回集合中的第 n 个或排在一定名次的成员，用来返回集合中的一个或多个元素，如业绩最好的销售人员或前 10 名学生
5	CUBESET	通过向服务器上的多维数据集发送集合表达式来定义一组经过计算的成员或元组（这会创建该集合），然后将该集合返回 Microsoft Office Excel
6	CUBESETCOUNT	返回集合中的项目数
7	CUBEVALUE	从多维数据集中返回汇总值

Excel 快捷键

表 B-1　Excel 快捷键

操　作	快　捷　键
Excel 常用快捷键	
关闭工作簿	Ctrl+W
打开工作簿	Ctrl+O
转至"主页"选项卡	Alt+H
保存工作簿	Ctrl+S
复制	Ctrl+C
粘贴	Ctrl+V
撤销	Ctrl+Z
删除单元格内容	Delete
选择填充颜色	Alt+H,H
剪切	Ctrl+X
转至"插入"选项卡	Alt+N
加粗	Ctrl+B
居中对齐单元格内容	Alt+H、A、C
转至"页面布局"选项卡	Alt+P
转至"数据"选项卡	Alt+A
转至"视图"选项卡	Alt+W
打开上下文菜单	Shift+F10 或上下文键
添加边框	Alt+H,B
删除列	Alt+H、D、C
转至"公式"选项卡	Alt+M
隐藏选定的行	Ctrl+9

（续表）

操　　作	快　捷　键
隐藏选定的列	Ctrl+0
功能区选项卡的访问键	
操作说明搜索框	Alt+Q
开打"文件"页面	Alt+F
打开"主页"选项卡	Alt+H
打开"插入"选项卡	Alt+N
打开"页面布局"选项卡	Alt+P
打开"公式"选项卡	Alt+M
打开"数据"选项卡	Alt+A
打开"审阅"选项卡	Alt+R
打开"视图"选项卡	Alt+W
通过键盘使用功能区	
选择功能区的活动选项卡并激活访问键	Alt 或 F10
将焦点移到功能区上的命令	Tab 或 Shift+Tab
分别在功能区上的各项之间向下、向上、向左或向右移动	向下、向上、向左或向右箭头键
激活所选按钮	空格键或 Enter
打开所选命令的列表	向下键
打开所选按钮的菜单	Alt+向下箭头键
当菜单或子菜单处于打开状态时，移到下一条命令	向下键
展开或折叠功能区	Ctrl+F1
打开上下文菜单	Shift+F10
当主菜单处于打开或选中状态时，移到子菜单	向左键
用于单元格导航的键盘快捷键	
移到工作表中的前一个单元格或对话框中的前一个选项	Shift+Tab
在工作表中向上移动一个单元格	向上键
在工作表中向下移动一个单元格	向下键
在工作表中向左移动一个单元格	向左键
在工作表中向右移动一个单元格	向右键
移到工作表中当前数据区域的边缘	Ctrl+箭头键
移到工作表上的最后一个单元格，即所使用的最右一列的最下面一行	Ctrl+End
将单元格选定区域扩展至工作表上最后一个使用的单元格（右下角）	Ctrl+Shift+End
当 Scroll Lock 处于开启状态时，移到窗口左上角的单元格	Home+Scroll Lock
移到工作表的开头	Ctrl+Home
在工作表中向下移动一屏	PageDown
移到工作簿中的下一个工作表	Ctrl+PageDown
在工作表中向右移动一屏	Alt+PageDown
在工作表中向上移动一屏	PageUp

操　　作	快　捷　键
在工作表中向左移动一屏	Alt+PageUp
移到工作簿中的上一个工作表	Ctrl+PageUp
在工作表中向右移动一个单元格。或者，在受保护的工作表中，在未锁定的单元格之间移动	Tab
在应用了数据验证选项的单元格上打开验证选项列表	Alt+向下箭头键
环绕文本框或图像等浮动形状	按 Ctrl+Alt+5，然后重复按 Tab 键
退出浮动形状导航并返回普通导航	Esc
用于单元格格式设置的键盘快捷键	
打开"设置单元格格式"对话框	Ctrl+1
在"设置单元格格式"对话框中设置字体格式	Ctrl+Shift+F 或 Ctrl+Shift+P
编辑活动单元格，并将插入点放在其内容的末尾，如果单元格的编辑已关闭，则将插入点移到编辑栏中	F2
添加或编辑单元格批注	Shift+F2
打开用于插入空白单元格的"插入"对话框	Ctrl+Shift+加号（+）
打开用于删除选定单元格的"删除"对话框	Ctrl+减号（一）
输入当前时间	Ctrl+Shift+冒号（:）
输入当前日期	Ctrl+分号（;）
在工作表中，在显示单元格值或公式之间切换	Ctrl+重音符（`）
将公式从活动单元格上方的单元格复制到单元格或编辑栏中	Ctrl+撇号（'）
移动选定的单元格	Ctrl+X
复制选定的单元格	Ctrl+C
在插入点粘贴内容，并替换任何所选内容	Ctrl+V
打开"选择性粘贴"对话框	Ctrl+Alt+V
将文本设置为斜体或删除倾斜格式	Ctrl+I 或 Ctrl+3
将文本设置为加粗或删除加粗格式	Ctrl+B 或 Ctrl+2
为文字添加下划线或删除下划线	Ctrl+U 或 Ctrl+4
应用或删除线格式	Ctrl+5
在隐藏对象、显示对象和显示对象的占位符之间切换	Ctrl+6
将轮廓边框应用于选定单元格	Ctrl+Shift+与号（&）
从选定单元格中删除轮廓边框	Ctrl+Shift+下划线（_）
显示或隐藏大纲符号	Ctrl+8
使用"向下填充"命令将选定范围内最顶层单元格的内容和格式复制到下面的单元格中	Ctrl+D
应用"常规"数字格式	Ctrl+Shift+波形符（~）
应用带有两位小数的"货币"格式（负数放在括号中）	Ctrl+Shift+美元符号（$）
应用不带小数位的"百分比"格式	Ctrl+Shift+百分比（%）
应用带有两位小数的科学记数格式	Ctrl+Shift+脱字号（^）

（续表）

操　　作	快　捷　键
应用带有日、月和年的"日期"格式	Ctrl+Shift+数字符号（#）
应用带有小时和分钟以及 AM 或 PM 的"时间"格式	Ctrl+Shift+@符号（@）
应用带有两位小数、千分位分隔符和减号（一）（用于负值）的"数值"格式	Ctrl+Shift+感叹号（!）
打开"插入超链接"对话框	Ctrl+K
检查活动工作表或选定范围中的拼写	F7
显示用于包含数据的选定单元格的"快速分析"选项	Ctrl+Q
显示"创建表"对话框	Ctrl+L 或 Ctrl+T
进行选择并执行操作的键盘快捷键	
选择整个工作表	Ctrl+A 或 Ctrl+Shift+空格键
选择工作簿中的当前和下一个工作表	Ctrl+Shift+PageDown
选择工作簿中的当前和上一个工作表	Ctrl+Shift+PageUp
将单元格的选定范围扩大一个单元格	Shift+箭头键
将单元格的选定范围扩展到活动单元格所在列或行中的最后一个非空单元格，如果下一个单元格为空，则扩展到下一个非空单元格	Ctrl+Shift+箭头键
打开扩展模式并使用箭头键扩展选定范围，再次按下以关闭	F8
通过使用箭头键将非邻近单元格或区域添加到单元格的选定范围中	Shift+F8
在同一单元格中另起一个新行	Alt+Enter
使用当前输入填充选定的单元格区域	Ctrl+Enter
完成单元格输入并选择上面的单元格	Shift+Enter
选择工作表中的整列	Ctrl+空格键
选择工作表中的整行	Shift+空格键
当某个对象处于选定状态时，选择工作表上的所有对象	Ctrl+Shift+空格键
将单元格的选定范围扩展到工作表的开头	Ctrl+Shift+Home
如果工作表包含数据，则选择当前区域。再按一次将选择当前区域和其摘要行。按第三次将选择整个工作表	Ctrl+A 或 Ctrl+Shift+空格键
选择环绕活动单元格的当前区域或选择整个数据透视表	Ctrl+Shift+星号（*）
当菜单或子菜单处于可见状态时，选择菜单上的第一个命令	Home
重复上一个命令或操作（如有可能）	Ctrl+Y
撤销最后一个操作	Ctrl+Z
用于处理数据、函数和编辑栏的键盘快捷键	
输入公式	#NAME?
将公式作为数组公式输入	Ctrl+Shift+Enter
用 SUM 函数插入"自动求和"公式	Alt+=（等号）
选择整个数据透视表	Ctrl+Shift+星号（*）
编辑活动单元格，并将插入点放在其内容的末尾。如果单元格的编辑已关闭，则将插入点移到编辑栏中	F2
展开或折叠编辑栏	Ctrl+Shift+U
取消单元格或编辑栏中的输入	Esc

（续表）

操　作	快　捷　键
完成编辑栏中的输入并选择下面的单元格	Enter
在编辑栏中时，将光标移到文本的末尾	Ctrl+End
选择编辑栏中从光标所在的位置到结尾的所有文本	Ctrl+Shift+End
计算所有打开的工作簿中的所有工作表	F9
计算活动工作表	Shift+F9
计算打开的工作簿中的所有工作表，不论自上次计算以来它们是否已更改	Ctrl+Alt+F9
检查从属的公式，然后计算所有打开的工作簿中的所有单元格，其中包括未标记为需要计算的单元格	Ctrl+Alt+Shift+F9
显示"错误检查"按钮的菜单或消息	Alt+Shift+F10
当插入点位于公式中某个函数名称的右边时，会显示"函数参数"对话框	Ctrl+A
当插入点位于公式中某个函数名称的右边时，会插入参数名称和括号	Ctrl+Shift+A
调用快速填充以自动识别相邻列中的模式并填充当前列	Ctrl+E
如果选定了单元格引用或范围，则会在公式中的绝对和相对引用的所有各种组合之间循环切换	F4
插入函数	Shift+F3
将活动单元格上方的单元格的值复制到单元格或编辑栏中	Ctrl+Shift+直双引号
在当前范围中创建数据的嵌入图表	Alt+F1
在单独的图表工作表中创建当前范围内数据的图表	F11
定义名称以在引用中使用	Alt+M,M,D
从"粘贴名称"对话框中粘贴名称（在工作簿中已定义名称的情况下）	F3
移到数据表单下一条记录中的第一个字段	Enter
创建、运行、编辑或删除宏	Alt+F8
打开 Microsoft Visual Basic For Applications Editor	Alt+F11
功能键	
显示"Excel 帮助"任务窗格	F1
显示或隐藏功能区	Ctrl+F1
在当前区域中创建数据的嵌入图表	Alt+F1
插入新的工作表	Alt+Shift+F1
编辑活动单元格，并将插入点放在其内容的末尾，如果单元格的编辑已关闭，则将插入点移到编辑栏中	F2
添加或编辑单元格批注	Shift+F2
显示 Backstage 视图中"打印"选项卡上的打印预览区域	Ctrl+F2
显示"粘贴名称"对话框。仅适用于在工作簿中已定义名称的情况	F3
显示"插入函数"对话框	Shift+F3
重复上一个命令或操作（如有可能）。当公式中选定单元格引用或区域时，按 F4 可在绝对和相对引用的所有组合中循环切换	F4
关闭选定的工作簿窗口	Ctrl+F4
关闭 Excel	Alt+F4

（续表）

操　作	快　捷　键
显示"定位"对话框	F5
恢复选定工作簿窗口的窗口大小	Ctrl+F5
在工作表、功能区、任务窗格和缩放控件之间切换。在已拆分的工作表中，在窗格和功能区区域之间切换时，按 F6 可包括已拆分的窗格	F6
在工作表、缩放控件、任务窗格和功能区之间切换	Shift+F6
如果打开了多个工作簿窗口，按 Ctrl+F6 可切换到下一个工作簿窗口	Ctrl+F6
打开"拼写检查"对话框，用于检查活动工作表或选定范围中的拼写	F7
如果工作簿窗口未最大化，则按 Ctrl+F7 可对该窗口执行"移动"命令。使用箭头键移动窗口，并在完成时按 Enter，或按 Esc 取消	Ctrl+F7
打开或关闭扩展模式。在扩展模式中，"扩展选定"将出现在状态行中，并且按箭头键可扩展选定范围	F8
允许用户使用箭头键将非邻近单元格或区域添加到单元格的选定范围中	Shift+F8
当工作簿未最大化时，执行"大小"命令	Ctrl+F8
显示"宏"对话框，用于创建、运行、编辑或删除宏	Alt+F8
计算所有打开的工作簿中的所有工作表	F9
计算活动工作表	Shift+F9
计算打开的工作簿中的所有工作表，无论它们自上次计算以来是否已更改	Ctrl+Alt+F9
重新检查从属的公式，然后计算所有打开的工作簿中的所有单元格，其中包括未标记为需要计算的单元格	Ctrl+Alt+Shift+F9
将工作簿窗口最小化为图标	Ctrl+F9
打开或关闭快捷键提示（按 Alt 也能实现同样的目的）	F10
显示选定项目的快捷菜单	Shift+F10
显示"错误检查"按钮的菜单或消息	Alt+Shift+F10
最大化或还原选定的工作簿窗口	Ctrl+F10
在单独的图表工作表中创建当前范围内数据的图表	F11
插入一个新工作表	Shift+F11
打开 Microsoft Visual Basic For Applications 编辑器来创建宏	Alt+F11
显示"另存为"对话框	F12

附录 C

Excel 宏与 VBA

C.1　宏及其操作

1. "宏" 是什么

"宏" 就是一些命令组织在一起，作为一个单独命令完成一个特定任务。

Excel集成了VBA高级程序语言，用该语言编制出的程序就叫 "宏"。

对于没有使用过Excel宏功能的用户，要先添加 "宏" 选项，需要设置 "开发工具" 选项，具体为：依次打开 "文件" | "选项" | "自定义功能区"，选择 "开发工具"，如图C-1所示。

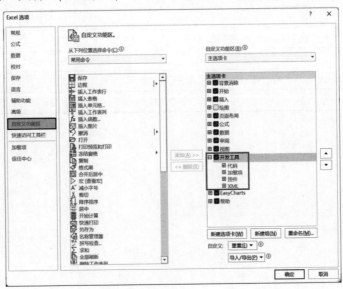

图 C-1　添加 "宏" 选项

2. 录制与调用宏

下面通过案例的形式介绍如何录制与调用宏。首先在Excel中输入"数据清洗""数据整理""数据分析""数据挖掘"4个关键词，如图C-2所示。

图 C-2　输入样例数据

开始宏录制，选中B3单元格的文字"数据清洗"，在Excel选项卡中选择"开发工具"|"录制宏"，如图C-3所示。

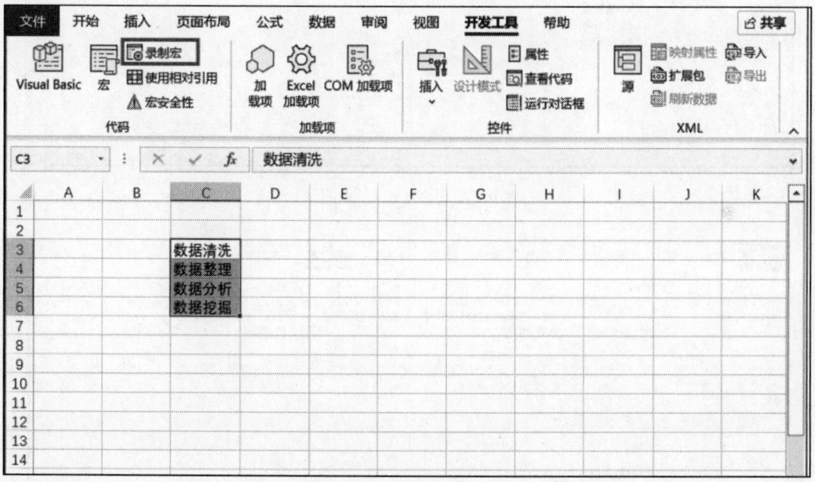

图 C-3　开始录制宏

这时，会弹出一个"录制宏"对话框，我们想要将"数据清洗"进行加粗和变红的操作，因此将宏名设置为"加粗变红"，同时设定快捷键便于快速调用，建议大家使用大写字母的快捷键，最后单击"确定"按钮开始录制，如图C-4所示。

将"数据清洗"进行加粗和变红的操作，完成以后切换到"开发工具"选项卡，单击"停止录制"按钮，这样命名为"加粗变红"的宏就录制好了，如图C-5所示。

宏录制好以后，就可以调用宏了，选中"数据分析"，使用刚才设定的宏快捷键Ctrl+Shift+M，就会看到实现了加粗变红的操作，这就是快速调用宏的方法，如图C-6所示。

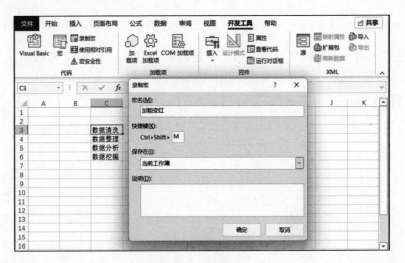

图 C-4　录制新宏

图 C-5　停止录制

图 C-6　调用宏

　　还可以通过单击"开发工具"选项卡中的"宏"来实现。首先选中"数据挖掘"单元格，再单击"宏"按钮。这样就调出了"宏"窗口，选中加粗变红的宏，单击"执行"按钮，同样可以调用宏，如图C-7所示。

图 C-7　执行宏

3. 查看"宏"代码

打开VBA编辑器，然后双击进入对应的模块就可以查看宏代码，例如"加粗变红"这个宏，如图C-8所示。

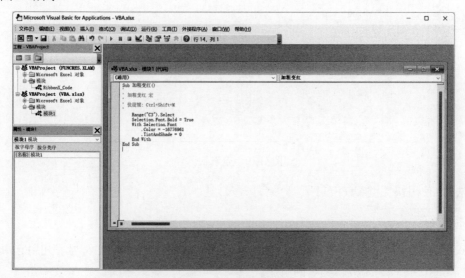

图 C-8　查看宏代码

C.2　VBA基础知识

1. VBA 是什么

VBA是一门标准的宏语言。VBA语言不能单独运行，只能被Office软件（如Excel）所调用。

VBA是一种面向对象的解释性语言，通常用来实现Excel中没有提供的功能、编写自定义函数、实现自动化功能等。

打开VBA编辑器有以下三种方法：

方法1：单击Excel菜单中的"开发工具"，然后在代码选项卡中单击"Visual Basic"按钮，如图C-9所示。

图 C-9　单击 Visual Basic 按钮

方法2：右击Excel左下角的Sheet1，在弹出的菜单中单击"查看代码"，如图C-10所示。

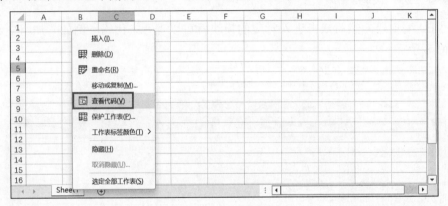

图 C-10　查看代码

方法3：使用快捷键Alt+F11。

2. 标识符

标识符是一种标识变量、常量、过程、函数、类等语言构成单位的符号，利用它可以完成对变量、常量、过程、函数、类等的引用。

命名规则：

（1）字母打头，由字母、数字和下划线组成，如A987b_23Abc。

（2）字符长度小于254。

（3）不能与VBA保留字重名，如public、private、dim、goto、next、with、integer等。

3. 运算符

运算符是代表VBA某种运算功能的符号。

（1）赋值运算符=。

（2）数学运算符&（）、+（字符连接符）、+（加）、−（减）、Mod（取余）、\（整除）、*（乘）、/（除）、−（负号）、^（指数）。

（3）逻辑运算符Not（非）、And（与）、Or（或）、Xor（异或）、Eqv（相等）、Imp（隐含）。

（4）关系运算符=（相同）、<>（不等）、>（大于）、<（小于）、>=（不小于）、<=（不大于）、Like、Is。

（5）位运算符Not（逻辑非）、And（逻辑与）、Or（逻辑或）、Xor（逻辑异或）、Eqv（逻辑等）、Imp（隐含）。

4. 数据类型

VBA共有12种数据类型，包括字符串型（String）、字节型（Byte）、布尔型（Boolean）、整数型（Integer）、长整数型（Long）、单精度型（Single）、双精度型（Double）、日期型（Date）、货币型（Currency）、小数点型（Decimal）、变体型（Variant）、对象型（Object），此外用户还可以根据这些类型用Type自定义数据类型。

5. 变量与常量

（1）VBA允许使用未定义的变量，默认是变体变量。

（2）在模块通用说明部分，加入Option Explicit语句可以强迫用户进行变量定义。

（3）变量定义语句及变量作用域：

```
Dim        变量 as 类型    （定义局部变量）
Private    变量 as 类型    （定义私有变量）
Public     变量 as 类型    （定义公有变量）
Global     变量 as 类型    （定义全局变量）
Static     变量 as 类型    （定义静态变量）
```

一般变量作用域的原则是，哪部分定义就在哪部分起作用，在模块中定义则在该模块中起作用。

（4）常量为变量的一种特例，用Const定义，且定义时赋值，程序中不能改变值，作用域也如同变量作用域一样。例如定义： Const pi As Single = 3.1415926。

6. 书写规范

（1）VBA不区分标识符的字母大小写，一律认为是小写字母。

（2）一行可以书写多条语句，各语句之间以冒号：分开。

（3）一条语句可以书写多行，以空格加下划线（_）来标识下行为续行。

（4）标识符最好能简洁明了，不造成歧义。

C.3 VBA编程案例：冒泡排序算法实现数据排序

1. 冒泡排序算法的原理

冒泡排序算法的原理如下：

比较相邻的元素，如果第一个比第二个大，就交换它们两个。

对每一对相邻元素做同样的工作，从开始的第一对到结尾的最后一对。这样，最后的元素应该会是最大的数。

针对所有的元素重复以上的步骤，除了最后一个外。

持续每次对越来越少的元素重复上面的步骤，直到没有任何一对数字需要比较。

冒泡排序算法的原理可以结合案例进行理解，如图C-11所示。

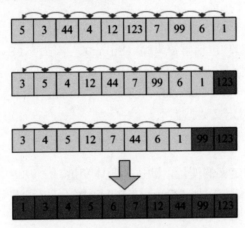

图 C-11　冒泡排序算法的原理

2. 随机生成 100 个数并排序

其代码如下：

```
Sub 随机数排序()
    '生成100个随机数并排序
    Dim i As Integer
    Randomize

    With Worksheets("Sheet1")
    For i = 1 To 100
        .Cells(i, 1) = Int(Rnd * 100) + 1
    Next

    For i = 1 To 99
        For j = i + 1 To 100
            If .Cells(i, 1) > .Cells(j, 1) Then
                t = .Cells(i, 1)
                .Cells(i, 1) = .Cells(j, 1)
                .Cells(j, 1) = t
            End If
        Next
    Next
    End With
End Sub
```

3. 对学生考试成绩进行排序

其代码如下：

```
Sub 成绩排序()
    Dim arr(15)

    With Worksheets("Sheet2")
    For i = 1 To 15
      arr(i) = Cells(i, 1)
    Next

    For i = 2 To 14
        For j = i + 1 To 15
            If .Cells(i, 1) > .Cells(j, 1) Then
                t = .Cells(i, 1)
                .Cells(i, 1) = .Cells(j, 1)
                .Cells(j, 1) = t
            End If
        Next
    Next
    End With
End Sub
```

附录 D

认识 SQL 语句

SQL是使用最广泛的数据库语言，在数据分析中具有举足轻重7684作用，是数据分析师需要掌握的基本技能。常用的SQL语句有CREATE、ALTER、INSERT、UPDATE、SELECT、DELETE等，下面将以最常用的MySQL数据库为例，介绍SQL的常用语句。

D.1　CREATE语句

1. MySQL 创建数据库

【案例1】　创建测试数据库sales，SQL语句如下：

```
CREATE DATABASE sales;
```

2. MySQL 创建数据表

【案例2】　创建商品表products，包含产品编号（ProductID）、产品名称（ProductName）、类别ID（CategoryID）、单价（UnitPrice）、订购单位（UnitsOnOrder）5个字段，SQL语句如下：

```
CREATE TABLE products (
  ProductID int,
  ProductName varchar(30),
  CategoryID int,
  UnitPrice decimal(10,4),
  UnitsOnOrder smallint
);
```

D.2　ALTER语句

1. 修改数据表名称

在MySQL中，允许对创建好的数据表进行修改，语法为：Alter table表名RENAME [TO] 新表名，其中"表名"为要更名的表，"新表名"为要更改成的表名，参数"TO"可以省略。

【案例3】　将数据表products改名为product，SQL语句如下：

```
ALTER TABLE products RENAME product;
```

2. 修改数据表字段

【案例4】　将数据表product中ProductName字段的数据类型由varchar(30)修改成varchar(40)，SQL语句如下：

```
ALTER TABLE product MODIFY ProductName VARCHAR(40);
```

3. 添加数据表字段

【案例5】　在数据表product中添加每单位数量（QuantityPerUnit）字段，SQL语句如下：

```
ALTER TABLE product ADD QuantityPerUnit varchar(10);
```

4. 删除数据表字段

【案例6】　删除数据表product表中的QuantityPerUnit字段，SQL语句如下：

```
ALTER TABLE product DROP QuantityPerUnit;
```

D.3　INSERT语句

在MySQL中，可以使用INSERT语句向数据表插入数据。

【案例7】　向product表中插入一条新记录，其中ProductID值为4，ProductName值为巧克力，CategoryID值为3，UnitPrice值为14，UnitsOnOrder值为5，SQL语句如下：

```
INSERT INTO
product (ProductID, ProductName, CategoryID, UnitPrice, UnitsOnOrder)
VALUES (4,'巧克力', 3, 14, 5);
```

D.4 UPDATE语句

在MySQL中，可以使用UPDATE语句更新数据表数据。

【案例8】 在product表中，更新ProductID值为3的记录，将ProductName字段值改为海鲜酱，将CategoryID字段值改为6，SQL语句如下：

```
UPDATE product
SET ProductName='海鲜酱', CategoryID= 6
WHERE ProductID = 3;
```

D.5 SELECT语句

1.查询字段和记录

【案例9】 从product表中检索所有字段的数据，SQL语句如下：

```
SELECT * FROM product;
```

【案例10】 查询product表中ProductName列所有商品名称，SQL语句如下：

```
SELECT ProductName FROM product;
```

【案例11】 从product表中获取ProductName和UnitPrice两列，SQL语句如下：

```
SELECT ProductName, UnitPrice FROM product;
```

【案例12】 显示product表查询结果的前4行，SQL语句如下：

```
SELECT * From product LIMIT 4;
```

【案例13】 在product表中，使用LIMIT子句返回从第5个记录开始的行数长度为3的记录，SQL语句如下：

```
SELECT * From product LIMIT 4, 3;
```

2.算术运算符查询

【案例14】 查询单价为10元的商品名称，SQL语句如下：

```
SELECT ProductName, UnitPrice
FROM product
WHERE UnitPrice = 10;
```

【案例15】 查找名称为"牛奶"的商品单价，SQL语句如下：

```
SELECT ProductName, UnitPrice
```

```
FROM product
WHERE ProductName = '牛奶';
```

【案例16】 查询单价小于10的商品名称，SQL语句如下：

```
SELECT ProductName, UnitPrice
FROM product
WHERE UnitPrice < 10;
```

3. 逻辑运算符查询

【案例17】 在product表中查询CategoryID为1，并且UnitPrice大于或等于10的商品单价和名称，SQL语句如下：

```
SELECT CategoryID, UnitPrice, ProductName
FROM product
WHERE CategoryID = 1 AND UnitPrice >=10;
```

【案例18】 在product表中查询CategoryID=2或者3，且UnitPrice大于或等于10，并且ProductName='牛奶'的商品单价和名称，SQL语句如下：

```
SELECT CategoryID, UnitPrice, ProductName
FROM product
WHERE CategoryID IN('2', '3') AND UnitPrice >= 10 AND ProductName='牛奶';
```

【案例19】 查询product表中ProductID字段的值，返回ProductID字段且不得重复，SQL语句如下：

```
SELECT DISTINCT ProductID FROM product;
```

【案例20】 查询product表的ProductName字段，并对其进行排序，SQL语句如下：

```
SELECT ProductName
FROM product
ORDER BY ProductName;
```

4.关键词过滤查询

【案例21】 查询所有CategoryID为1和3的记录，SQL语句如下：

```
SELECT CategoryID, ProductName, UnitPrice
FROM product
WHERE CategoryID IN (1,3);
```

【案例22】 查询所有CategoryID不等于1且不等于3的记录，SQL语句如下：

```
SELECT CategoryID, ProductName, UnitPrice
FROM product
WHERE CategoryID NOT IN (1,3);
```

【案例23】 查询单价在10元到30元之间的商品名称和单价，SQL语句如下：

```
SELECT ProductName, UnitPrice
FROM product
WHERE UnitPrice BETWEEN 10 AND 30;
```

【案例24】 查询单价在10元到30元之外的商品名称和单价，SQL语句如下：

```
SELECT ProductName, UnitPrice
FROM product
WHERE UnitPrice NOT BETWEEN 10 AND 30;
```

5.分组汇总查询

【案例25】 根据CategoryID对product表中的数据进行分组，SQL语句如下：

```
SELECT CategoryID, COUNT(*) AS Total
FROM product
GROUP BY CategoryID;
```

【案例26】 根据CategoryID对product表中的数据进行分组，将每个供应商的商品名称显示出来，SQL语句如下：

```
SELECT CategoryID, GROUP_CONCAT(ProductName) AS Names
FROM product
GROUP BY CategoryID;
```

【案例27】 根据CategoryID对product表中的数据进行分组，并显示商品种类大于1的分组信息，SQL语句如下：

```
SELECT CategoryID, GROUP_CONCAT(ProductName) AS Names
FROM product
GROUP BY CategoryID HAVING COUNT(ProductName) > 1;
```

【案例28】 根据CategoryID和ProductName字段对product表中的数据进行分组，SQL语句如下：

```
SELECT * FROM product
GROUP BY CategoryID, ProductName;
```

D.6 DELETE语句

1. 删除数据库

删除测试数据库sales，SQL语句如下：

```
DROP DATABASE sales;
```

2. 删除数据表数据

【案例29】 在product表中，删除ProductID等于3的记录，SQL语句如下：

```
DELETE FROM product WHERE ProductID = 3;
```

【案例30】 删除product表中所有记录，SQL语句如下：

```
DELETE FROM product;
```